高职高专公共基础课系列教材

信息技术

(Windows 10 + Office 2016)

主　编　朱　渔　吕麦丝　罗来曦

副主编　张　慧　黄慧精　左德伟

编　委　方　珍　郑小强　刘嘉妮

陈根金　郭姗姗　黎苗苗

西安电子科技大学出版社

本书着眼于高素质技术技能型人才对计算机应用基础课程学习的需求，内容紧跟主流技术，介绍了目前流行的 Windows 10 操作系统和 Office 2016 办公软件的操作方法和操作技巧。全书包括计算机概述、Windows 10 操作系统、Word 2016 文字处理软件、Excel 2016 表格处理软件、PowerPoint 2016 演示文稿制作软件、计算机网络与 Internet 应用等 6 个模块。

本书可作为高职高专计算机类相关专业的教材，也可作为广大计算机使用者的参考用书。

图书在版编目 (CIP) 数据

信息技术：Windows 10+Office 2016 / 朱渔，吕麦丝，罗来曦主编 .—西安：西安电子科技大学出版社，2022.9 (2023.8重印)
ISBN 978-7-5606-6630-3

Ⅰ.①信… Ⅱ.①朱… ②吕… ③罗… Ⅲ.① Windows 操作系统 ②办公自动化—应用软件 Ⅳ.① TP316.7 ② TP317.1

中国版本图书馆 CIP 数据核字 (2022) 第 158122 号

策　　划　李鹏飞　李　伟
责任编辑　雷鸿俊
出版发行　西安电子科技大学出版社 (西安市太白南路 2 号)
电　　话　(029)88202421　88201467　　邮　　编　710071
网　　址　www.xduph.com　　电子邮箱　xdupfxb001@163.com
经　　销　新华书店
印刷单位　咸阳华盛印务有限责任公司
版　　次　2022 年 9 月第 1 版　　2023 年 8 月第 3 次印刷
开　　本　787 毫米 ×1092 毫米　1/16　印张 19.5
字　　数　465 千字
印　　数　7001~10000 册
定　　价　58.00 元
ISBN 978-7-5606-6630-3 / TP
XDUP 6932001-3

前言 Preface

随着互联网技术的迅猛发展和其应用的日益广泛，计算机已成为人们工作、学习、生活中必不可少的基本工具，使用计算机进行信息处理已成为每位大学生必备的基本能力。计算机基础是一门公共必修课程，其核心是培养学生的信息素养，提高学生获得、分析、处理、应用信息的能力，增强学生利用网络资源优化自身知识结构与提升技能水平的自觉性。

本书以习近平新时代中国特色社会主义思想为指导，根据当前教育教学改革与人才培养的新形势和新要求，把课程育人理念贯穿于全书内容中，推动“课程思政”建设。

本书的主要特点如下：

(1) 本书有配套的线上开放课程资源，包括微课、视频、作业库等。

(2) 本书的设计理念是“以学生能力培养为本位”，在编写过程中贯彻“立足实用”的原则，融基础知识和基本技能于一体，注重培养学生的应用能力、实践能力和职业能力。

(3) 本书以实际任务为驱动，以工作过程为导向，教师在“做中教”，学生在“做中学”，实现“教、学、做”的统一。

(4) 本书工作任务的设计突出职业场景，每个具体任务按照“任务描述—任务分析—任务实现—必备知识—训练任务”的顺序编写，方便开展教学，同时有利于增加学生的学习兴趣，增强学习效果。

(5) 在每个工作任务的学习中都有评价反馈环节，包括学生自评、学生互评、教师评价，以丰富课堂活动，及时了解学生的学习动态，发现问题并解决问题。

本书由朱渔、吕麦丝、罗来曦主编，张慧、黄慧精、左德伟任副主编，方珍、郑小强、刘嘉妮、陈根金、郭姗姗、黎苗苗参编。

由于编者水平有限，书中疏漏之处在所难免，为便于以后教材的修订，恳请专家、教师及读者多提宝贵意见。

编　者

2022 年 6 月

目录 Contents

模块 1 计算机概述…1

任务 1 认识计算机…1

任务 2 掌握计算机中信息的表示方法…19

任务 3 计算机安全防护与病毒查杀…31

习题…39

模块 2 Windows 10 操作系统…41

任务 1 认识 Windows 10…41

任务 2 个性化外观设置…55

任务 3 系统账户设置…65

任务 4 管理文件和文件夹…77

任务 5 知识拓展…91

习题…91

模块 3 Word 2016 文字处理软件…93

任务 1 制作活动通知…93

任务 2 制作产品使用手册…109

任务 3 制作广告页…125

任务 4 制作采购询价单…139

任务 5 毕业论文排版…153

习题…165

模块 4 Excel 2016 表格处理软件…167

任务 1 创建和修饰百货公司进货报表…167

任务 2 进货表的数据统计与分析…185

任务 3 进货表的数据分析与处理…199

任务 4 进货表的图表分析…209

任务 5 青龙百货进货表的数据透视表分析…221

习题…237

模块 5 PowerPoint 2016 演示文稿制作软件 ······239
任务 1 制作自我介绍演示文稿 ······239
任务 2 制作教师节贺卡 ······251
任务 3 制作课件演示文稿 ······263
习题 ······277
模块 6 计算机网络与 Internet 应用 ······279
任务 1 搜索乘车方案 ······279
任务 2 给客户发送电子合同 ······293
习题 ······301
附录 习题参考答案······303
参考文献······306

模块1 计算机概述

思政园地——弘扬改革创新的时代精神

新时代，需要改革创新的助力。没有改革创新精神的指引和鼓舞，面对当今日新月异的发展，难以真正跟上时代前进的脚步。改革创新是新时代能够不断实现更高质量发展的重要引擎。

知识导读

目前，计算机已成为人们不可缺少的工具，它极大地改变了人们的工作、学习和生活方式，成为信息时代的重要标志。同时，掌握计算机的基本知识、能使用计算机处理日常事务已成为现代人必须具备的技能。在具体学习计算机的使用前，需要先简单了解计算机的一些基础知识。

学习目标

- 了解计算机的发展、特点和应用领域等相关概念。
- 了解计算机系统的组成。
- 了解计算机的前沿技术。
- 了解计算机中的数制与字符编码。
- 了解多媒体技术的基础知识。
- 了解计算机病毒的防治。

任务1 认识计算机

1.1.1 任务描述

小张是公司的新职员，公司为他配备了一台计算机，为了更好地使用计算机，他准备先认识计算机的主要部件，然后熟悉计算机的外部设备并将其连接到主机相应的端口上，最后熟练掌握计算机的基本操作方法。

1.1.2 任务分析

要完成本项任务，首先应该仔细观察计算机的外观，如电源按钮、复位按钮、状态指示灯和光盘驱动器等，以及主机箱后面板上的 USB 接口、网线接口、并行和串行接口、音箱与话筒接口等；然后观察计算机的内部构造 (在关机状态下)，认识主板、主板上的总线接口、接口上插入的适配卡，认识中央处理器 (Central Processing Unit，CPU) 和内存，了解 CPU 的型号和内存的容量等主要性能指标；接着学会连接常用的外部设备到主机，如连接键盘、鼠标、显示器、打印机等；最后进行计算机的启动和关闭操作。

1.1.3 任务实现

常见的计算机如图 1-1 所示。

图 1-1　计算机示图

1. 观察主机箱及其内部设备

1) 主机箱

主机箱是对机箱和机箱内部所有计算机配件的总称，主要用来放置和固定各种计算机配件，起承托和保护作用，同时能对电磁辐射起到一定的屏蔽作用，如图 1-2 所示。这些配件包括主板、CPU、存储器 (内存和硬盘)、光驱和显卡等。

2) 电源

电源是计算机的动力来源，它决定了整台计算机的稳定性，直接影响各部件的质量、寿命及性能。选择电源时应该考虑其功率、品牌、做工、认证标志等。一般电源如图 1-3 所示。

图 1-2　主机箱

图 1-3　电源

3) 主板

主板(母板)是计算机内最大的一块集成电路板，大多数设备都通过它连在一起，它是整个计算机的组织核心。目前，国内生产主板的厂家很多，现在的一线品牌有华硕、技嘉等，主板的兼容性、扩展性及基本输入/输出系统(Basic Input Output System，BIOS)技术是衡量主板性能的重要指标。从主机箱的背面可以看到主板和其他部件(主要是外部设备)的主要接口。

主板上主要包括CPU插座、内存插槽、显卡插槽、总线扩展插槽、各种串行和并行接口等，如图1-4所示。

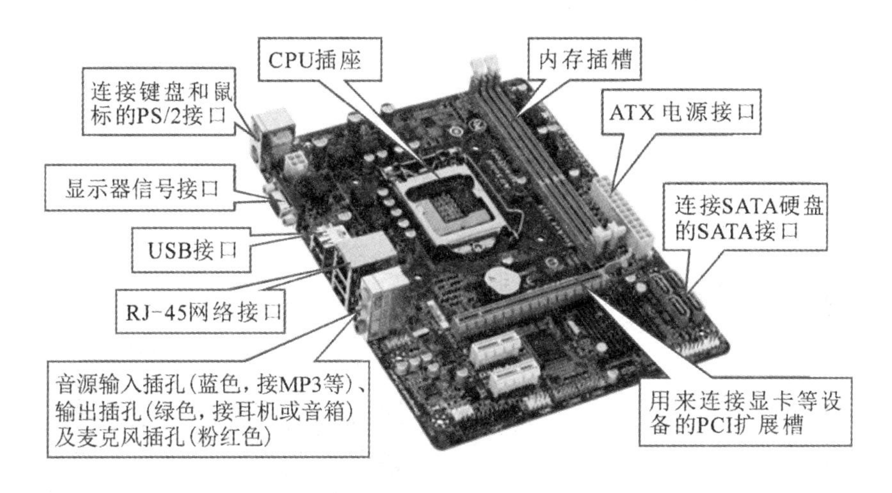

图1-4　主板

4) 中央处理器(CPU)

CPU是主机的心脏，统一指挥调度计算机的所有工作。CPU的运行速度直接决定着整台计算机的运行速度。目前生产CPU的公司主要有Intel和AMD，常见的CPU如图1-5所示。

图1-5　CPU

5) 内存储器

内存储器(内存条)是计算机的记忆装置，是计算机工作过程中存储数据信息的地方。内存越大，计算机的处理能力就越强。图1-6所示为一种常见的内存条。

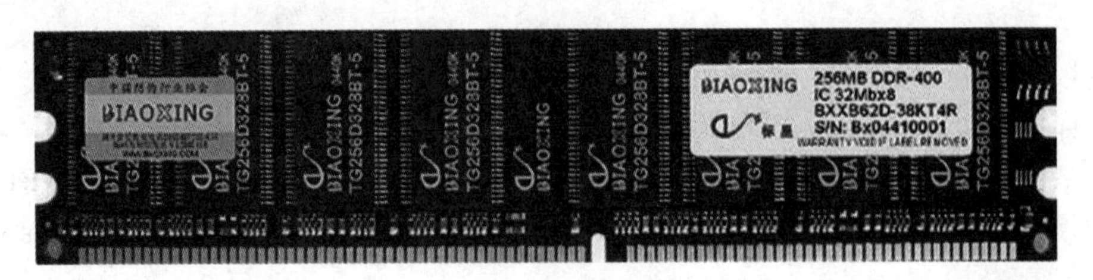

图 1-6　内存条

6) 硬盘

硬盘 (Hard Disk) 是存储程序和数据的设备，平时用于存储文件，其外观如图 1-7 所示。硬盘容量越大，存储的信息就越多。

7) 光盘驱动器

光盘驱动器 (光驱) 主要用于读取光盘的数据，如图 1-8 所示。

图 1-7　硬盘

图 1-8　光驱

8) 显示适配卡

显示适配卡 (显卡) 是显示器与主机相连的接口设备，其作用是将主机的数字信号转换为模拟信号，并在显示器上显示出来。由于显示器的种类很多，所以显卡的类型也有很多种。一般用户使用集成在主板上的显卡即可，对显示质量要求较高的用户 (如计算机辅助设计人员、大型游戏玩家等) 可以选择质量较好的独立显卡，如图 1-9 所示。

图 1-9　显卡

9) 网卡

网卡是一个被设计用来允许计算机在计算机网络中进行通信的硬件设备，如图 1-10 所示。它一方面负责接收网络上传输的数据包，解包后将数据通过主板上的总线传输给本地计算机，另一方面将本地计算机上的数据打包后输入网络。

图 1-10　网卡

2. 观察计算机的外部设备

1) 显示器

显示器是计算机必备的输出设备，用来显示计算机的输出信息。显示器分为阴极射线管显示器 (CRT) 和液晶显示器 (LCD)，目前常见的是 LCD，如图 1-11 所示。

图 1-11　显示器

2) 键盘和鼠标

键盘和鼠标是计算机不可缺少的输入设备，如图 1-12 所示。

图 1-12 键盘和鼠标

3) 其他外部设备

计算机可以连接很多外部设备，例如打印机、音箱、摄像头、绘图仪、扫描仪、数字照相机(俗称数码照相机)和数码摄像机等。其中，打印机是打印文字和图像的设备，常见的打印机有针式打印机(财务、会计用)、喷墨打印机和激光打印机 3 种，如图 1-13 ～图 1-15 所示。

图 1-13 针式打印机

图 1-14 喷墨打印机

图 1-15 激光打印机

摄像头是计算机录入图像的设备，如图 1-16 所示。扫描仪是利用光电技术和数字处理技术，以扫描方式将图像信息转换为数字信号的设备，如图 1-17 所示。

图 1-16 摄像头

图 1-17 扫描仪

3. 启动和关闭计算机

下面以 Windows 10 操作系统为例介绍启动和关闭计算机的方法。

(1) 启动计算机的步骤如下：

① 打开显示器、打印机等外设电源开关；

② 打开主机电源，计算机进行自检。

计算机自检后自动引导 Windows 10，在登录界面单击一个用户图标，输入用户名和密码，如图 1-18 所示，进入 Windows 10 操作系统的桌面。

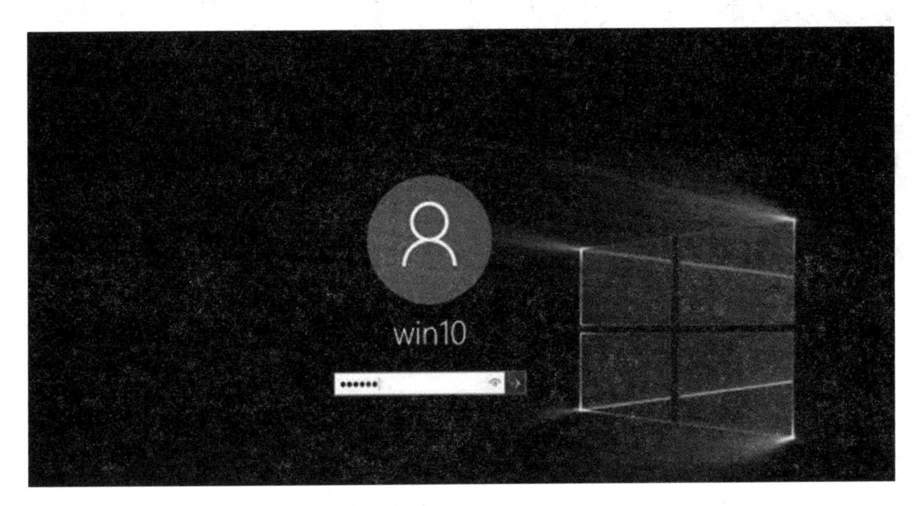

图 1-18　系统界面

(2) 关闭计算机的步骤如下：

① 单击“开始”按钮，在打开的“开始”菜单中单击“电源”按钮，然后选择“关机”；

② 关闭显示器及外设电源。

计算机的产生、发展、分类及应用

1.1.4　必备知识

1. 计算机的产生和发展

1946 年 2 月 15 日，世界上第一台电子计算机 ENIAC(Electronic Numerical Integrator And Calculator，电子数字计算机) 在美国宾夕法尼亚大学诞生了，如图 1-19 所示。ENIAC 是为计算弹道和射击而设计的，主要元件是电子管，每秒钟能完成 5000 次加法，300 多次乘法运算，速度比当时最快的计算工具快 300 倍。ENIAC 有几间房间那么大，占地 170 m^2，使用了 1500 个继电器、18 800 个电子管，重达 30 多吨，每小时耗电 150 kW，耗资 40 万美元，真可谓“庞然大物”。至今人们公认，ENIAC 的问世标志着计算机时代的到来，它的出现具有划时代的意义。

我国从 1957 年开始研制通用数字电子计算机，1958 年 8 月 1 日我国第一台电子计算机诞生，该机可以表演短程序运行。为纪念这个日子，该机被定名为八一型数字电子计算机，在 738 厂开始小量生产，后改名为 103 型计算机 (即 DJS-1 型)，共生产了 38 台。

图 1-19　第一台计算机

从 1946 年第一台数字电子计算机 (ENIAC) 诞生至今，计算机的发展经历了如下 4 代：

(1) 第 1 代为电子管时代 (1946—1958 年)。

第 1 代计算机的基本特征是采用电子管作为计算机的逻辑元件。由于当时电子技术的限制，运算速度为几千次到几万次每秒，而且内存储器容量也非常小 (仅为 1000 ～ 4000B)。第 1 代计算机体积庞大，造价昂贵，因此使用上很受局限。

(2) 第 2 代为晶体管时代 (1959—1964 年)。

第 2 代计算机以半导体晶体管为主元件，其性能比第 1 代计算机大为提高。与第 1 代计算机相比较，晶体管计算机体积小、成本低、重量轻、功耗小、速度高、功能强，且可靠性高，使用范围也由单一的科学计算扩展到数据处理和事务管理等其他领域。

(3) 第 3 代为集成电路时代 (1965—1970 年)。

所谓集成电路，是指做在芯片上的一个完整的电子电路，是用特殊的工艺将大量完整的电子器件做在一个芯片上，其集成度可做到将几千个晶体管封装在一个仅仅几平方毫米的晶片上。与晶体管电路相比，集成电路计算机的体积、重量、功耗都进一步减小，运算速度、逻辑运算功能和可靠性都进一步提高。

(4) 第 4 代为大规模、超大规模集成电路时代 (1971 年至今)。

第 4 代计算机的主要元件是大规模集成电路 (LSI) 和超大规模集成电路 (VLSI)。集成度很高的半导体存储器完全代替了使用达 20 年之久的磁芯存储器；外存磁盘的存取速度和存储容量大幅度提升，计算机的速度可达几百万次至上亿次每秒，体积、重量和耗电量进一步减少。

超大规模集成电路技术的发展，使将计算机的核心部件——中央处理器 (CPU) 集成在一个芯片上成为可能。集成的 CPU 因体积很小，通常被称为微处理器。随着 CPU 的集成度的提高，其性能越来越好，价格也越来越便宜。

现在人们已经在研制第 5 代计算机，未来的第 5 代计算机应该是高智能的，它不仅具有存储和记忆功能，而且应该有学习和掌握知识的机制，并能模拟人的感觉、行为和思维等。尽管至今没有出现真正意义上的第5代计算机，但计算机技术正大踏步地向前迈进。这一时期，计算机的硬件性能不断得到提高，软件也得到了空前的发展。未来的计算机的发展方向将是巨型化、微型化、智能化、网络化和多媒体化。在最近几年公布的全球超级计算机500强榜单中，我国研制的超算“天河二号”“神威•太湖之光”进入了榜单前10名，其中“神威•太湖之光”以9.3亿亿次每秒的浮点运算速度夺得冠军。

2. 计算机的特点

计算机具有运算速度快、运算精度高、存储容量大、逻辑推理和判断能力强、程序自动化控制能力强、应用领域广等主要特点。

(1) 运算速度快。计算机由电子器件构成，具有很高的处理速度。目前世界上最快的计算机可运算亿亿次每秒，普通计算机每秒也可处理上百万条指令。这不仅极大地提高了工作效率，而且使时限性强的复杂工作可在限定的时间内完成。

(2) 运算精度高。计算机极高的计算精度是手工计算所无法达到的，如对圆周率的计算，数学家经过长期艰苦的努力只算出小数点后500位，而用计算机很快就计算到小数点后200万位。

(3) 存储容量大。计算机的存储器具有存储程序和数据的功能，随着集成度的提高，存储器可以存储的信息量越来越大。

(4) 逻辑推理和判断能力强。计算机不但可以进行数学运算，还可以进行逻辑运算。计算机的逻辑推理和判断是计算机的又一重要特点，是计算机能实现信息处理自动化的重要因素。

(5) 程序自动化控制能力强。计算机是自动化电子装置，在工作中无须人工干预，能自动执行存储在存储器中的程序。计算机内部的操作、运算都是在程序的控制下自动进行的。

(6) 通用性强。在不同的应用领域中，只要编制和运行不同的应用软件，计算机就能在任一领域中很好地完成工作，通用性极强。

3. 计算机的应用领域

随着微处理器和微型计算机的出现以及计算机网络的发展，计算机的应用已经遍及科学技术、工业、交通、财贸、农业、医疗卫生、军事以及人们日常生活等各个方面。从解决数学难题到谱写乐曲，从宇宙飞船的上天到电子游戏机，从军事指挥系统到电冰箱的自动控制，从银行自动取款机到电视、电影中的特技画面，从气象预报到机器人，到处都可以看到计算机的应用踪迹。计算机广泛而深入的应用正在对人类的社会生产、经济发展乃至家庭生活和教育等各个方面产生深远的影响。

从计算机所处理的数据类型这个角度来看，计算机的应用原则上应该分成科学计算(数值应用)和非数值应用两大类。后者包含过程控制、信息处理、计算机辅助工程、人工智能、电子商务等，其应用范围远远超过前者。

(1) 科学计算。科学计算是计算机最早的应用领域。今天，科学计算在计算机应用中所占的比重虽然不断下降，但在天文、地质、生物、数学等基础科学研究，以及空间技术、新材料研制、原子能研究等高新技术领域中，仍然占有重要的地位。如果没有计算机系统高速而又精确的计算，许多现代科学都是难以发展的。在某些应用领域，对计算机的计算速度和精度仍不断提出更高的要求。

(2) 过程控制。过程控制又称实时控制，是指用计算机对生产或其他过程中所采集到的数据按照一定的算法进行处理，然后反馈到执行机构去控制相应过程，它是生产自动化的重要手段和技术。在冶金、机械、电力、石油化工等产业中均大量使用计算机进行过程控制。在制造业迅猛发展的当代中国社会，过程控制具有广泛的市场需求，是计算机应用的重要领域。

(3) 信息处理。信息处理是指用计算机对各种形式的信息进行收集、存储、加工、分析和传送的过程。信息处理是计算机应用最广泛的一个领域。

(4) 计算机辅助工程。计算机辅助工程通常指如下几个方面的应用：

① 计算机辅助设计 (Computer Aided Design，CAD) 是指利用计算机来帮助设计人员进行设计工作，它的应用大致可以分为两大类，一是产品设计，二是工程设计；

② 计算机辅助制造 (Computer Aided Manufacturing，CAM) 是利用计算机进行生产设备的控制、操作和管理，它能提高产品质量、降低生产成本、缩短生产周期，并有利于改善生产人员的工作条件；

③ 计算机辅助测试 (Computer Aided Test，CAT) 是利用计算机来进行复杂而大量的测试工作；

④ 计算机辅助教学 (Computer Aided Instruction，CAI) 是利用计算机帮助学员进行学习，它将教学内容加以科学的组织，并编制好教学程序，使学生能通过人机交互自如地从提供的材料中学到所需要的知识并接受考核；

⑤ 计算机集成制造系统，简称 CIMS，是集设计、制造、管理等功能于一体的现代化工厂生产系统。

(5) 人工智能。人工智能 (Artificial Intelligence，AI) 是让计算机模拟人的某些智能行为。人的智能活动是指高度复杂的脑功能，如联想记忆、模式识别、决策对弈、文艺创作、创造发明等，都是一些复杂的生理和心理活动过程。智能模拟是一门涉及许多学科的综合学科。近 20 年来，AI 主要应用在机器人、专家系统、模式识别、智能检索等方面。

(6) 电子商务。电子商务 (Electronic Commerce) 是指利用计算机技术、网络技术和远程通信技术，实现整个商务 (买卖) 过程中的电子化、数字化和网络化。人们不再是面对面地、看着实实在在的货物、靠纸介质单据 (包括现金) 进行买卖交易，而是通过网络，通过网上琳琅满目的商品信息、完善的物流配送系统和方便安全的资金结算系统进行交易。

此外，计算机还在文化教育、娱乐等方面有着广泛的应用。

4. 计算机系统的组成与功能

计算机系统软硬件组成

一个完整的计算机系统包括硬件系统 (简称硬件) 和软件系统 (简称软件) 两大部分。

硬件是指组成计算机的所有物理设备，简单地说就是看得见摸得着的东西，包括计算机的输入设备、输出设备、存储器、CPU 等。只有硬件设备的计算机称为“裸机”。

软件是指在硬件设备上运行的程序、数据及相关文档的总称。软件以文件的形式存放在软盘、硬盘、光盘等存储器上，一般包括程序软件和数据文件两类。程序软件按照功能的不同，通常分为系统软件和应用软件两类。

微型计算机系统的基本组成如图1-20所示。

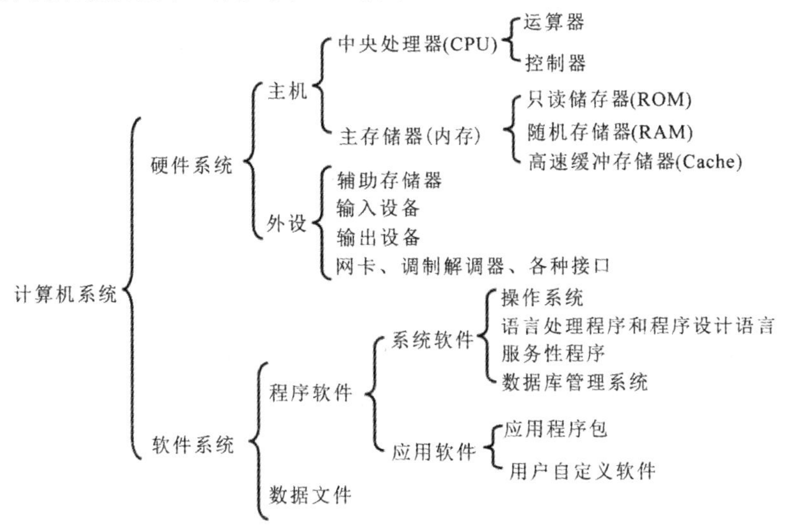

图1-20 计算机系统的基本组成

1) 计算机硬件系统

(1) 运算器。运算器主要完成各种数学运算和逻辑运算，是对信息进行加工和处理的部件，由运算器、寄存器、累加器等组成。

(2) 控制器。控制器用来协调和指挥整个计算机系统的操作，它读取指令并进行翻译和分析，再对各部件进行相应的控制。

在微型计算机中，运算器和控制器集成在一起构成了中央处理器，它是计算机系统的核心。能够处理的数据位数是CPU最重要的一个性能标志。人们通常所说的16位机、32位机、64位机、128位机即指CPU能同时处理16位、32位、64位、128位的二进制数据。

(3) 存储器。存储器是计算机的存储部件，用来存放信息。存储器的工作速率相对于CPU的运算速率来讲要低很多。

内存储器：直接和CPU交换数据，虽然容量小，但存取速度快，一般用于存放那些正在处理的数据或正在运行的程序。

外存储器：间接和CPU交换数据，虽然存取速度慢，但存储容量大，价格低廉，一般用来存放暂时不用的数据。

内存储器按其工作方式的不同，可分为随机存储器(RAM)和只读存储器(ROM)。RAM允许对存储单元进行存取数据操作。在计算机断电后，RAM中的信息会丢失。ROM中的信息是厂家在制造时用特殊方法写入的，所以ROM中的信息可以读出，但不能向其中写入数据，而且断电后其中的数据也不会丢失。ROM中一般存放重要的、经常使用的程序或数据，从而可以避免这些程序和数据受到破坏。

(4) 输入设备。输入设备是外界向计算机传送信息的装置，如键盘和鼠标，根据需要还可以配置一些其他输入设备，如光笔、数字化仪、扫描仪等。

(5) 输出设备。输出设备是能将计算机中的数据信息传送到外部的媒介，并转化成人们所认识的表现形式的装置。

2) 计算机软件系统

(1) 系统软件。系统软件可以看作用户与计算机的接口，它为应用软件和用户提供了控制和访问硬件的手段，这些功能主要由操作系统完成。此外，编译系统和各种工具软件也属于此类，它们从另一方面辅助用户使用计算机。

① 操作系统 (Operating System，OS)。操作系统是管理、控制和监督计算机软硬件资源协调运行的程序系统，由一系列具有不同控制和管理功能的程序组成，它是直接运行在计算机硬件上的、最基本的系统软件，是系统软件的核心。

操作系统通常应包括下列 5 大功能：处理器管理、作业管理、存储器管理、设备管理、文件管理。

操作系统的种类繁多，依其功能和特性分为批处理操作系统、分时操作系统和实时操作系统等；依据同时管理用户数的多少分为单用户操作系统和多用户操作系统。

② 程序设计语言与语言处理程序。人们要利用计算机解决实际问题，一般首先要编制程序。程序设计语言一般分为机器语言、汇编语言和高级语言 3 类。机器语言是计算机唯一能直接识别和执行的程序语言。如果要在计算机上运行高级语言程序就必须配备程序语言翻译程序。翻译程序本身是一组程序，不同的高级语言都有相应的翻译程序。对源程序进行解释和编译任务的程序分别称为解释程序和编译程序。

③ 服务程序。服务程序能够提供一些常用的服务性功能，它们为用户开发程序和使用计算机提供了方便，像计算机上经常使用的诊断程序、调试程序、编辑程序均属此类。

④ 数据库管理系统 (DBMS)。数据库是指按照一定联系存储的数据集合，可为多种应用共享。数据库管理系统则是能够对数据库进行加工、管理的系统软件。数据库管理系统不但能够存放大量的数据，更重要的是能迅速、自动地对数据进行检索、修改、统计、排序、合并等操作，以得到所需的信息。

(2) 应用软件。为解决各类实际问题而设计的程序统称为应用软件，如文字处理软件 Word、表格处理软件 Excel、演示文稿制作软件 PowerPoint 等。

5. 计算机的工作原理

计算机的工作原理如图 1-21 所示。

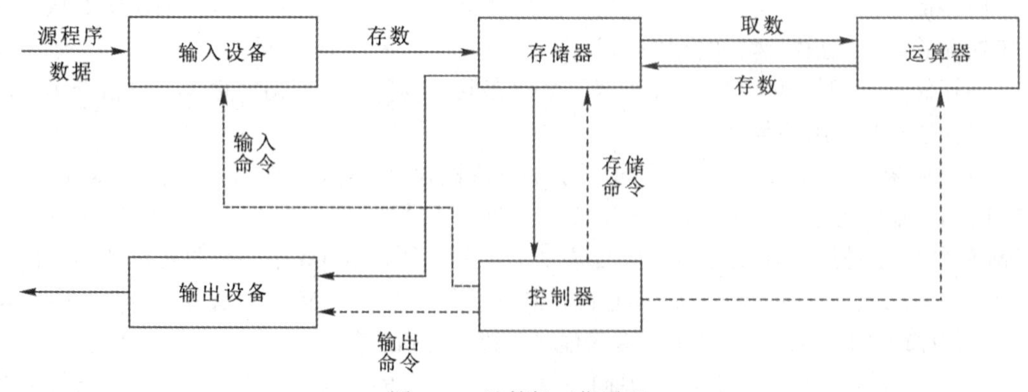

图 1-21 计算机工作原理

(1) 将程序和数据通过输入设备送入存储器。

(2) 启动运行后，计算机从存储器中取出程序指令送到控制器中进行识别，分析该指令要做什么。

(3) 控制器根据指令的含义发出相应的命令(如加法、减法)，将存储单元中存放的操作数据取出，送往运算器进行运算，再把运算结果送回存储器指定的单元。

(4) 运算任务完成后，就可以根据指令将结果通过输出设备输出。

6. 了解计算机前沿技术

1) 大数据

大数据(Big Data)也称海量数据或巨量数据，是指数据量大到无法利用传统数据处理技术在合理的时间内获取、存储、管理和分析的数据集合。“大数据”一词除用来描述信息时代产生的海量数据外，也被用来命名与之相关的技术、创新与应用。

大数据被称为21世纪的石油和金矿，其具有海量的数据规模(Volume)、快速的数据流转速度(Velocity)、多样的数据类型(Variety)和低数据价值密度(Value)四大特征，简称4 V。

(1) 海量的数据规模(Volume)。2004年，全球数据总量为30 EB，2005年达到50 EB，2015年达到7900 EB。根据国际数据资讯(IDC)公司监测，全球数据量大约每两年翻一番。

大数据是随着互联网(尤其是移动互联网)的普及和物联网的广泛应用而产生的。在互联网中，人人都成为数据制造者。例如，在社交网络媒体上发表文章、上传照片和视频，在购物网站购物，利用搜索引擎搜索信息，利用支付宝或微信付费，都会产生大量的数据。据统计，一天内，互联网产生的全部数据至少刻满1.68亿张DVD光盘。此外，在物联网中，各类传感设备、监控设备等每天也会产生大量的数据。

(2) 快速的数据流转速度(Velocity)。该特征指数据产生、流转速度快，而且越新的数据价值越大。这就要求对数据的处理速度也要快，以便能够及时从数据中发现、提取有价值的信息。

(3) 多样的数据类型(Variety)。该特征指数据的来源及类型多样。大数据的数据类型除传统的结构化数据外，还包括大量非结构化数据，其中，10%是结构化数据，90%是非结构化数据。

(4) 低数据价值密度(Value)。该特征指数据量大但价值密度相对较低，挖掘数据中蕴藏的价值犹如沙里淘金。

大数据的核心在于挖掘数据中蕴藏的价值。例如，通过对大量数据的分析和挖掘来预测行业发展趋势、做精准营销、优化生产流程等。

根据大数据的处理流程，可将其关键技术分为数据采集、数据预处理、数据存储与管理、数据分析与挖掘、数据可视化展现等技术。

2) 云计算

云计算(Cloud Computing)既是一种计算机创新技术，也是一种IT服务模式。它将计算任务分布在互联网上大量计算机(通常是一些大型服务器集群)构成的资源池中，并将资源池中的资源(计算力、存储空间、带宽、软件等)虚拟成一个个可任意组合、可大可小的资源集合，然后以服务的形式提供给用户使用。

传统模式下，企业建立一套 IT 系统(如网站、信息管理系统)不仅需要购买各种软硬件(如服务器)，还需要专门的人员进行部署和维护。当企业规模扩大时还要继续升级软硬件以满足需要。而利用云计算，企业无需再购买和部署这些资源，只要按需购买云计算服务商提供的计算力、存储空间或应用软件即可，从而降低成本，提高效率。

有人将这种改变形象地比喻为从单台发电机的自我供电模式转向了电厂集中供电的模式。它意味着计算力也可以作为一种商品进行流通，就像电、煤气和自来水一样，取用方便，按使用量付费且费用低廉。

总的来说，云计算具有以下几个主要特征：

(1) 资源的池化和透明化。对云服务的提供者而言，各种底层资源(计算、储存、网络等)的边界被打破，所有的资源可以被统一管理和调度，成为所谓的“资源池”，从而为用户提供按需服务；对用户而言，这些资源是透明的、无限大的，用户无须了解其内部结构，只关心自己的需求是否得到满足即可。

(2) 以网络为中心。云计算的组件和整体构架由网络连接在一起并存在于网络中，同时通过网络向用户提供服务。用户可借助不同的终端设备使用云计算的服务，从而使云计算的服务无处不在。

(3) 需求服务自助化。云计算为客户提供自助化的资源服务，用户无需同提供商交互就可自动得到自助的计算资源能力。同时云系统为客户提供一定的应用服务目录，客户可采用自助方式选择满足自身需求的服务项目和内容。

(4) 资源配置动态化。根据消费者的需求动态划分或释放不同的物理和虚拟资源。当增加一个需求时，可通过增加可用的资源进行匹配，实现资源的快速弹性提供；当用户不再使用这部分资源时，可释放这些资源。

云计算包括 3 种服务方式：IaaS(基础设施即服务)、PaaS(平台即服务)和 SaaS(软件即服务)。IaaS、PaaS 和 SaaS 分别在基础设施层、软件开放运行平台层和应用软件层实现。

目前，大数据和云计算在各行各业的应用无处不在，包括电商、金融、通信、物流、医疗、教育、农业、工业制造、城市管理等。

3) 人工智能

人工智能(AI)是研究、开发用于模拟、延伸和扩展人的智能的理论、方法、技术及应用系统的一门学科，其目标是生产出能以人类智能相似的方式做出反应的智能机器。具体来说，人工智能就是让机器像人类一样具有感知能力、学习能力、思考能力、沟通能力、判断能力等，从而更好地为人类服务。

近几年，在移动互联网、大数据、云计算、物联网、脑科学等新理论、新技术以及经济社会发展强烈需求的共同驱动下，人工智能的发展进入新阶段，人工智能已深深地融入我们的生活中。无论是手机上的指纹识别、人脸识别、导航系统、美颜相机、新闻推荐、智能搜索、语音助手、翻译助手、垃圾邮件过滤等应用，还是智能监控、智能音箱、智能机器人(如图 1-22 所示)、自动驾驶汽车(如图 1-23 所示)、无人机，这些都与人工智能密切相关。

人工智能的关键技术包括机器学习、计算机视觉、生物特征识别、自然语言处理、语音识别、机器人技术等。

图 1-22　机器人

图 1-23　自动驾驶汽车

4) VR 和 AR

(1) VR 技术。VR 是英文 Virtual Reality(虚拟现实) 的缩写，是指利用计算机技术模拟出一个逼真的三维空间虚拟世界，使用户完全沉浸其中，并能与其进行自然交互，就像在真实世界中一样。例如，VR 游戏可让用户完全沉浸在游戏中，犹如身临其境。

目前，VR 技术主要应用于仿真演示、仿真实验、模拟训练、模拟演练、仿真设计、艺术与娱乐等方面，如教学仿真演示与实验、军事模拟训练与演习等，如图 1-24 和图 1-25 所示。

图 1-24　仿真实验

图 1-25　模拟训练

(2) AR 技术。AR 是英文 Augmented Reality(增强现实) 的缩写，是把真实环境和虚拟环境结合起来的一种技术。与 VR 不同的是，AR 是在现实的环境中叠加虚拟内容，实现了虚实结合。

目前，AR 主要应用于零售、教育、医疗、娱乐和游戏、广告、军事等领域。例如，在零售领域，可利用 AR 进行试装、试妆，让消费者得到更好的购物体验，如图 1-26 所示；在教育和培训领域，可利用 AR 生动地演示相关知识和应用，如图 1-27 所示；在医疗领域做微创手术时，可利用 AR 实时观察手术部位，相当于增强了外科医生的视力。

图 1-26 试装

图 1-27 演示

1.1.5 训练任务

有一名新入学的大学生，想组装一台计算机，满足在校期间基本的学习及娱乐需求，准备投入 3500 元左右。要求通过市场调研，给出一个基本配置清单，填写表 1-1 的电脑配置清单。

表 1-1 电脑配置清单

配件名称	型号	价格	备注
主板			
电源			
CPU			
内存			
硬盘			
显示器			
显卡			
声卡			
网卡			
光驱			
机箱			
键盘、鼠标			
音箱、耳麦			
合计（元）			

评价反馈

学生自评表

任务		完成情况记录
课前	通过预习概括本节知识要点	
	预习过程中提出疑难点	
课中	对自己整堂课的状态评价是否满意？学习过程中是否能跟上老师的节奏？	
	课前预习过程中的疑难点是否弄懂解决？	
	是否能按时独立完成课堂相关任务？过程中的难点在哪里？	
课后	课后训练任务完成情况	
收获		
对自己本堂课学习效果总体评价		

学生互评表

序号	评价项目	小 组 互 评
1	任务是否按时完成	
2	任务完成上交情况	
3	作品质量	
4	小组成员合作面貌	
5	创新点	

教师评价表

序号	评价项目	自我评价	互相评价	教师评价	综合评价
1	学生课前预习				
2	规范操作				
3	完成质量				
4	关键操作要领掌握				
5	完成速度				
6	沟通协作				

注：评价档次统一采用 A(优秀)、B(良好)、C(合格)、D(努力) 4 个等级。

任务2 掌握计算机中信息的表示方法

信息是经过组织的数据，是指将原始数据经过提炼成为有意义的数据。信息是信息论中的一个术语，常常把消息中有意义的内容称为信息。数据是信息的表现形式和载体，信息是有用的、经过加工的数据，代表数据的含义。人们通常将信息转化为数据以便于保存和处理。例如，信息在计算机中都是以二进制形式来储存的。

1.2.1 任务描述

小郭知道，利用计算机可以采集、存储和处理各种信息，也可将这些信息转换成用户可以识别的文字、图像、声音或视频等进行输出。但他想知道，这些信息在计算机内部是如何表示和存储的。下面，我们和小郭一起学习这方面的知识。

1.2.2 任务分析

计算机和人类的大脑不同，在存储和处理信息时遵循自己的一套规则。例如，当代冯•诺依曼型计算机都使用二进制来表示数据。本任务学习内容如下：

(1) 了解进位计数制；

(2) 数制间的相互转换；

(3) 字符的二进制编码。

1.2.3 任务实现

1. 了解进位计数制

按进位的原则进行计数的方法称为进位计数制，数制是进位计数制的简称。人们平时用得最多的是十进制，而计算机存放的是二进制，为了方便使用，同时还引入了八进制和十六进制。在一种数制中，只能使用一组固定的数字符号表示数目的大小，具体使用数字或符号的个数就称为该数制的基数。例如，十进制的基数是 10，二进制的基数是 2。而数字中每一固定位置对应的单位值称为权。

1) 十进制数

十进制是人们生活中最常使用的计数制，它有 0、1、2、3、4、5、6、7、8、9 共 10 个数字符号，十进制使用“逢十进一，借一当十”的计数规则。基数是 10，权是 10^i。十进制数 123.45 按权展开为：$(123.45)_{10} = 1 \times 10^2 + 2 \times 10^1 + 3 \times 10^0 + 4 \times 10^{-1} + 5 \times 10^{-2}$。

2) 二进制数

数值、字符、指令等数据在计算机内部的存放和处理都采用二进制数的形式。二进制的基数为 2，它有 0 和 1 两个基本符号，采用“逢二进一”的原则进行计数。为了与其他数制区别，在二进制数的外面加括号，且在其右下方加注 2，或者在其后加 B 表示前面的数是二进制数。

二进制

任何一个二进制数均可拆分成由各位数字与其对应的权的乘积的总和。其整数部分的权由低到高依次是2^0、2^1、2^2、2^3、2^4……，其小数部分的权由高到低依次是2^{-1}、2^{-2}、2^{-3}……例如：$(1100.1101)_2=1\times2^3+1\times2^2+0\times2^1+0\times2^0+1\times2^{-1}+1\times2^{-2}+0\times2^{-3}+1\times2^{-4}$。

3) 八进制数

八进制和十六进制

八进制数是由0、1、2、3、4、5、6、7任意组合而成的，其特点是"逢八进一"。为了与其他数制区别，在八进制数的外面加括号，且在其右下方加注8，或者在其后加O表示前面的数是八进制数。八进制数的基数是8，任何一个八进制数均可拆分成由各位数字与其对应的权的乘积的总和。其整数部分的权由低到高依次是8^0、8^1、8^2、8^3、8^4等，其小数部分的权由高到低依次是8^{-1}、8^{-2}等。

4) 十六进制数

十六进制数是由0、1、2、3、4、5、6、7、8、9、A、B、C、D、E、F共16个数任意组合而成的，其特点是"逢十六进一"。为了与其他数制区别，在十六进制数的外面加括号，且在其右下方加注16，或者在其后加H表示前面的数是十六进制数，基数是16，任何一个十六进制数均可拆分成由各位数字与其对应的权的乘积的总和。其整数部分的权由低到高依次是16^0、16^1、16^2、16^3等，其小数部分的权由高到低依次是16^{-1}、16^{-2}等。

表1-2为常用数制对应关系表。

表1-2 常用计数制对应关系表

十进制	二进制	八进制	十六进制
0	0000	0	0
1	0001	1	1
2	0010	2	2
3	0011	3	3
4	0100	4	4
5	0101	5	5
6	0110	6	6
7	0111	7	7
8	1000	10	8
9	1001	11	9
10	1010	12	A
11	1011	13	B
12	1100	14	C
13	1101	15	D
14	1110	16	E
15	1111	17	F

2. 数制间的相互转换

二进制和十进制的整数转换

1) 非十进制数转换成十进制数

利用按位权展开的方法，可以把任意数制的一个数转换成十进制数。下面是将二、八、十六进制数转换为十进制数的例子。

【例 1-1】 将二进制数 110101 转换成十进制数。

解：$(110101)_2 = 1\times 2^5 + 1\times 2^4 + 0\times 2^3 + 1\times 2^2 + 0\times 2^1 + 1\times 2^0 = 32 + 16 + 4 + 1 = 53\text{D}$

【例 1-2】 将二进制数 101.101 转换成十进制数。

解：$(101.101)_2 = 1\times 2^2 + 0\times 2^1 + 1\times 2^0 + 1\times 2^{-1} + 0\times 2^{-2} + 1\times 2^{-3} = 5.625\text{D}$

【例 1-3】 将八进制数 777 转换成十进制数。

解：$(777)_8 = 7\times 8^2 + 7\times 8^1 + 7\times 8^0 = 448 + 56 + 7 = 511\text{D}$

【例 1-4】 将十六进制数 BA 转换成十进制数。

解：$(\text{BA})_{16} = 11\times 16^1 + 10\times 16^0 = 176 + 10 = 186\text{D}$

由上述例子可见，只要掌握了数制的概念，那么将任一 R 进制数转换成十进制数只要记住一个规则：按位权展开求和。

各种进制之间的相互转换

2) 十进制数转换成非十进制数

将十进制数转换成非十进制数时，整数部分和小数部分分别处理，总的原则是：对于整数部分，除基取余，反向排列；对于小数部分，乘基取整，正向排列。

(1) 十进制数转换成二进制数。

① 十进制整数转换成二进制整数。其方法是采用“除二取余”法。具体步骤是：把十进制整数除以 2 得到商数和余数；再将所得的商除以 2，又得到一个新的商数和余数；这样不断地用 2 去除所得的商数，直到商等于 0 为止。每次相除所得的余数便是对应的二进制整数的各位数码。第一次得到的余数为最低有效位，最后一次得到的余数为最高有效位。可以理解为：除 2 取余，自下而上。

【例 1-5】 将十进制整数 215 转换成二进制整数。

解：

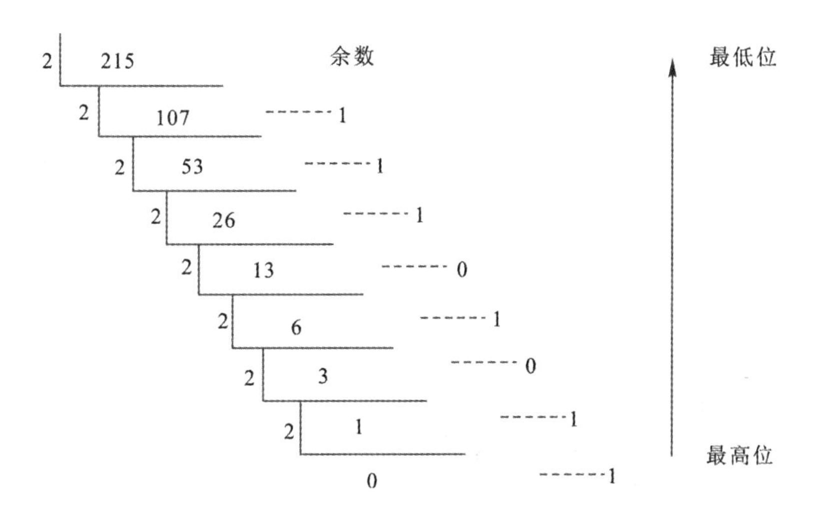

所以 215 = $(11010111)_2$。

所有的运算都是除 2 取余，只是本次除法运算的被除数需用上次除法所得的商来取代，这是一个重复过程。

② 十进制小数转换成二进制小数。其方法是采用“乘 2 取整，自上而下”法。具体步骤是：把十进制小数乘以 2 得一整数部分和一小数部分；再用 2 乘所得的小数部分，又得到一整数部分和一小数部分；这样不断地用 2 去乘所得的小数部分，直到所得小数部分为 0 或达到要求的精度为止。每次相乘后所得乘积的整数部分就是相应二进制小数的各位数字，第一次乘积所得的整数部分为最高有效位，最后一次得到的整数部分为最低有效位。

说明：每次乘法后，取得的整数部分是 1 或 0，若 0 是整数部分，也应取。并且，不是任意一个十进制小数都能完全精确地转换成二进制小数的，一般根据精度要求截取到某一位小数即可。这就是说我们不能用有限个二进制小数来精确地表示一个十进制小数。所以，将一个十进制小数转换成二进制小数通常只能得到近似表示。

【例 1-6】 将十进制小数 0.6875 转换成二进制小数。

解：

			0. 6875
		×	2
最高位	1		.3750
		×	2
	0		.7500
		×	2
	1		.5000
		×	2
最低位	1		.0000

所以 0.6875 = $(0.1011)_2$。

【例 1-7】 将十进制小数 0.2 转换成二进制小数 (取小数点后 5 位)。

解：因为

			0.2
		×	2
最高位	0		4
		×	2
	0		.8
		×	2
	1		.6
		×	2
	1		.2
		×	2
最低位	0		4

所以 0.2 = $(0.00110)_2$。

综上所述，要将任意一个十进制数转换为二进制数，只需将其整数、小数部分分别转换，然后用小数点连接起来即可。

(2) 十进制数转换成八进制数。

① 十进制整数转换成八进制整数：采用“除 8 取余”法。

【例 1-8】 将十进制数 845 转换成八进制数。

解：

```
8|845                                   ↑ 低位
          余数为5
8|105
          余数为1
8|13
          余数为5
8|1
          余数为1，商为0，结束
  0                                     高位
```

因此 $(845)_{10}=(1515)_8$。

② 十进制小数转换成八进制小数：采用“乘 8 取整”法。

【例 1-9】 将十进制小数 0.3574 转换成八进制小数。

解：

```
     0.3574                              高位
  ×       8
  ─────────
     2.8592     整数部分为2
     0.8592     余下的小数部分
  ×       8
  ─────────
     6.8736     整数部分为6
     0.8736     余下的小数部分
  ×       8
  ─────────
     6.9888     整数部分为6
     0.9888     余下的小数部分
  ×       8
  ─────────
     7.9104     整数部分为7
     0.9104     余下的小数部分
  ×       8
  ─────────
     7.2832     整数部分为7
     0.2832     余下的小数部分           ↓ 低位
```

所以 $(0.3574)_{10}=(0.26677)_8$。

(3) 十进制数转换成十六进制数。

十进制整数转换成十六进制整数采用“除 16 取余法”；十进制小数转换成十六进制小数采用“乘 16 取整法”。

【例 1-10】 将十进制数 58.75 转换成十六进制数。

解：

先转换整数部分

$$
\begin{array}{r|l}
16 & 58 \\
16 & 3 \quad \text{余数为10，即A} \\
 & 0 \quad \text{余数为3，商为0，结束}
\end{array}
$$

再转换小数部分

$$
\begin{array}{rl}
 & 0.75 \\
\times & 16 \\
\hline
 & 12.00 \quad \text{整数部分为12，即C} \\
 & 0.00 \quad \text{余下的小数部分为0，结束}
\end{array}
$$

所以 $(58.75)_{10}=(3A.C)_{16}$。

上述将十进制数转换成二进制数的方法同样适用于十进制数与八进制、十进制和十六进制数之间的转换，只是使用的基数不同。

3) 二进制、八进制、十六进制间的相互转换

用二进制数编码，存在这样一个规律：n 位二进制数最多能表示 2^n 种状态，分别对应：0，1，2，3，…，2^n-1。可见，用三位二进制数就可对应表示一位八进制数。同样，用四位二进制数就可对应表示一位十六进制数。

(1) 二进制数转换成八进制数。

将一个二进制数转换成八进制数的方法很简单，只要从小数点开始分别向左、向右方向按每三位一组划分，不足三位的组以 0 补足，然后将每组三位二进制数用与其等值的一位八进制数字代替即可。

【例 1-11】 将二进制数 11010011010.11101010011 转换成八进制数。

解：按上述方法，从小数点开始向左、右方向按每三位二进制数一组分隔得

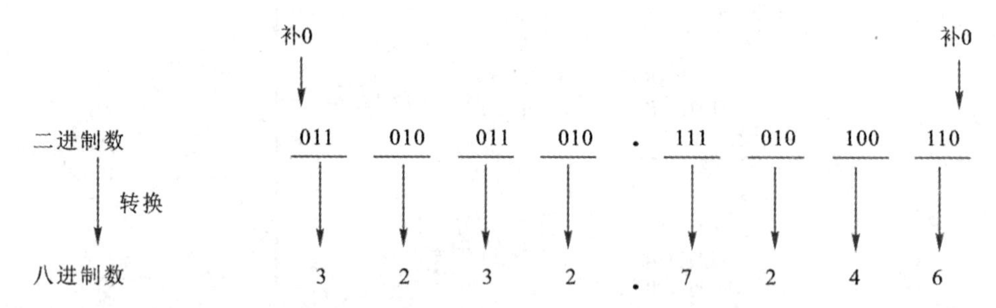

在所划分的二进制位组中，第一组和最后一组是不足三位经补上 0 而成的。再以一位八进制数字替代每组的三位二进制数字，故原二进制数转换为 $(3232.7246)_8$。

(2) 八进制数转换成二进制数。

将八进制数转换成二进制数，其方法与二进制数转换成八进制数相反。即将每一位八进制数字代之以与其等值的三位二进制数表示即可。

【例 1-12】 将 $(477.567)_8$ 转换成二进制数。

解：因为 477.567 分别对应于

100111111.101110111

故原八进制数转换为 $(100111111.101110011)_2$。

(3) 二进制数转换成十六进制数。

将一个二进制数转换成十六进制数的方法与将一个二进制数转换成八进制数的方法类似，只要从小数点开始分别向左、向右按每四位二进制数一组划分，不足四位的组以 0 补足，然后将每组四位二进制数代之以一位十六进制数字表示即可。

【例 1-13】 将二进制数 11010011010.11101010011 转换成十六进制数。

解：按上述方法分组得：0011，1111，0101，1011.1011，1100。在所划分的二进制位组中，第一组和最后一组是不足四位经补 0 而成的。再以一位十六进制数字替代每组的四位二进制数字得

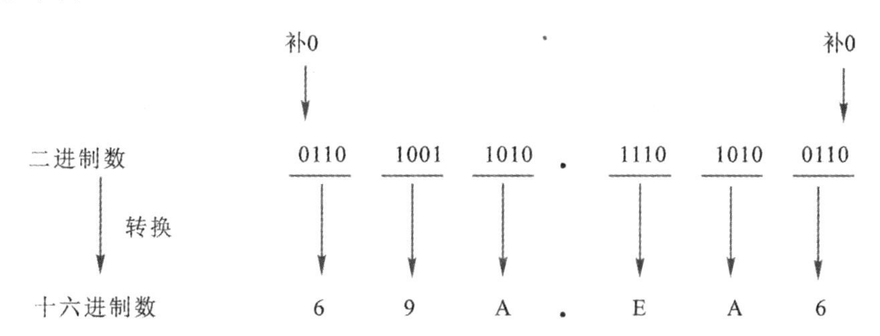

所以 $(11010011010.11101010011)_2 = (69A.EA6)16$。

(4) 十六进制数转换成二进制数。

将十六进制数转换成二进制数，其方法与二进制数转换成十六进制数相反。只要将每一位十六进制数字代之以与其等值的四位二进制数表示即可。

【例 1-14】 将 $(7AF.A3)_{16}$ 转换成二进制数。

解：7AF.A3 分别对应于

011110101111.10100011

所以原十六进制数转换为 $(11110101111.10100011)_2$。

十进制与八进制及十六进制之间的转换可以通过除基 (8 或 16) 取余的方法直接进行 (其方法同十进制到二进制的转换方法)，也可以借助二进制作为桥梁来完成。

3. 字符的二进制编码

字符是计算机的主要处理对象，这里的字符包括西文字符和中文字符。由于计算机中的数据都是采用二进制的方式进行存放和处理的，因此，字符也只有按照这个规律进行编码才能进入计算机。由于西文字符和中文字符的形式不同，所以使用的编码有很大的不同。

1) 西文字符

美国标准信息交换码 (American Standard Code for Information Interchange，ASCII) 已被国际标准化组织 (ISO) 采纳，作为国际通用的信息交换标准代码，是目前微型计算机中使用最普遍的字符编码。

7 位的 ASCII 码称为标准 ASCII 码字符集，计算机采用 1 字节 (8 位) 来表示一个字符，但实际只使用字节的低 7 位，字节的最高位为 0，所以可以表示 128 个字符，其中包

括 10 个数字，52 个大小写英文字母，32 个标点符号、运算符和 34 个控制符，如表 1-3 所示。

如果想要确定一个字符的 ASCII 码，则在 ASCII 码表中先查出其位置，然后分别确定列对应的高三位编码及行对应的低四位编码，将高三位编码和低四位编码连在一起，即所要查找字符的 ASCII 码。

表 1-3　标准 ASCII 码字符编码

$d_6d_5d_4$ / $d_3d_2d_1d_0$	000	001	010	011	100	101	110	111
0000	NUL	DEL	SP	0	@	P	`	p
0001	SOH	DC1	!	1	A	Q	a	q
0010	STX	DC2	“	2	B	R	b	r
0011	ETX	DC3	#	3	C	S	c	s
0100	EOT	DC4	$	4	D	T	d	t
0101	ENQ	NAK	%	5	E	U	e	u
0110	ACK	SYN	&	6	F	V	f	v
0111	BEL	ETB	‘	7	G	W	g	w
1000	BS	CAN	(	8	H	X	h	x
1001	HT	SUB	)	9	I	Y	i	y
1010	LT	EM	*	:	J	Z	j	z
1011	VT	ESC	+	;	K	[	k	{
1100	FF	FS	,	<	L	\	l	|
1101	CR	GS	-	=	M	]	m	}
1110	SO	RS	.	>	N	↑	n	~
1111	SI	HS	/	?	O	←	o	DEL

2) 中文字符

从汉字编码的角度看，计算机对汉字信息的处理过程实际上是各种汉字编码间的转换过程。这些编码主要包括汉字外码、汉字交换码、汉字机内码和汉字字形码等。

汉字外码：汉字外码也叫汉字输入码，是用键盘将汉字输入到计算机中的编码方式。目前常用的输入码有拼音码、五笔字型码、自然码、表形码、认知码、区位码和电报码等。一种好的输入码应具有编码规则简单、易学好记、操作方便、重码率低、输入速度快等优点。

汉字交换码：汉字交换码是汉字信息处理系统之间或者通信系统之间进行信息交换的汉字代码，简称交换码。我国制定颁布了《国家标准信息交换用汉字编码字符集（基本集）》(GB 2312 － 80)，所以汉字交换码也称为国标码。国标码中收集了 682 个常用图形符号 (如：序号、数字、罗马数字、英文字母、日文假名、俄文字母、汉语注音等) 和

6763个汉字。这些汉字分为两级：第一级包括常用汉字3755个，按拼音排序；第二级包括一般汉字3008个，按部首排序。

汉字机内码：汉字机内码是在计算机内部存储、处理汉字的代码。每一个汉字输入计算机后就转换为机内码，然后才能在计算机中存储和处理。

汉字字形码：汉字字形码是汉字的输出码。输出汉字时都采用图形方式，无论汉字的笔画多少，每个汉字都可写在同样大小的方块中，通常用16×16点阵来显示汉字。

用计算机处理汉字时，必须先对汉字进行编码。中文汉字种类繁多、数量大、字形复杂、同音字多，编码比英文困难得多。在一个汉字处理系统中，输入、内部存储、处理和输出等对汉字的编码要求也不尽相同。因此，在处理汉字时，需要进行一系列的汉字代码转换。汉字信息处理中各编码及流程如图1-28所示。

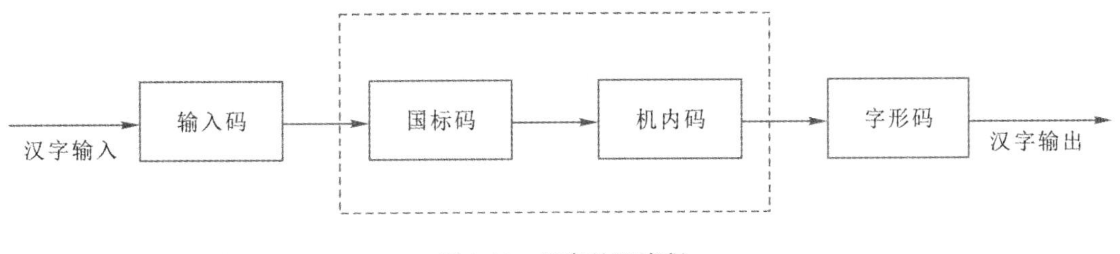

图1-28　汉字处理流程

1.2.4　必备知识

1. 常用的计算机术语

(1) 数据。数据是指可由计算机进行处理的对象，如数字、字母、符号、文字、图形、声音、图像等。在计算机中数据是以二进制的形式进行存储和运算的，它共有3种计量单位：位(Bit)、字节(Byte)和字。

(2) 位。数据的最小单位为二进制的1位，由0或1来表示。

(3) 字节。通常将8位二进制数编为一组，称为一个字节。从键盘上输入的每个数字、字母、符号的编码用一个字节来存储。一个汉字的机内编码由两个字节来存储。

(4) 存储容量。存储容量是指计算机存储信息的容量，它的计算单位是B、KB、MB、GB、TB、PB等。它们的换算关系如下：

1 B = 8 bit　　1 KB = 1024 B　　1 MB = 1024 KB

1 GB = 1024 MB　　1 TB = 1024 GB　　1 PB = 1024 TB

2. 计算机中的数制

数制也称为计数制，是指用一种固定的符号和统一的规则来表示数值的方法。计算机处理的数据往往以数字、字符、符号等方式出现，但计算机内部都是电子元件，只能识别0和1的二进制符号，因此这些数据都被处理成二进制形式。

(1) 常用数制。常用数制有十进制、二进制、八进制和十六进制。

(2) 各种进制能使用的数码。

十进制：0、1、2、3、4、5、6、7、8、9。

二进制：0、1。

八进制：0、1、2、3、4、5、6、7。

十六进制：0、1、2、3、4、5、6、7、8、9、A、B、C、D、E、F。

(3) 基本概念。

① 数位。数位指数码在一个数中所处的位置。

② 基数。基数指在某种进位计数制中，每个数位上所能使用的数码的个数，如八进制基数为 8。

③ 位权。位权指在某种进位计数制中，每个数位上的数码所代表的大小，等于在这个数位上的数码乘上一个固定的数值，这个固定的数值就是此种进位计数制该位上的位权。

3. 多媒体技术简介

多媒体 (Multimedia) 技术是一门跨学科的综合技术，它使高效而方便地处理文字、声音、图像和视频等多种媒体信息成为可能。不断发展的网络技术又促进了多媒体技术在教育培训、多媒体通信、游戏娱乐等领域的应用。

(1) 多媒体的特征。在日常生活中，媒体 (Media) 是指文字、声音、图像、动画和视频等内容。

按照一些国际组织，如国际电话电报咨询委员会制定的媒体分类标准，可以将媒体分为感觉媒体、表示媒体、表现媒体、存储媒体和传输媒体 5 类。

多媒体技术具有交互性、集成性、多样性、实时性等特征，这也是它区别于传统计算机系统的显著特征。

(2) 多媒体的组成元素。从多媒体技术来看，多媒体是由文本、图形和图像、音频、动画和视频等基本元素组成的。多媒体应用中涉及大量不同类型、不同性质的媒体元素。这些媒体元素数据量大，而且同一种元素数据格式繁多，数据类型之间的差别极大。

1.2.5 训练任务

(1) 将十进制数 25 转换成二进制数。

(2) 将二进制数 1001 转换成十进制数。

(3) 将八进制数 731.3 转换成二进制数。

(4) 将十六进制数 5B2.F 转换成二进制数。

评价反馈

学生自评表

任务		完成情况记录
课前	通过预习概括本节知识要点	
	预习过程中提出疑难点	
课中	对自己整堂课的状态评价是否满意？学习过程中是否能跟上老师的节奏？	
	课前预习过程中的疑难点是否弄懂解决？	
	是否能按时独立完成课堂相关任务？过程中的难点在哪里？	
课后	课后训练任务完成情况	
收获		
对自己本堂课学习效果总体评价		

学生互评表

序号	评价项目	小 组 互 评
1	任务是否按时完成	
2	任务完成上交情况	
3	作品质量	
4	小组成员合作面貌	
5	创新点	

教师评价表

序号	评价项目	自我评价	互相评价	教师评价	综合评价
1	学生课前预习				
2	规范操作				
3	完成质量				
4	关键操作要领掌握				
5	完成速度				
6	沟通协作				

注：评价档次统一采用 A(优秀)、B(良好)、C(合格)、D(努力) 4 个等级。

任务3　计算机安全防护与病毒查杀

1.3.1　任务描述

公司职员小张在使用计算机时发现运行程序有异常，经咨询可能是计算机中了病毒，需要查杀病毒。为了今后的计算机信息安全，小张还想在查杀病毒后安装计算机安全防护软件。

1.3.2　任务分析

当计算机运行中出现异常时，要考虑是否中了病毒，使用合适的安全防护软件可以使计算机在一定程度上增加安全系数。要完成本项任务，要求操作人员必须了解计算机信息安全的基本知识，掌握计算机病毒的防治方法，并掌握相关软件的操作方法。

1.3.3　任务实现

1. 下载并安装 360 系列软件

启动 Google Chrome 浏览器，访问 360 公司的官方网站，如图 1-29 所示。

图 1-29　360 公司官网主页界面

360 公司网站的主页提供了计算机安全系列软件的下载链接，包括 360 安全卫士、360 杀毒、360 文档卫士等。单击链接即可下载，下载完成后安装即可。360 安全卫士界面如图 1-30 所示。

图 1-30　360 安全卫士界面

2. 查杀木马

单击“木马查杀”按钮，打开“木马查杀”界面，如图 1-31“木马查杀”所示，单击“快速查杀”按钮可完成对系统关键位置的扫描检测。

图 1-31　“木马查杀”界面

3. 系统修复

单击“系统修复”按钮，打开“系统修复”界面，如图 1-32 所示，然后单击“全面修复”按钮进行扫描，结果如图 1-33 所示。单击“一键修复”按钮即可完成任务。

及时修补漏洞，避免隐私泄露

发现高危漏洞 1 个，已修复漏洞 7 个 修复漏洞有啥用？

图 1-32 “系统修复”界面

图 1-33 “一键修复”界面

4. 查杀病毒

在桌面上双击“360 杀毒”图标，打开“360 杀毒”软件，如图 1-34 所示，有 3 个按钮供用户选择，分别是“全盘扫描”“快速扫描”和“功能大全”。其中，“快速扫描”只扫描系统关键位置上的文件，“全盘扫描”将全面扫描所有位置。单击“快速扫描”按钮开始扫描系统，扫描完成后会给出提示信息。

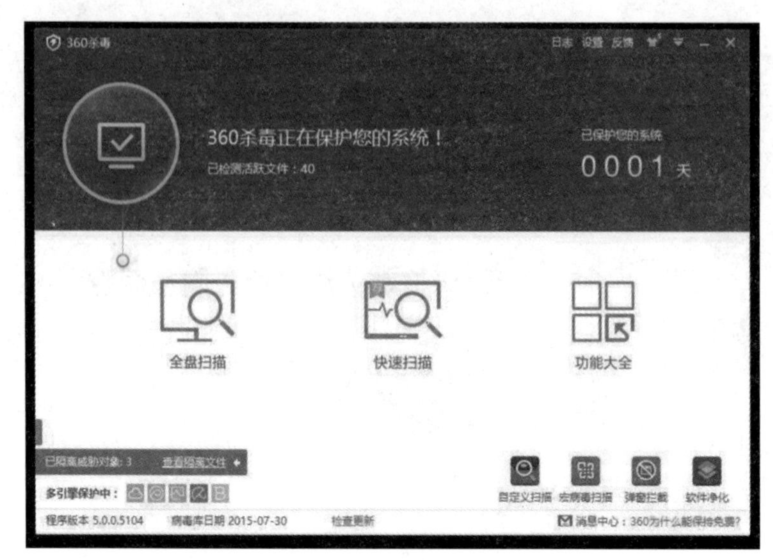

图 1-34　360 杀毒界面

1.3.4　必备知识

1. 计算机病毒

1) 计算机病毒 (Computer Virus) 的定义

计算机病毒指编制者在计算机程序中插入的破坏计算机功能或数据，影响计算机使用并能够自我复制的一组计算机指令或程序代码。

2) 计算机病毒的特点

(1) 传染性。计算机病毒具有很强的繁殖能力，能自我复制到内存、硬盘和软盘，甚至传染到所有文件中。尤其目前 Internet 日益普及，数据共享使得不同地域的用户可以共享软件资源和硬件资源，但与此同时，计算机病毒也通过网络迅速蔓延到联网的计算机系统。传染性即自我复制能力，是计算机病毒最根本的特征，也是病毒和正常程序的本质区别。

(2) 破坏性。计算机病毒的主要目的是破坏计算机系统，使计算机系统的资源和数据文件遭到干扰甚至严重破坏。根据其破坏程度的不同，计算机病毒分为良性病毒和恶性病毒，前者对计算机的破坏主要表现为侵占系统资源，占用磁盘空间，使机器运行速度变慢等；恶性病毒发作时直接对系统造成严重的损坏，如破坏数据、删除文件、格式化磁盘、破坏主板等。

(3) 隐蔽性。隐蔽性包含两层含义：存在的隐蔽性，在病毒没有发作前，往往很难察觉它的存在；攻击的隐蔽性，计算机往往在不知不觉中被病毒攻击，等到用户发现时，系统已经被感染。

(4) 潜伏性。与隐蔽性关联的是计算机病毒的潜伏性。计算机病毒的潜伏性是指计算机病毒进入系统并开始破坏数据的过程不易被用户察觉的特性，而且这种破坏性又是难以预料的。计算机被病毒程序感染和病毒程序进行破坏活动一般在时间上是分开的。大部分的病毒感染系统之后一般不会马上发作，它可长期潜伏在系统中，只有在满足特定的触发条件时才启动其表现 (破坏) 模块，显示病毒程序的存在，而这时病毒往往已经感染得相当严重了。计算机病毒的潜伏性与传染性相辅相成，潜伏性越好，其在系统中存在的时间就越长，病毒传染范围也就越大。例如：CIH 病毒 1.2 版只在 4 月 26 日发作，1.3 版只在 6 月 26 日发作；“黑色星期五”(Black Friday/Jerusalem Virus/1813 等) 只在逢 13 日的星期五发作。这些病毒在平时会隐藏得很好，只有在触发条件满足时才会露出其本来面目。

(5) 寄生性。病毒程序一般不独立存在，而是寄生在磁盘系统区或文件中。侵入磁盘系统区的病毒称为系统型病毒，其中较常见的是引导区病毒，如大麻病毒、2078 病毒等。寄生于文件中的病毒称为文件型病毒，如以色列病毒 (黑色星期五) 等。还有一类既寄生于文件中又侵占系统区的病毒，如“幽灵”病毒、Flip 病毒等，属于混合型病毒。

(6) 激发性。计算机病毒的可激发性是指计算机病毒的发作一般都有一个激发条件，即只有在一定的条件下，病毒才开始发作。激发条件根据病毒编制者的要求可以是日期、时间、特定程序的运行或程序的运行次数等。

3) 计算机病毒的传播途径

计算机病毒可通过文件系统、电子邮件、局域网、互联网上的即时通信软件和点对点软件等常用工具传播；还可利用系统、应用软件的漏洞进行传播，利用如弱口令、完全共享等系统配置缺陷传播以及利用欺骗等社会工程的方法传播。

2. 木马与后门程序

在计算机领域中，木马是一类恶意程序。利用计算机程序的漏洞侵入后窃取文件的程序被称为木马。木马大多不会直接对计算机产生危害，而是以控制为主。木马是一个完整的软件系统，它一般由控制端程序和服务端程序两部分组成。木马制造者一般诱骗他人安装执行服务端程序，然后用控制端程序对他人的计算机进行控制，使用户计算机成为其傀儡主机 (肉机)。

3. 钓鱼网站

钓鱼网站是一种网络欺诈行为，指不法分子利用各种手段，仿冒真实网站的 URL(Uniform Resource Locator，统一资源定位符) 及页面内容，或者利用真实网站服务器程序上的漏洞在站点的某些网页中插入危险的 HTML 代码，以此来骗取用户的银行卡或信用卡账号、密码等私人信息资料。

钓鱼网站近年来在我国频繁出现，严重地影响了在线金融服务、电子商务的发展，危害公众利益，影响公众应用互联网的信心。钓鱼网站通常伪装成银行网站，窃取访问者提交的账号和密码信息。它一般通过欺骗方式诱骗他人单击伪装的链接，让使用者打开钓鱼网站。

4. 系统漏洞

系统漏洞是指操作系统软件或应用软件在逻辑设计上的缺陷或错误，这些缺陷或错误可以被不法者或计算机黑客所利用，通过植入木马、病毒等方式来控制或攻击计算机，从而窃取被攻击计算机中的重要资料和信息，甚至破坏计算机中的系统和数据。

5. 反病毒软件

反病毒软件也称为安全防护软件，国内也称杀毒软件。近年来，陆续出现了集成防火墙的“互联网安全套装”或“全功能安全套装”一类的软件，是用于消除计算机病毒、特洛伊木马和恶意软件的一类安全防护软件。它通常集成监控识别、病毒扫描和清除及自动升级等功能，有的反病毒软件还带有数据恢复等功能。总之，它是一种可以对病毒、木马等一切已知的对计算机有危害的程序代码进行清除和防护的程序工具。

6. 计算机病毒防治

计算机感染病毒后，病毒在传播和潜伏期，计算机常常会有以下症状出现：

(1) 经常出现死机和重启动现象；

(2) 系统启动速度时间比平常长；

(3) 读写磁盘时嘎嘎作响并且读写时间变长，有时还出现“写保护”的提示；

(4) 有规律地出现异常画面或信息；

(5) 打印出现问题；

(6) 可用存储空间比平常小；

(7) 程序或数据神秘地丢失了；

(8) 磁盘上的可执行文件变长或变短，甚至消失；

(9) 某些设备无法正常使用；

(10) 键盘输入的字符与屏幕反射显示的字符不同；

(11) 文件中无故多了一些重复或奇怪的文件；

(12) 网络速度变慢或者出现一些莫名其妙的连接；

(13) 电子邮箱中有不明来路的信件，这是电子邮件病毒的症状；

(14) 喇叭发出怪音、蜂鸣声或演奏音乐；

(15) 内存空间变小，原来可运行的文件无法装入内存。

计算机病毒的防治有如下方法：

(1) 重点保护的机器做到专机、专人、专盘、专用；

(2) 对于系统中的重要数据要定期与不定期地进行备份；

(3) 用杀毒软件对计算机系统定期检查；

(4) 定期升级操作系统和杀毒软件；

(5) 不要用软盘启动，这样可防止引导型病毒的感染；

(6) 在任何情况下，应保留一张写保护的、无病毒的系统启动盘，用于清除病毒和维护系统；

(7) 严禁在存有重要数据的计算机上玩游戏；

(8) 尊重知识产权，不随意拷贝、使用来历不明及未经安全检测的软件；

(9) 安装、设置防火墙，对计算机和网络实行安全保护，尽可能阻止病毒侵入；

(10) 将单机系统或服务器中不必要的协议去掉，如去掉系统中的远程登录 Telnet、NetBIOS 等服务协议；

(11) 不要随意下载来路不明的可执行文件，不要随意打开来路不明的 E-mail，尤其不要执行邮件附件中携带的可执行文件；

(12) 禁用 Windows Scripting Host(WSH)，以防求职信 (Klez) 及其变种病毒的攻击；

(13) 使用 QQ 聊天软件时，不要轻易打开陌生人传来的页面链接，以防“W32leave.Worm”之类的 HTML 网页陷阱的攻击。

1.3.5 训练任务

下载并安装瑞星杀毒软件，使用它对计算机进行安全保护操作。

评价反馈

学生自评表

任　　务		完成情况记录
课前	通过预习概括本节知识要点	
	预习过程中提出疑难点	
课中	对自己整堂课的状态评价是否满意？学习过程中是否能跟上老师的节奏？	
	课前预习过程中的疑难点是否弄懂解决？	
	是否能按时独立完成课堂相关任务？过程中的难点在哪里？	
课后	课后训练任务完成情况	
收获		
对自己本堂课学习效果总体评价		

学生互评表

序号	评价项目	小 组 互 评
1	任务是否按时完成	
2	任务完成上交情况	
3	作品质量	
4	小组成员合作面貌	
5	创新点	

教师评价表

序号	评价项目	自我评价	互相评价	教师评价	综合评价
1	学生课前预习				
2	规范操作				
3	完成质量				
4	关键操作要领掌握				
5	完成速度				
6	沟通协作				

注：评价档次统一采用 A(优秀)、B(良好)、C(合格)、D(努力) 4 个等级。

习　　题

一、选择题

1. 计算机问世至今已经历4代，划分成4代的主要依据是计算机的(　　)。
A. 规模　B. 功能　C. 性能　D. 构成元件
2. 当前的计算机一般称为第4代计算机，它所采用的逻辑元件是(　　)。
A. 晶体管　B. 集成电路　C. 电子管　D. 大规模集成电路
3. 计算机当前的应用领域无所不在，但其应用最早的领域却是(　　)。
A. 数据处理　B. 科学计算　C. 人工智能　D. 过程控制
4. 计算机当前的应用领域广泛，但据统计其应用最广泛的领域是(　　)。
A. 数据处理　B. 科学计算　C. 辅助设计　D. 过程控制
5. 当前气象预报已广泛采用数值预报方法，这种预报方法会涉及计算机应用中的(　　)。
A. 科学计算和数据处理　B. 科学计算与辅助设计
C. 科学计算和过程控制　D. 数据处理和辅助设计
6. 最早设计计算机的目的是进行科学计算，但其主要都是用于(　　)。
A. 科学　B. 军事　C. 商业　D. 管理
7. 世界上第一台电子数字计算机的名称是(　　)。
A. ENIAC　B. ENIBC　C. EAVBC　D. EINAC
8. 计算机硬件的五大基本构件包括运算器、存储器、输入设备、输出设备和(　　)。
A. 显示器　B. 控制器　C. 硬盘存储器　D. 鼠标器
9. 一个完整的计算机系统应该包含计算机的(　　)。
A. 主机和外设　B. 硬件和软件　C. CPU和存储器　D. 控制器和运算器
10. 能够将高级语言源程序加工为目标程序的系统软件是(　　)。
A. 解释程序　B. 汇编程序　C. 编译程序　D. 编辑程序
11. 通常所说的“裸机”是指仅有的计算机(　　)。
A. 硬件系统　B. 软件　C. 指令系统　D. CPU
12. 中央处理器(CPU)可直接读写的计算机部件是(　　)。
A. 内存　B. 硬盘　C. 软盘　D. 外存
13. 超市收款台检查货物的条形码，这属于计算机系统应用中的(　　)。
A. 输入技术　B. 输出技术　C. 显示技术　D. 索引技术
14. 冯•诺依曼计算机的基本原理是(　　)。
A. 程序外接　B. 逻辑连接　C. 数据内置　D. 程序存储
15. 二进制数11101101转换为十六进制数是(　　)。
A. 144　B. ED　C. EB　D. 164
16. 将十进制数215转换为二进制数是(　　)。

A. 11011011　　B. 11010111　　C. 11101010　　D. 11010110

17. 下列这组数中最大的数是（　　）。

A. $(227)_8$　　B. $(1FF)_{16}$　　C. $(10100001)_2$　　D. $(1789)_{10}$

18. 计算机能够执行的语言是（　　）。

A. 机器语言　　B. 汇编语言　　C. 高级语言　　D. 语音

19. 下面 ASCII 值最大的是（　　）。

A. b　　B. c　　C. A　　D. B

20. 下列不是大数据特征的是（　　）。

A. Volume　　B. Variety　　C. Velocity　　D. Vacanty

二、简答题

1. 计算机主机内有哪些部件？常用的计算机外设有哪些？
2. 目前常用的操作系统有哪些？
3. 硬盘和内存的区别是什么？它们各有什么性能指标？
4. CPU 在计算机中的作用是什么？它主要有哪些性能指标？
5. 将十进制数 256 转换成二进制，结果是什么？
6. 将二进制数 11010 转换成十进制数，结果是什么？
7. 计算机病毒是什么？它有什么特点？
8. 一个 50 MB 的文件，若将存储单位换成 KB，约为多少 KB？
9. 云计算有哪些特征？
10. 大数据的关键技术有哪些？

模块 2 Windows 10 操作系统

思政园地——弘扬改革创新的时代精神、奋进新时代

弘扬改革创新精神，必须要敢于攻坚克难。攻坚克难，需要勇气，更需要智慧，必须要讲究方式方法，必须要进行深入的分析研判。这就需要耐心和毅力，需要发挥聪明才智，需要不断地分析和尝试，才能够真正找到解决问题和困难的办法。

知识导读

学习计算机首先要学习操作系统的使用，Windows 10 是微软公司所研发的新一代操作系统，也是目前应用比较广泛的一种操作系统，其图形化界面让计算机操作变得更加直观、容易。Windows 10 以运行稳定、界面美观、功能强大和操作简单等特点受到众多用户的青睐，下面就来学习它的使用方法。

学习目标

- 认识 Windows 10 操作系统。
- 掌握 Windows 10 的基本操作。
- 掌握文件和文件夹的管理，如文件夹和文件的选择、移动、复制和删除等。
- 掌握系统的管理和应用，如系统设置、用户账户管理、个性化外观的设置等。

任务1 认识Windows 10

Windows 10 操作系统是美国微软公司开发的新款跨平台及设备应用的操作系统，正式版本在 2015 年 7 月 29 日发布，该操作系统覆盖所有种类和尺寸大小的 Windows 设备，如台式机、笔记本电脑、平板电脑、手机等。

在使用 Windows 10 操作系统之前，需要先对 Windows10 操作系统的桌面、窗口、对话框等有一个基本的认识。

2.1.1 任务描述

Windows 10 操作系统的宗旨是让用户的计算机操作更加方便、快捷，与 Windows 8 或 Windows 7 操作系统相比，有一些新功能或改进。因此，需要先熟悉 Windows 10 操作系统的各个界面。由于公司计算机系统全面升级，将原有的 Windows 7 和 Windows 8 操作系统升级成 Windows 10 操作系统，但是很多同事都对 Windows 10 操作系统不熟悉。因此，小黄特地组织大家学习了 Windows 10 界面的相关知识，以便更好地掌握 Windows 10 操作系统。

Windows 10
使用基础

2.1.2 任务分析

根据任务描述，我们将要进行以下针对 Windows 10 桌面的操作：

(1) 认识 Windows 10 桌面；

(2) 鼠标的操作；

(3) 熟悉键盘按键；

(4) 窗口的操作。

2.1.3 任务实现

下面我们来分步实现任务目标。

1. 认识 Windows 10 桌面

登录 Windows 10 操作系统后，首先展现在用户面前的就是桌面。用户完成的各种操作都是在桌面上进行的，它包括桌面区、桌面图标、“开始”按钮、任务栏 4 个部分，如图 2-1 所示。

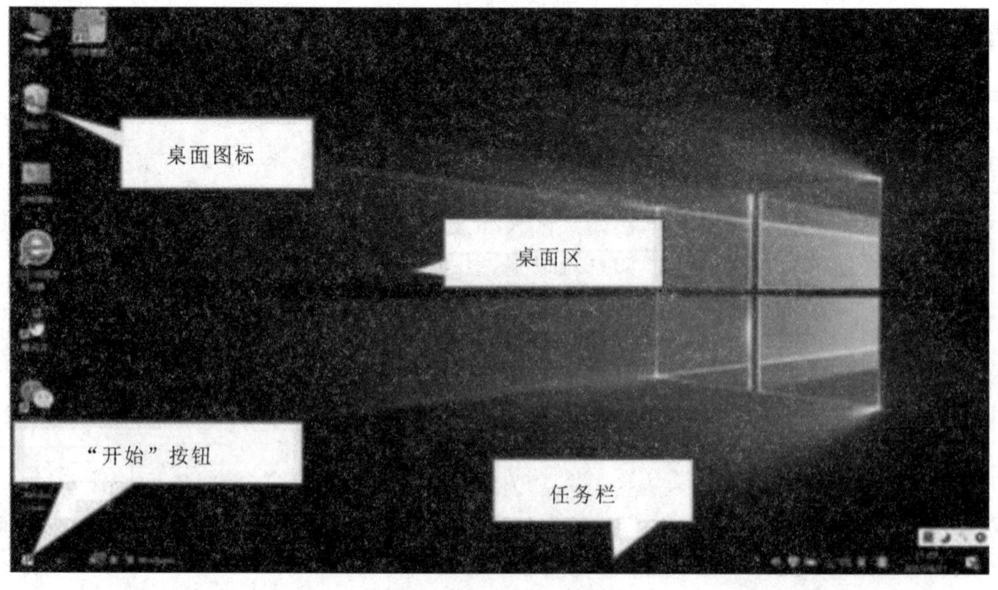

图 2-1 Windows 10 桌面

(1) 桌面区。在 Windows 10 系统中打开的所有程序和窗口等都会呈现在桌面区。

(2) 桌面图标。桌面图标是由一个形象的小图片和说明文字组成的，图片是它的标识，文字则表示它的名称或功能。

Windows10 的桌面图标包括程序或文件的快捷图标 (其左下角有一个小箭头) 和系统图标，包括“此电脑”“回收站”等。双击图标可启动或打开它所代表的项目，(应用软件、文件、文件夹等)，例如，双击“此电脑”图标即可打开“此电脑”窗口。

(3)“开始”按钮。单击任务栏左侧的“开始”按钮，即可弹出“开始”菜单，如图 2-2 所示。

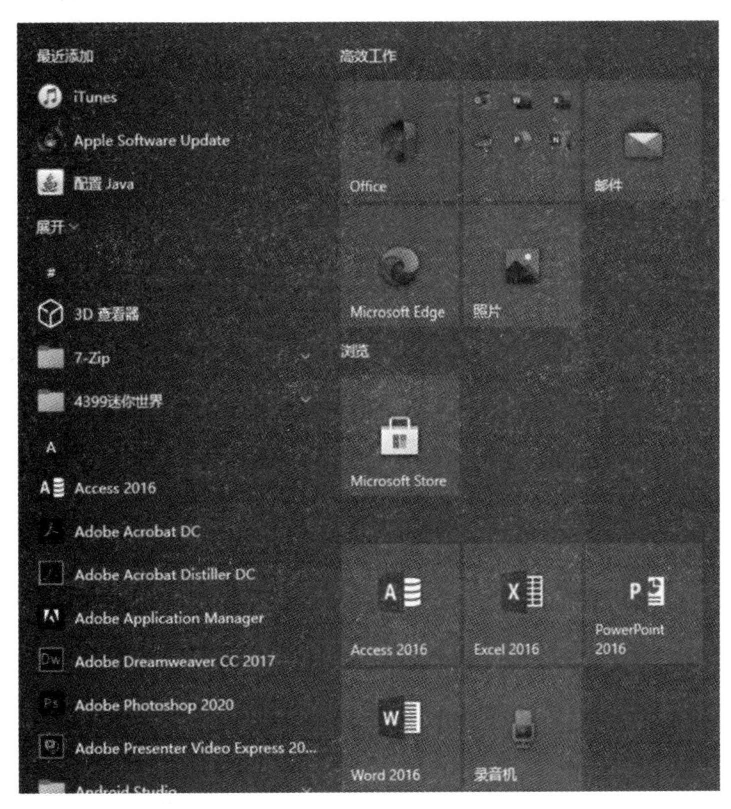

图 2-2　弹出的“开始”菜单

(4) 任务栏。任务栏是位于屏幕底部的水平长条，与桌面不同的是，桌面可以被打开的窗口覆盖，而任务栏几乎始终可见，它主要由程序按钮、通知区域和“显示桌面”按钮 3 部分组成。

在 Windows 10 中，任务栏已经是全新的设计，它拥有了新的外观，除了依旧能在不同的窗口之间进行切换外，Windows 10 的任务栏看起来更加方便，功能更加强大和灵活。

2. 鼠标的基本操作

鼠标一般由左键、右键、滚轮和鼠标体组成，如图 2-3 所示。使用鼠标时，食指和中指自然放置在鼠标的左键和右键上，拇指放在鼠标左侧，无名指和小指放在鼠标的右侧，拇指与无名指轻轻握住鼠标，手掌心轻轻贴住鼠标后部，手腕自然垂放在桌面或者鼠标垫的凸起部分。

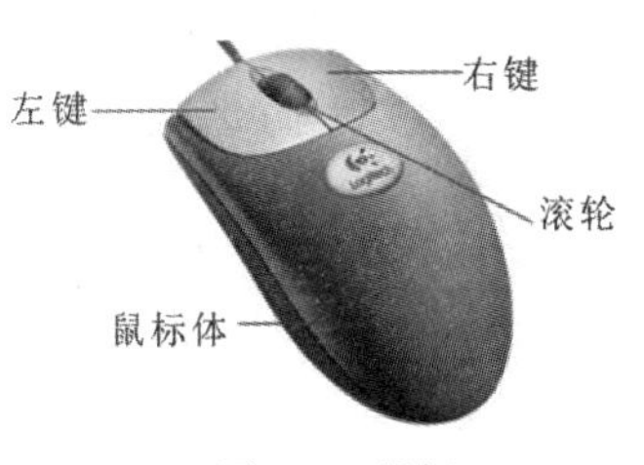

图 2-3　鼠标

登录 Windows 10 后，轻轻移动鼠标体，会发现 Windows 桌面上有一个箭头图标随着鼠标体的移动而移动，该图标称为鼠标指针，用于指示要操作的对象或位置。在 Windows 系列操作系统中，常用的鼠标操作如表 2-1 所示。

表 2-1 常用的鼠标操作及说明

操 作	说 明
移动鼠标指针	在鼠标垫上移动鼠标，此时鼠标指针将随之移动
单击	即“左击”，将鼠标指针移到要操作的对象上，快速按一下鼠标左键并快速释放 (松开鼠标左键)，主要用于选择对象或打开超链接等
右击	将鼠标指针移至某个对象上并快速单击鼠标右键，主要用于打开快捷菜单
双击	在某个对象上快速双击鼠标左键，主要用于打开文件或文件夹
左键拖动	在某个对象上按住鼠标左键不放并移动，到达目标位置后释放鼠标左键。此操作通常用来改变窗口大小，以及移动和复制对象等
右键拖动	按住鼠标右键的同时拖动鼠标，该操作主要用来复制或移动对象等
拖放	将鼠标指针移至桌面或程序窗口空白处 (而不是某个对象上)，然后按住鼠标左键不放并移动鼠标指针。该操作通常用来选择一组对象
转动鼠标滚轮	常用于上下浏览文档或网页内容，或在某些图像处理软件中改变显示比例

3. 熟悉键盘按键

在操作计算机时，键盘是使用比较多的工具，各种文字、数据等都需要通过键盘输入到计算机中。此外，在 Windows 系统中，键盘还可以代替鼠标快速地执行一些命令。

键盘一般包括 26 个英文字母键、10 个数字键、12 个功能键 (F1 ～ F12)、方向键以及其他的一些功能键。所有按键分为 5 个区：主键盘区、功能键区、编辑键区、小键盘区和键盘指示灯，如图 2-4 所示。

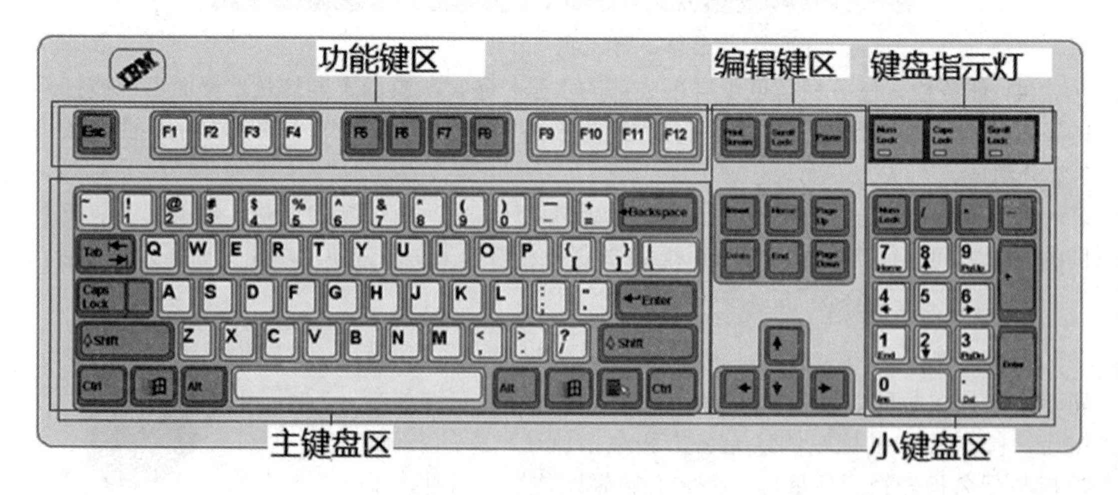

图 2-4 键盘示意图

1) 主键盘区

主键盘区是键盘的主要使用区，包括字符键和控制键两大类。字符键包括英文字母键、数字键和标点符号键 3 类，按下它们可以输入键面上的字符；控制键主要用于辅助执行某些特定操作。下面介绍一些常用控制键的作用。

(1) 制表键 Tab：编辑文档时，按一下该键可使光标向右移动一个制表的距离。

(2) 大写锁定键 Caps Lock：用于控制大小写字母的输入。默认情况下，敲字母键将输入小写英文字母；按一下 Caps Lock 键，键盘左上角的 Caps Lock 指示灯变亮，此时敲字母键将输入大写英文字母；再次按一下该键可返回小写字母输入状态。

(3) 换挡键 Shift：主要用于与其他字符键组合，输入键面上有两种字符的上档字符。例如，要输入“！”号，应在按住 Shift 键的同时按“！”键。

(4) 组合控制键 Ctrl 和 Alt：这两个键只能配合其他键一起使用才有意义。

(5) 空格键：编辑文档时，敲一下该键输入一个空格，同时光标右移一个字符。

(6) Win 键：标有 Windows 图标的键，任何时候按下该键都将打开“开始”菜单。

(7) 回车键 Enter：主要用于结束当前的输入行或命令行，或接受某种操作结果。

(8) 退格键 Backspace：编辑文档时，按一下该键光标向左退一格，并删除原来位置上的对象。

2) 功能键区

功能键位于键盘的最上方，主要用于完成一些特殊的任务和工作。

(1) F1 ～ F12 键：这 12 个功能键在不同的程序中有各自不同的作用。例如，在大多数程序中，按一下 F1 键都可打开帮助窗口。

(2) Esc 键：该键为取消键，用于放弃当前的操作或退出当前程序。

3) 编辑键区

编辑键区的按键主要在编辑文档时使用。例如，按一下“←”键将光标左移一个字符，按一下“↓”键将光标下移一行，按一下“Delete”键删除当前光标所在位置后的一个对象，通常为字符。

4) 小键盘

小键盘位于键盘的右下角，也叫数字键区，主要用于快速输入数字。该键盘区的 Num Lock 键用于控制数字键上下挡的切换。当 Num Lock 指示灯亮时，表示可输入数字；按一下 Num Lock 键，指示灯灭，此时只能使用下挡键；再次按一下该键，可返回数字输入状态。

4. 窗口的操作

窗口是 Windows 10 环境中的基本对象，同时对窗口操作也是最基本的操作。

(1) 打开窗口。这里以打开“此电脑”窗口为例，用户可以通过以下方法将其打开。

① 利用桌面图标：双击桌面上的“此电脑”图标，或者在“此电脑”图标上右击，从弹出的快捷菜单中选择“打开”命令，都可以快速地打开该窗口，如图 2-5 所示。

图 2-5 快捷菜单打开窗口

② 利用“开始”菜单：单击“开始”按钮，在弹出的“开始”菜单中选择“Windows 系统”→“此电脑”命令即可。

(2) 关闭窗口。当某个窗口不再使用时，需要将其关闭以节省系统资源。下面以打开的“此电脑”窗口为例，用户可以通过多种方法将其关闭。

① 利用“关闭”按钮：单击“此电脑”窗口右上角的“关闭”按钮，即可将其关闭。

② 利用“文件”菜单：在“此电脑”窗口的菜单栏上选择“文件”→“关闭”菜单项，如图 2-6 所示，即可将其关闭。

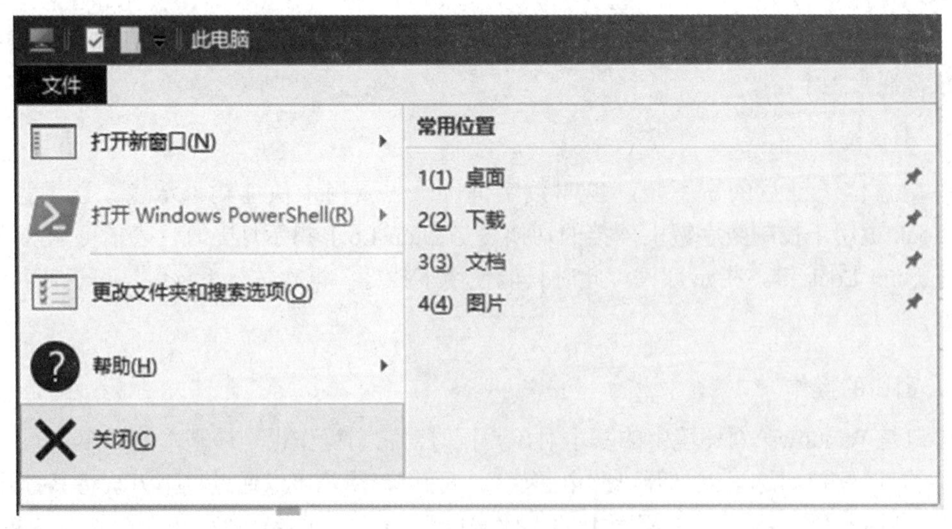

图 2-6 利用文件关闭窗口

(3) 调整窗口大小。下面介绍调整窗口大小的 3 种方法：

① 利用控制按钮：窗口控制按钮包括“最小化”按钮、“最大化”按钮和“还原”按钮。

② 利用标题栏调整：当打开“此电脑”窗口时，如果窗口默认不是最大化打开，只需在窗口标题栏上的任意位置双击，即可使窗口最大化，再次双击可以还原为原始的大小。

③ 手动调整：当窗口处于非最大化和最小化状态时，用户可以通过手动拖曳的方式来改变窗口的大小。

(4) 移动窗口。有时桌面上会同时打开多个窗口，这样就会出现某个窗口被其他窗口内容挡住的情况，对此用户可以将需要的窗口移动到合适的位置。将鼠标指针移动到其中一个窗口的标题栏上，按住鼠标左键不放，将其拖动到合适的位置后释放即可。

(5) 排列窗口。当桌面上打开的窗口过多时，就会显得杂乱无章，这时用户可以通过设置窗口的显示形式对窗口进行排列。

在“任务栏”的空白处右击，弹出的快捷菜单中包含了显示窗口的 3 种形式，即“层叠窗口”“堆叠显示窗口”和“并排显示窗口”，用户可以根据需要选择一种窗口的排列形式，对桌面上的窗口进行排列，如图 2-7 所示。

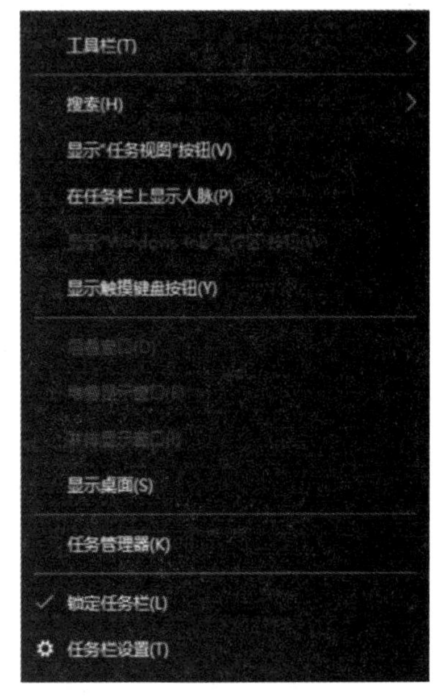

图 2-7　排列窗口

(6) 切换窗口。在 Windows 10 系统环境下可以同时打开多个窗口，但是当前活动窗口只能有一个。因此，用户在操作过程中经常需要在不同的窗口间切换。切换窗口的方法有以下几种：

① 利用 Alt + Tab 组合键；

② 利用 Alt + Esc 组合键；

③ 利用 Ctrl 键；

④ 利用程序按钮区，如图 2-8 所示。

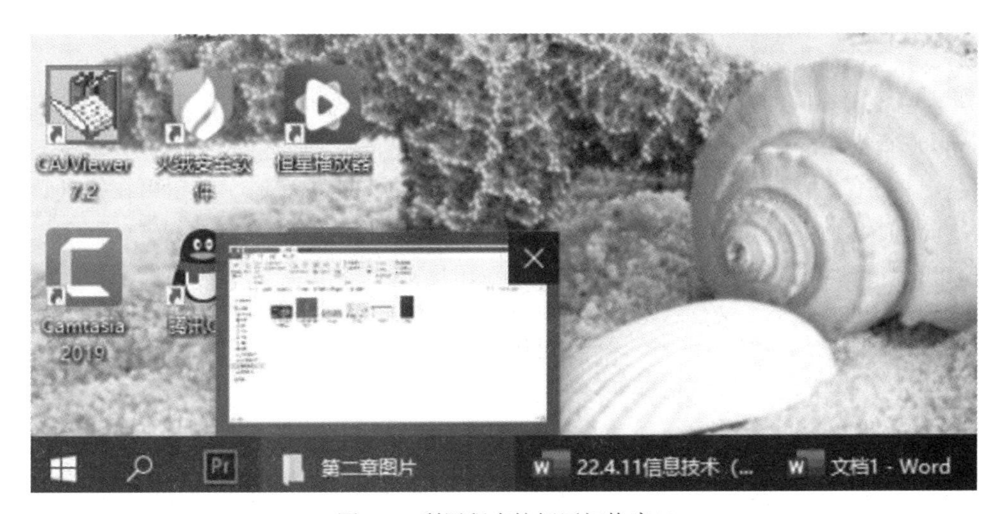

图 2-8　利用程序按钮区切换窗口

2.1.4 必备知识

1. Windows 10 的窗口组成

在 Windows 10 中启动程序或打开文件夹时，会在屏幕上划定一个矩形区域，这便是窗口。在 Windows 10 中对各种资源的管理和使用都是在窗口中进行的。例如，双击桌面上的“此电脑”图标，可打开“此电脑”窗口。不同类型的窗口，其组成元素有些差异，如图 2-9 所示列出了窗口的一些典型组成元素。

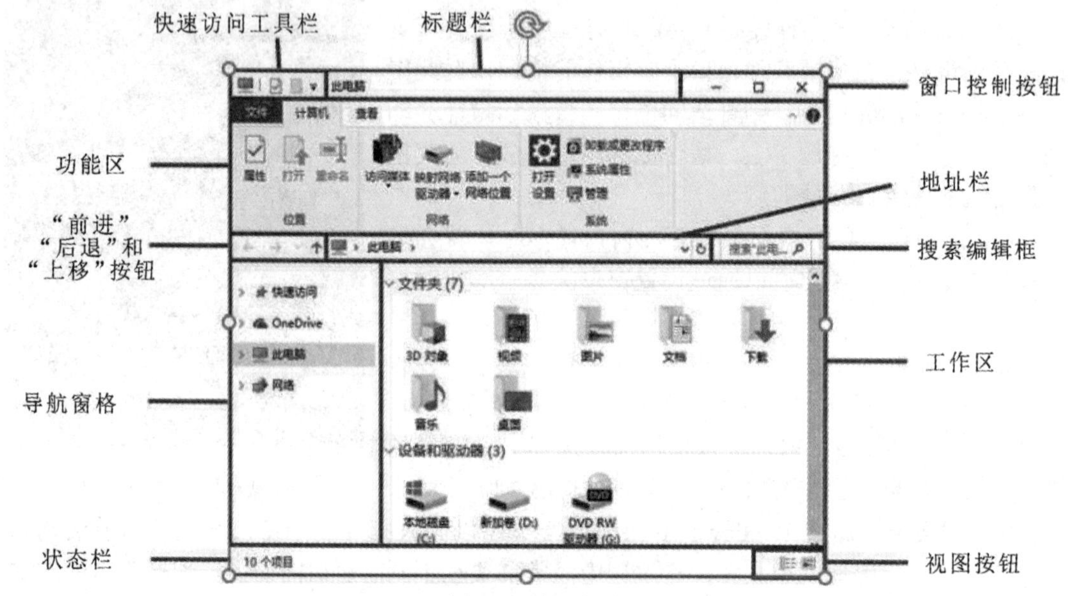

图 2-9 窗口组成

(1) 快速访问工具栏。快速访问工具栏用来放置一些常用的命令按钮。默认的按钮为“查看属性”和“新建文件夹”。用户可以通过单击快速访问工具栏右侧的三角按钮，在展开的列表中选择相应选项，从而在快速访问工具栏中添加或删除命令按钮。

(2) 标题栏。标题栏位于窗口的最上方，主要显示了当前目录名称和 3 个窗口控制按钮。这 3 个窗口控制按钮分别用来将窗口最小化、最大化 / 还原和关闭。

(3) 功能区。功能区位于标题栏的下方，用选项卡的形式将针对当前窗口的命令按钮分门别类地放在不同的选项卡中。通过单击“选项卡”标签 (名称)，可切换到相应的选项卡，以选择需要的命令按钮。

(4) “前进”“后退”和“上移”按钮。单击“前进”或“后退”按钮可在打开过的项目 (文件夹) 之间切换；单击“上移”按钮，可打开当前文件夹的上一级文件夹。

(5) 地址栏。地址栏显示当前文件或文件夹的路径。可在此处输入文件夹的路径来打开文件夹，还可通过单击文件夹名或三角按钮来切换到相应的文件夹中。

(6) 窗口控制按钮区。在窗口控制按钮区有 3 个窗口控制按钮，分别为“最小化”按钮、“最大化”按钮和“关闭”按钮。

(7) 搜索编辑框。将要查找的目标名称输入搜索编辑框中，然后按 Enter 键即可查找相应内容。窗口搜索编辑框的功能和“开始”菜单中搜索框的功能相似，只不过在此处只能搜索当前窗口范围内的目标。

(8) 导航窗格。导航窗格位于工作区的左边区域，与以往的 Windows 系统版本不同的是，在 Windows 10 操作系统中，导航窗格一般包括“快速访问”“此电脑”“网络”等部分。单击每个选项前面的“箭头”按钮，可以打开相应的列表，选择该项既可以打开列表，还可以打开相应的窗口，方便用户随时准确地查找相应的内容，如图 2-10 所示。

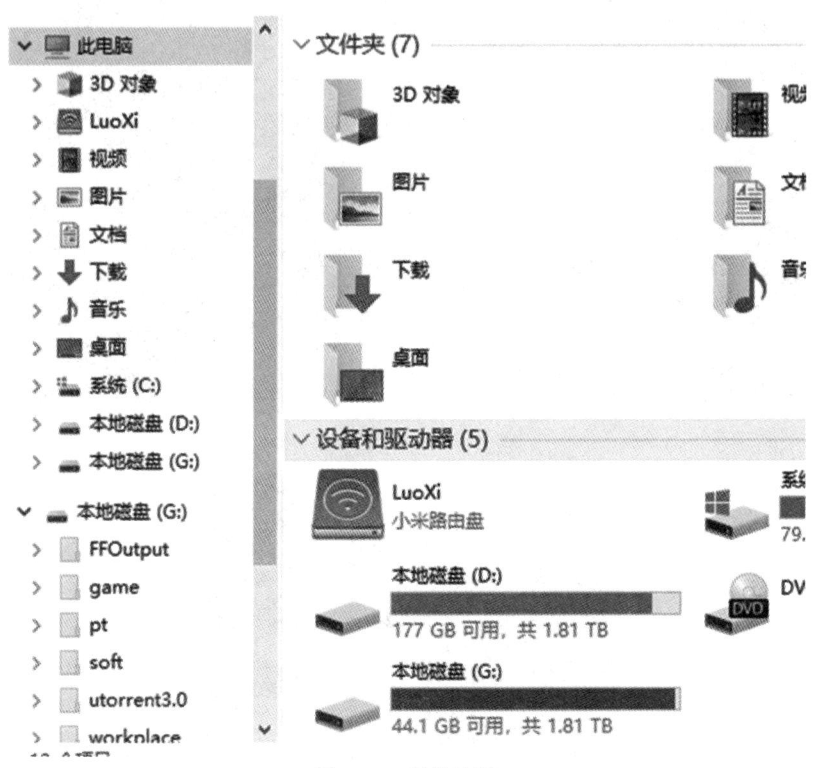

图 2-10　导航窗格

(9) 工作区。工作区位于窗口的右侧，是整个窗口中最大的矩形区域，用于显示窗口中的操作对象和操作结果。

(10) 状态栏。状态栏位于窗口的最下方，显示当前窗口的相关信息和被选中对象的状态信息。

(11) 视图按钮。视图按钮用于选择视图的显示方式，包括列表和大缩略图两种。

2. Windows 10“开始”菜单

“开始”菜单是计算机程序、文件夹和设置的主通道，在“开始”菜单中几乎可以找到所有的应用程序，方便用户进行各种操作。Window 10 系统的“开始”菜单由“常用程序”列表和“关闭选项”按钮区等组成。

(1) “常用程序”列表。在“常用程序”列表中可以查看系统中安装的所有程序，如图 2-11 所示。

“所有程序”子菜单中应分为应用程序和程序组两种，区分很简单，在子菜单中标有文件夹图标的项为程序组，未标有的项为应用程序。单击程序组，即可弹出应用程序列表。例如，单击“Microsoft Office 工具”程序组，即可弹出其应用程序列表，如图 2-12 所示。

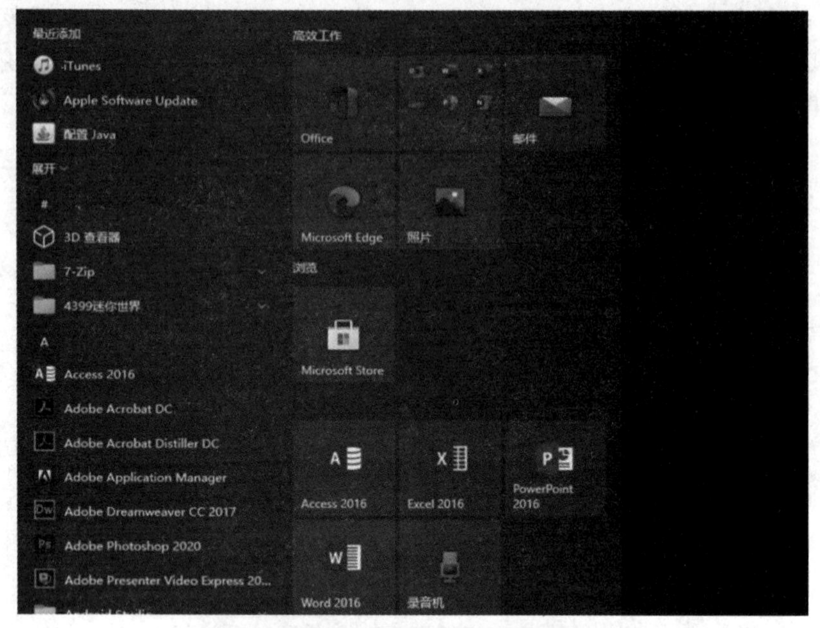

图 2-11　常用程序列表

图 2-12　所有程序示意图

(2) “关机选项”按钮区。“关机选项”按钮区包含“关机”按钮和“关机选项”按钮，单击“关机选项”按钮，弹出“关机选项”列表，其中包含“睡眠”“休眠”“关机”和“重启”选项，如图 2-13 所示。

图 2-13 “关机选项列表”

3. Windows 10 对话框

可以将对话框看作一种人机交流的媒介，当用户对对象进行操作时，会自动弹出一个对话框，会给出进一步的说明和操作提示。

1) 对话框的组成

可以将对话框看作特殊的窗口，与普通的 Windows 窗口有相似之处，但是它比一般窗口更加简洁和直观。对话框的大小是不可以改变的，且用户只有在完成了对话框要求的操作后才能进行下一步操作。如图 2-14 所示，以“图片另存为”为例，在“另存为”对话框中，用户只有输入要保存的文件名后，才能单击“保存”按钮，否则无法进行下一步操作。

尽管 Windows 10 对话框的形态与其他操作系统有些不同，但是所包括的元素是相似的，一般来说，对话框都是由标题栏、选项卡、组合框、文本框、列表框、下拉列表文本框、微调框、命令按钮、单选框和复选框等几部分组成的。

2) 对话框的基本操作

对话框的基本操作包括对话框的移动和关闭，以及对话框中各选项卡之间的切换。

(1) 移动对话框。移动对话框的方法有 3 种，分别是手动、利用右键快捷菜单和利用“控制”图标菜单移动。

(2) 关闭对话框。和关闭窗口相似，关闭对话框可以通过以下 4 种方法来实现。

① 利用“关闭”按钮：单击对话框标题栏右侧的“关闭”按钮，即可将需要关闭的

对话框关闭。

② 利用右键快捷菜单：将鼠标指针移动到对话框标题栏上，右击，从弹出的快捷菜单中选择“关闭”选项即可。

③ 利用“控制”图标菜单：单击对话框标题栏左侧的控制图标，然后从弹出的快捷菜单中选择“关闭”菜单项，即可关闭对话框。

④ 利用组合键：通过按 Alt + F4 组合键可以快速地将对话框关闭。

(3) 切换选项卡。用户可以通过鼠标和键盘进行各选项卡之间的切换。

① 利用鼠标：通过鼠标来进行切换很简单，只需直接单击要切换的选项卡即可。

② 利用键盘：用户可以按 Ctrl + Tab 组合键从左到右切换各个选项卡，按 Ctrl + Shift + Tab 组合键可以从反方向切换。

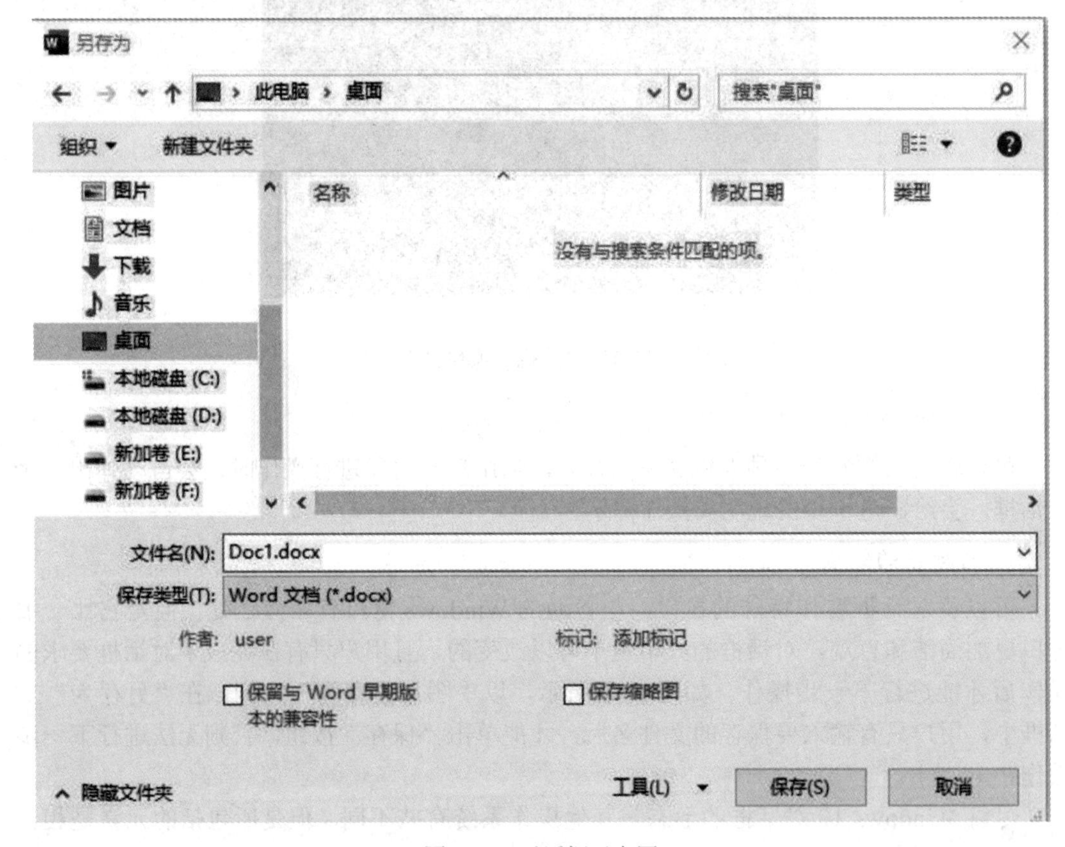

图 2-14　对话框示意图

2.1.5　训练任务

在计算机中安装 Windows 10 操作系统，熟悉并操作 Windows 10 操作系统的桌面、窗口、“开始”菜单和对话框。

评价反馈

学生自评表

任　　务		完成情况记录
课前	通过预习概括本节知识要点	
	预习过程中提出疑难点	
课中	对自己整堂课的状态评价是否满意？学习过程中是否能跟上老师的节奏？	
	课前预习过程中的疑难点是否弄懂解决？	
	是否能按时独立完成课堂相关任务？过程中的难点在哪里？	
课后	课后训练任务完成情况	
收获		
对自己本堂课学习效果总体评价		

学生互评表

序号	评价项目	小 组 互 评
1	任务是否按时完成	
2	任务完成上交情况	
3	作品质量	
4	小组成员合作面貌	
5	创新点	

教师评价表

序号	评价项目	自我评价	互相评价	教师评价	综合评价
1	学生课前预习				
2	规范操作				
3	完成质量				
4	关键操作要领掌握				
5	完成速度				
6	沟通协作				

注：评价档次统一采用 A(优秀)、B(良好)、C(合格)、D(努力) 4 个等级。

任务2　个性化外观设置

在 Windows 10 中进行个性化外观设置时，首先要学会桌面图标和“开始”菜单的设置，然后为了美化系统的桌面，还需要进行桌面背景、主题颜色、锁屏界面等常见的设置操作。

2.2.1　任务描述

Windows 10 操作系统给予用户的可操作性非常强。小黄需要对系统进行个性化的设置，使其外观更加精美、账户更加安全，让办公环境更加舒适。

2.2.2　任务分析

根据任务描述，我们将要进行以下针对 Windows 10 的个性化操作：

(1) 设置适合自己的桌面图标；

(2) 设置“开始”菜单；

(3) 设置桌面背景。

系统管理和应用

2.2.3　任务实现

1. 设置适合自己的桌面图标

桌面就是启动 Windows 10 后显示的桌面，也是用户操作系统的平台。在默认情况下，桌面只有一个“回收站”图标，将常用的图标放到桌面，有利于用户快速找到程序，省去查找程序的时间，提高工作效率。

(1) 在桌面上右击，在弹出的快捷菜单中选择“个性化”选项，如图 2-15 所示。

图 2-15　个性化设置

(2) 打开“设置”窗口，单击“主题”选项，打开“主题”界面，单击“桌面图标设置”链接，如图 2-16 所示。

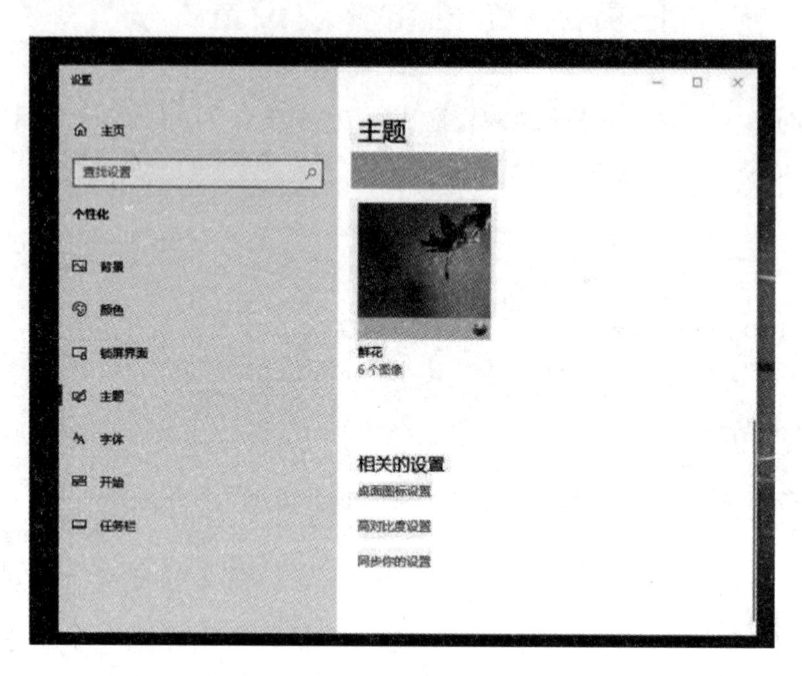

图 2-16　设置主题

(3) 打开“桌面图标设置”对话框，在“桌面图标”选项卡中选中“控制面板”复选框，然后单击“确定”按钮，如图 2-17 所示。关闭对话框，此时，桌面将显示“控制面板”图标。

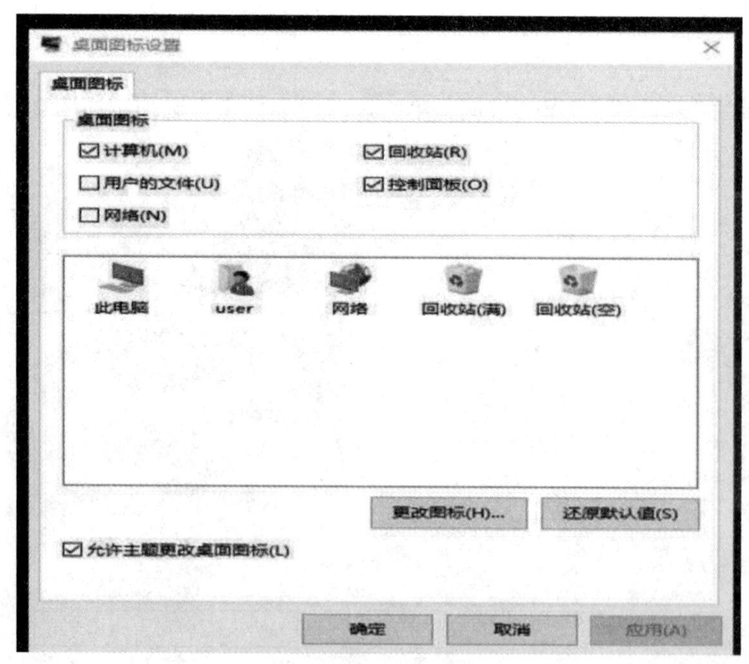

图 2-17　桌面图标设置

(4) 单击“开始”按钮，在打开的程序列表中找到“微信”选项，右击，在弹出的快捷菜单中选择“更多”→“打开文件位置”选项，如图 2-18 所示。

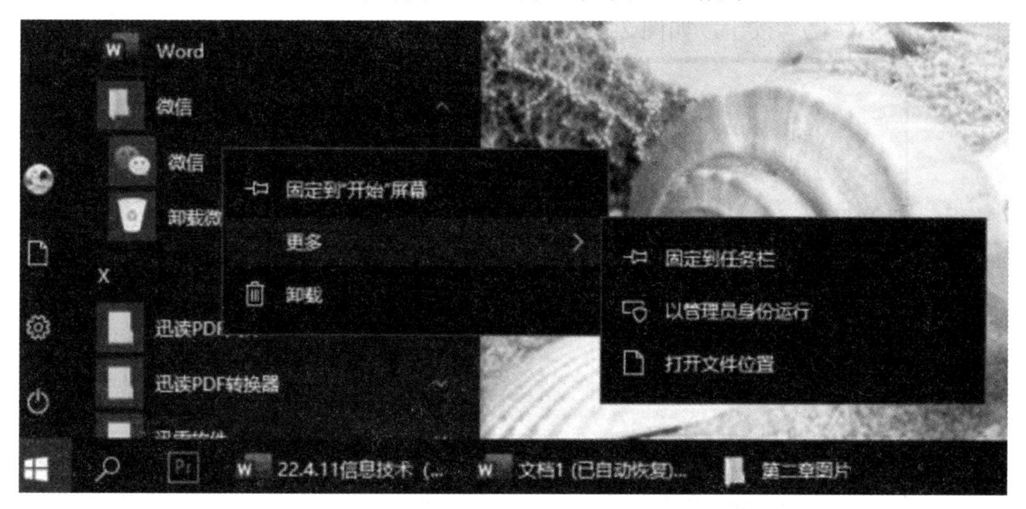

图 2-18　打开文件位置

(5) 此时将打开“微信”所在盘窗口，在其中找到“微信”启动程序，右击，在弹出的快捷菜单中选择“发送到”选项，在弹出的子菜单中选择“桌面快捷方式”选项，如图 2-19 所示，即可在桌面上创建该程序的快捷方式。

图 2-19　发送桌面快捷方式

2. 设置“开始”菜单

“开始”菜单上显示的项目并不是固定的，用户可以通过设置让开始菜单显示需要的项目，具体操作方法如下：

(1) 单击“开始”按钮，选择“设置”选项或直接按Windows+I组合键打开“设置”窗口，单击“个性化”按钮，如图2-20所示。

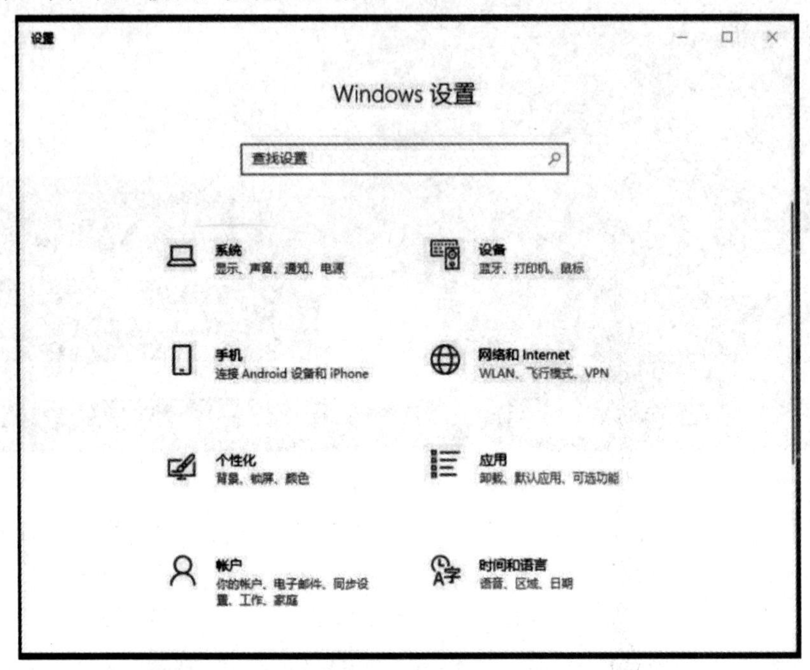

图2-20 Windows 设置

(2) 打开“设置”窗口，在左侧选择“开始”选项，在右侧单击“选择哪些文件夹显示在‘开始’菜单上”，如图2-21所示。

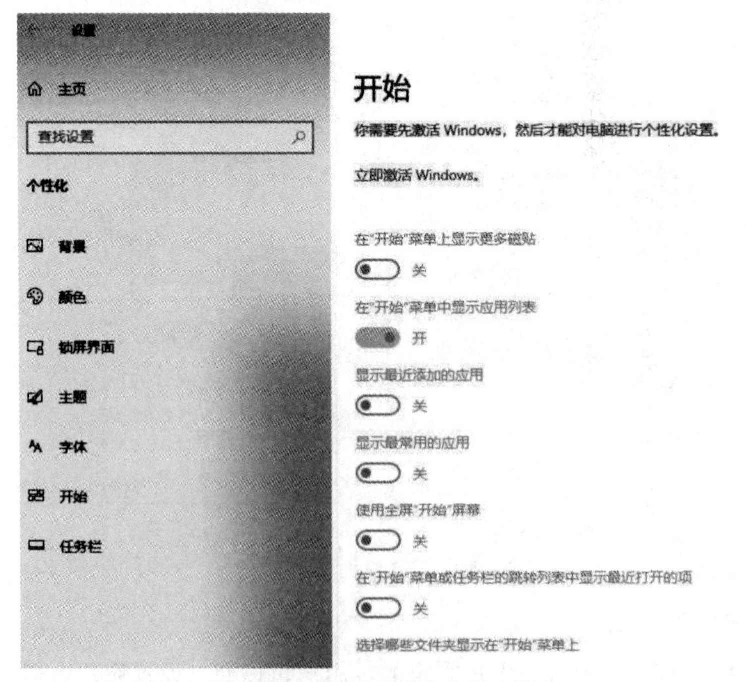

图2-21 显示开始菜单上的文件夹

(3) 在打开的窗口中可设置在“开始”菜单中要显示的文件夹，默认情况下只显示“文件资源管理器”和“设置”，这里将“文档”和“下载”两个文件夹设置为“开”，如图 2-22 所示。

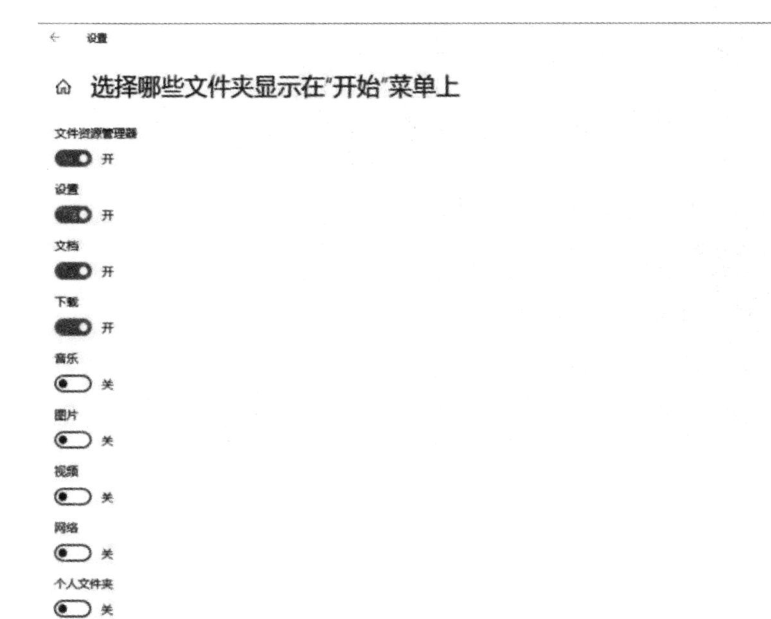

图 2-22　设置在开始菜单上显示的文件夹

(4) 单击右上角的“关闭”按钮，然后打开“开始”菜单，即可看到在菜单中显示了“文档”和“下载”文件夹，如图 2-23 所示。

图 2-23　显示文件夹

(5) 在“开始”菜单中右击“画图”应用，在弹出的快捷菜单中选择“固定到‘开始’屏幕”选项，如图 2-24 所示。

(6) 此时，即可在“开始”菜单右侧的磁贴区显示画图应用。

图 2-24　固定“画图”在开始屏幕

2.2.4　必备知识

1. 图标大小与排列方式设置

(1) 设置图标显示大小。当桌面放置的快捷图标较多时，可通过设置使图标呈小图标显示，这样可节约桌面占用量；而当用户的显示器较大时，使用小图标不便于用户查看，可将图标调整为大图标显示。在桌面空白处右击，在弹出的快捷菜单中选择“查看”选项，在弹出的子菜单中选择图标选项即可，如图 2-25 所示，此时即可看到桌面图标的大小发生变化。

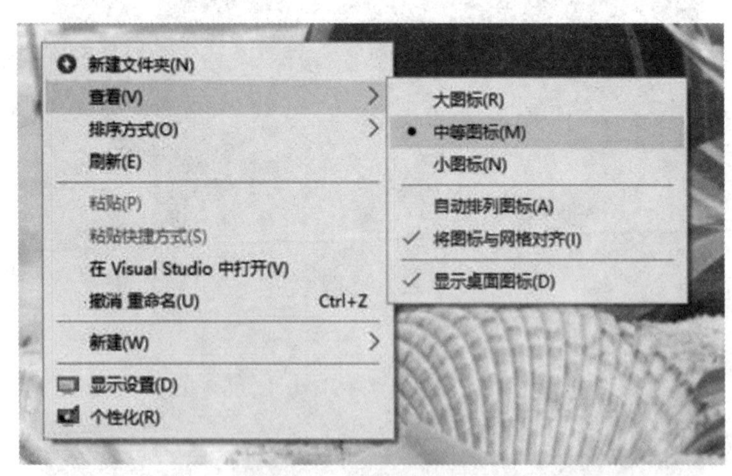

图 2-25　设置图标大小

(2) 设置图标排列方式。在计算机使用过程中，随着桌面快捷方式图标的增加，用户可通过对桌面图标设置排列方式，使其按照一定的规则排列，避免杂乱无章。排列桌面图标可通过手动排列和自动排列两种方式实现。

① 手动排列：将鼠标指针移动到需要调整的图标上，按住鼠标左键不放，拖动鼠标

到目标位置，释放鼠标。

② 自动排列：在桌面空白处右击，在弹出的快捷菜单中选择“排序方式”选项，在弹出的子菜单中选择需要的排列方式选项，如图 2-26 所示。

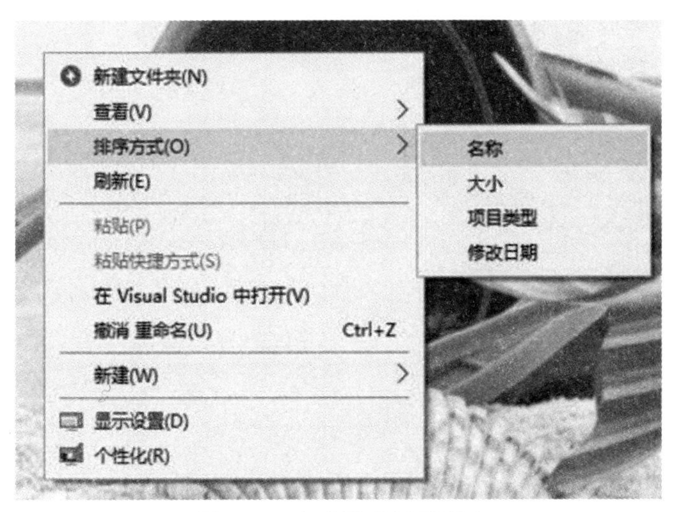

图 2-26　自动排列桌面图标

2. 调整“开始”屏幕大小

Windows 10 中的“开始”屏幕可根据用户的需要来调整大小，也可让“开始”屏幕覆盖全屏。

(1) 手动调整“开始”屏幕大小。打开“开始”屏幕，将鼠标指针移动到其顶部或四周，当鼠标指针变为双向箭头时，拖动可调整其宽度或高度。

(2) 设置全屏显示“开始”屏幕。打开“设置”窗口，选择“开始”选项，在右侧界面中的“使用全屏‘开始’屏幕”选项下单击按钮，使其呈“开”状态，关闭窗口后打开“开始”菜单即可全屏显示，如图 2-27 所示。

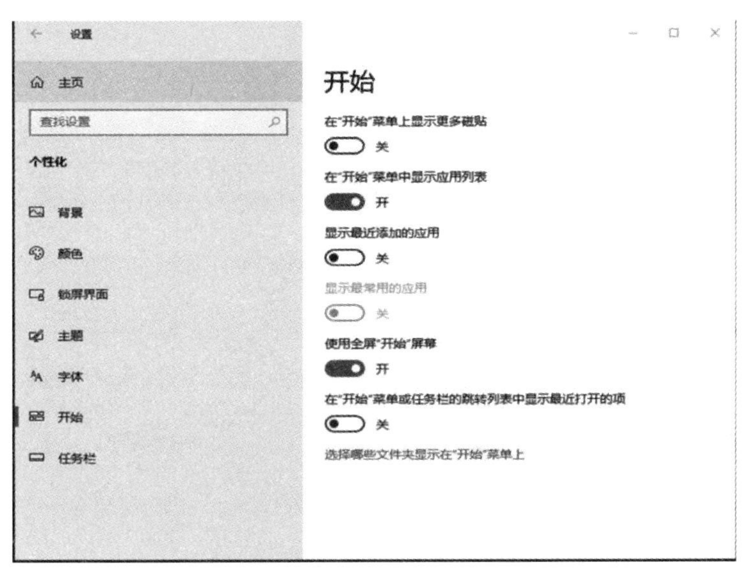

图 2-27　全屏显示“开始”屏幕

2.2.5 训练任务

在计算机中设置好桌面图标、“开始”菜单、桌面背景、主题颜色和锁屏界面，打造出属于自己的个性化 Windows 10 操作系统。

评价反馈

学生自评表

任务		完成情况记录
课前	通过预习概括本节知识要点	
	预习过程中提出疑难点	
课中	对自己整堂课的状态评价是否满意？学习过程中是否能跟上老师的节奏？	
	课前预习过程中的疑难点是否弄懂解决？	
	是否能按时独立完成课堂相关任务？过程中的难点在哪里？	
课后	课后训练任务完成情况	
收获		
对自己本堂课学习效果总体评价		

学生互评表

序号	评价项目	小 组 互 评
1	任务是否按时完成	
2	任务完成上交情况	
3	作品质量	
4	小组成员合作面貌	
5	创新点	

教师评价表

序号	评价项目	自我评价	互相评价	教师评价	综合评价
1	学生课前预习				
2	规范操作				
3	完成质量				
4	关键操作要领掌握				
5	完成速度				
6	沟通协作				

注：评价档次统一采用 A(优秀)、B(良好)、C(合格)、D(努力) 4 个等级。

任务3　系统账户设置

在 Windows 10 中进行系统账户设置时，首先要学会添加用户账户和密码，然后更改账户头像，最后进行账户的管理操作。

2.3.1　任务描述

×× 公司的行政人员小黄为公用计算机的系统账户进行相关设置，该台计算机主要用于销售人员查询数据，记录订单和个人客户关系，通常是多人共用。为了保证销售数据的安全性和客户资源的保密性，小黄需要对计算机设置多个账户，并对这些账户进行相关设置，如设置账户头像、账户密码等。另外，小黄还需要对这些账户进行管理。

2.3.2　任务分析

根据任务描述，我们将要进行以下针对 Windows 10 的系统账户设置操作：

(1) 添加用户账户；

(2) 设置登录密码；

(3) 更改账户头像；

(4) 管理用户账户。

2.3.3　任务实现

1. 添加用户账户

(1) 在“开始”按钮上右击，在弹出的快捷菜单中选择“计算机管理”选项，如图 2-28 所示。

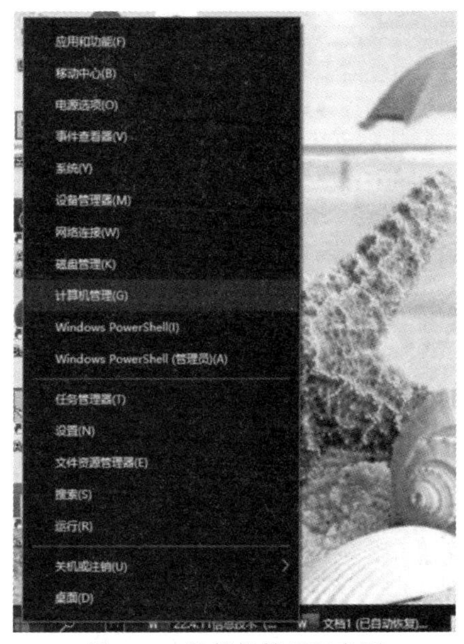

图 2-28　计算机管理示意图

(2) 打开“计算机管理”窗口，在左侧的“本地用户和组”栏下的“用户”选项上右击，在弹出的快捷菜单中选择“新用户”选项，如图 2-29 所示。

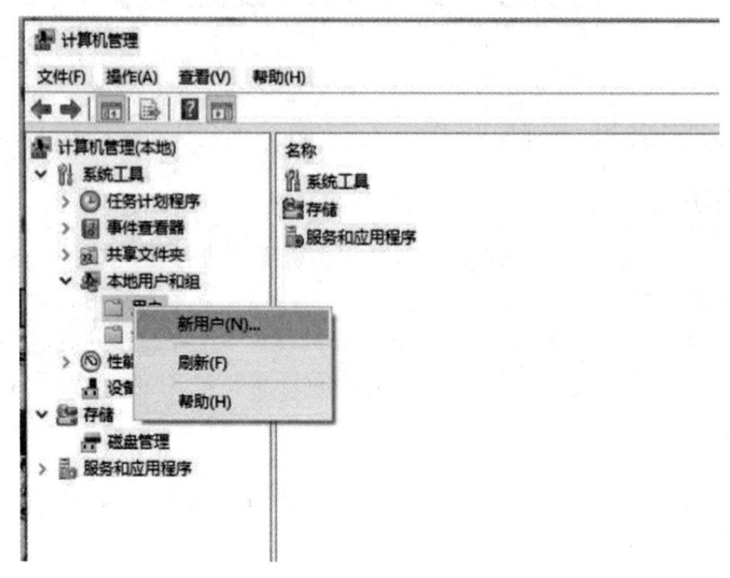

图 2-29 选择新用户

(3) 打开“新用户”对话框，在其中设置用户名和密码等，并取消选中“用户下次登录时须更改密码”复选框，然后依次单击“创建”和“关闭”按钮，如图 2-30 所示。

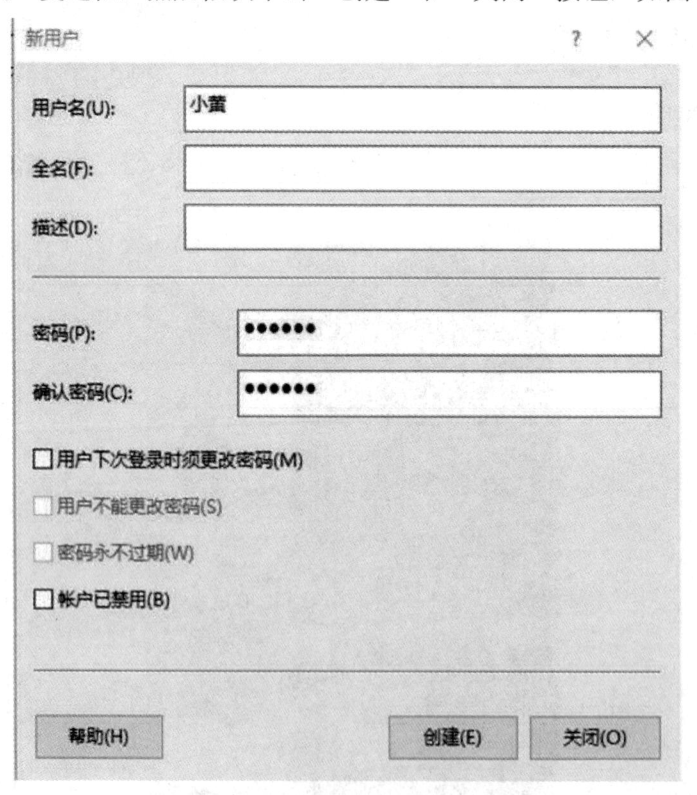

图 2-30 设置用户名和密码

(4) 此时，即可创建一个本地账户，如图 2-31 所示。

图 2-31 创建本地账户

2. 设置登录密码

通过为账户设置登录密码可以保护个人隐私和信息的安全，在 Windows 10 操作系统中主要有 Microsoft 账户密码、PIN 码和图片密码 3 种类型的密码，设置登录密码的具体方法如下：

(1) 单击“开始”按钮，选择“设置”选项，打开“Windows 设置”窗口，在其中单击“账户”按钮，如图 2-32 所示。

图 2-32 打开“账户”选项

(2) 在“账户信息”窗口的左侧选择“登录选项”选项，在右侧单击“密码”选项下的“添加”按钮，如图 2-33 所示。

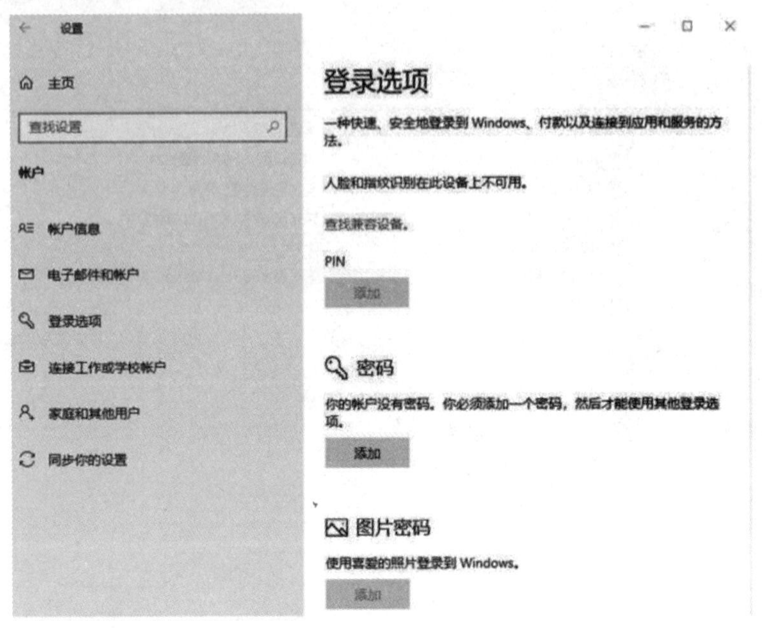

图 2-33　打开“登录选项”

(3) 打开“创建密码”界面，在“新密码”“重新输入密码”和“密码提示”文本框中输入密码和提示信息，单击“下一步”按钮，如图 2-34 所示。

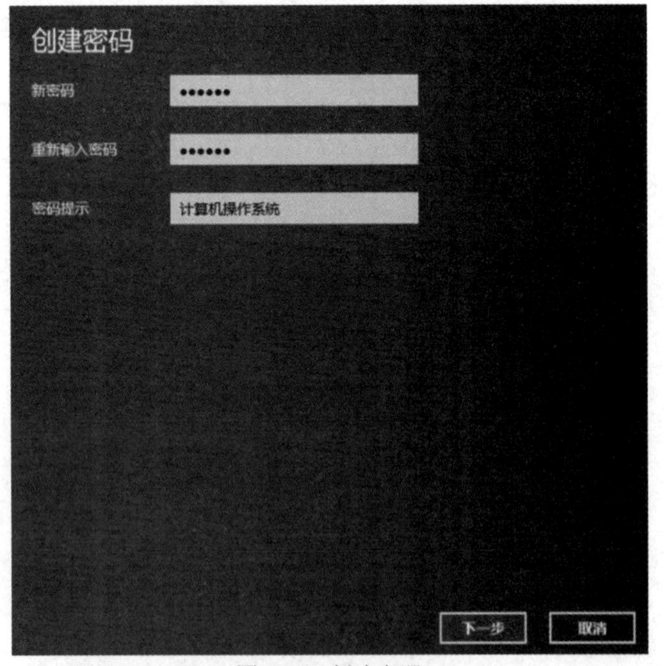

图 2-34　创建密码

(4) 进入下一界面，提示密码已创建，单击“完成”按钮，如图 2-35 所示，完成密码的创建。

图 2-35　创建密码完成

3. 更改账户头像

创建用户账户后，用户头像一般为默认的灰色头像，用户可手动设置喜欢的照片或图片为账户头像，更改账户头像的具体操作方法如下：

(1) 打开“开始”菜单，在账户头像上单击，在打开的菜单中选择“更改账户设置”选项，打开“设置”窗口，选择“账户信息”选项，在右侧单击“从现有图片中选择”按钮，如图 2-36 所示。

图 2-36　打开“账户信息”

(2) 打开“打开”对话框，选择需要图片，单击“选择图片”按钮，如图2-37所示。返回“设置”窗口，即可看到设置后的账户头像效果。

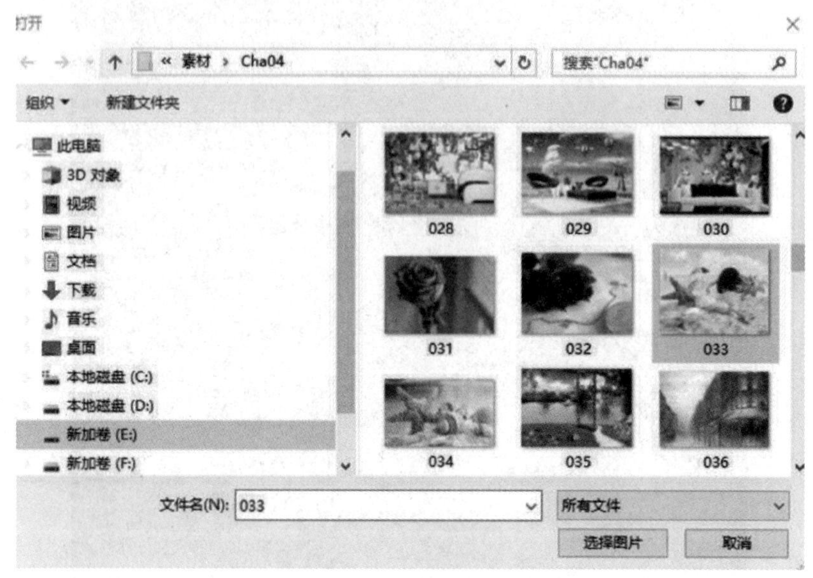

图2-37　选择图片

4. 管理用户账户

(1) 在“开始”按钮上右击，在弹出的快捷菜单中选择“控制面板”选项，如图2-38所示。

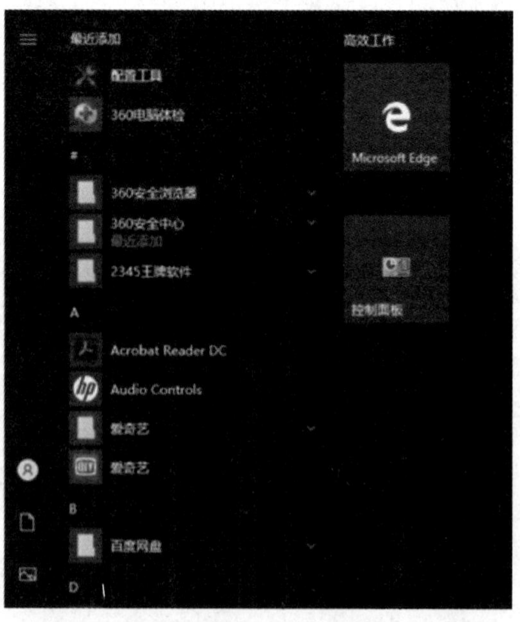

图2-38　“开始”菜单上的“控制面板”选项

(2) 打开“控制面板”窗口，在右上角的“查看方式”下拉列表中选择“小图标”，然后在下方单击“用户账户”链接，如图2-39所示。

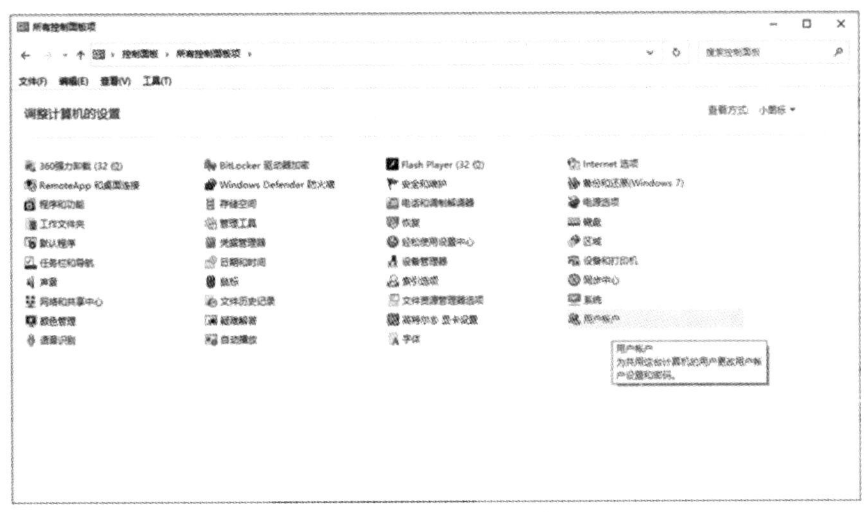

图 2-39　选择“用户账户”

(3) 打开“用户账户”窗口，在其中单击“管理其他账户”链接，如图 2-40 所示。

图 2-40　“用户账户”界面

(4) 在打开的窗口中选择需要设置的账户，这里单击“User”账户，如图 2-41 所示。

图 2-41　选择 User

(5) 打开“更改账户”窗口，在其中单击“更改账户名称”链接，如图 2-42 所示。

图 2-42　更改账户名称

(6) 打开“重命名账户”窗口，在文本框中输入新的名称，单击“更改名称”按钮即可，如图 2-43 所示。

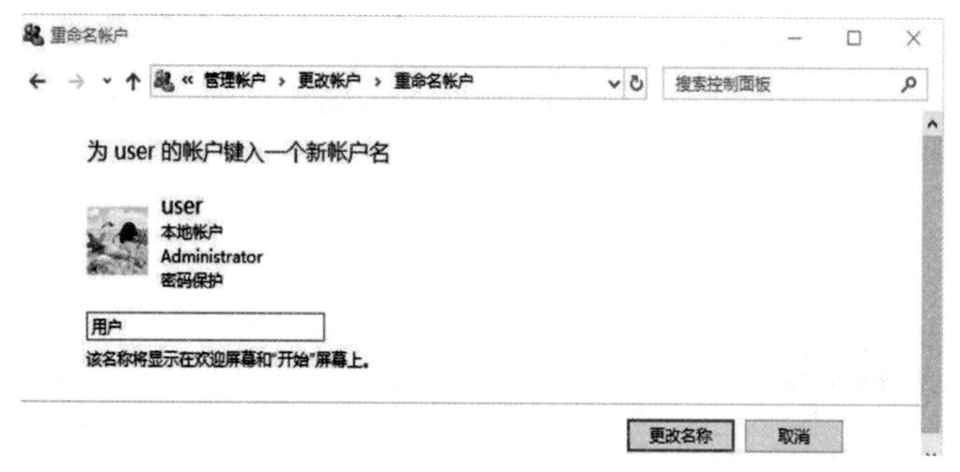

图 2-43　重命名账户

2.3.4　必备知识

1. 认识用户账户

用户账户就是用来记录用户的用户名、密码等信息的账户。Windows 系统都是要通过用户账户进行登录，才能访问计算机、服务器。通过用户账户可以实现多人共用一台计算机，还可以对各个用户间的使用权限进行设置。Windows 10 操作系统包含以下 4 种类型的用户账户。

(1) 管理员账户：对计算机有最高控制权，可对计算机进行任何操作。

(2) 标准账户：日常使用的基本账户，可运行应用程序，能对系统进行常规设置，需要注意的是，这些设置只对当前标准账户生效，对计算机和其他账户不影响。标准账户一般用于别人使用自己计算机时登录的账户。

(3) 来宾账户：用于别人暂时使用计算机，可用 Guest 账户比标准账户更低，无法对系统进行任何设置。

(4) Microsoft 账户：使用微软账号登录的网络账户。使用 Microsoft 账户登录计算机进行的任何个性化设置都会漫游到用户的其他设备或计算机端口。

2. 启用来宾账户

在 Windows 默认状态下是禁用来宾账户的，若用户要使用来宾账户，需要手动启动。

打开“计算机管理”窗口，在左侧的“本地用户和组”栏中选择“用户”选项，在右侧双击“Guest 账户”，打开“Guest 属性”对话框，取消选中“账户已禁用”复选框，如图 2-44 所示，然后单击“确定”按钮即可启用。

图 2-44　取消“账户已禁用”

3. 注销和锁定账户

(1) 通过“开始”菜单注销或锁定：打开“开始”菜单，在用户头像上单击，在打开的下拉列表中选择“注销”或“锁定”选项即可，如图 2-45 所示。

图 2-45　“注销”或“锁定”选项

(2) 通过快捷菜单注销：在“开始”按钮上右击，在弹出的快捷菜单中选择“关机或注销”选项，在打开的子菜单中选择“注销”选项，如图 2-46 所示。

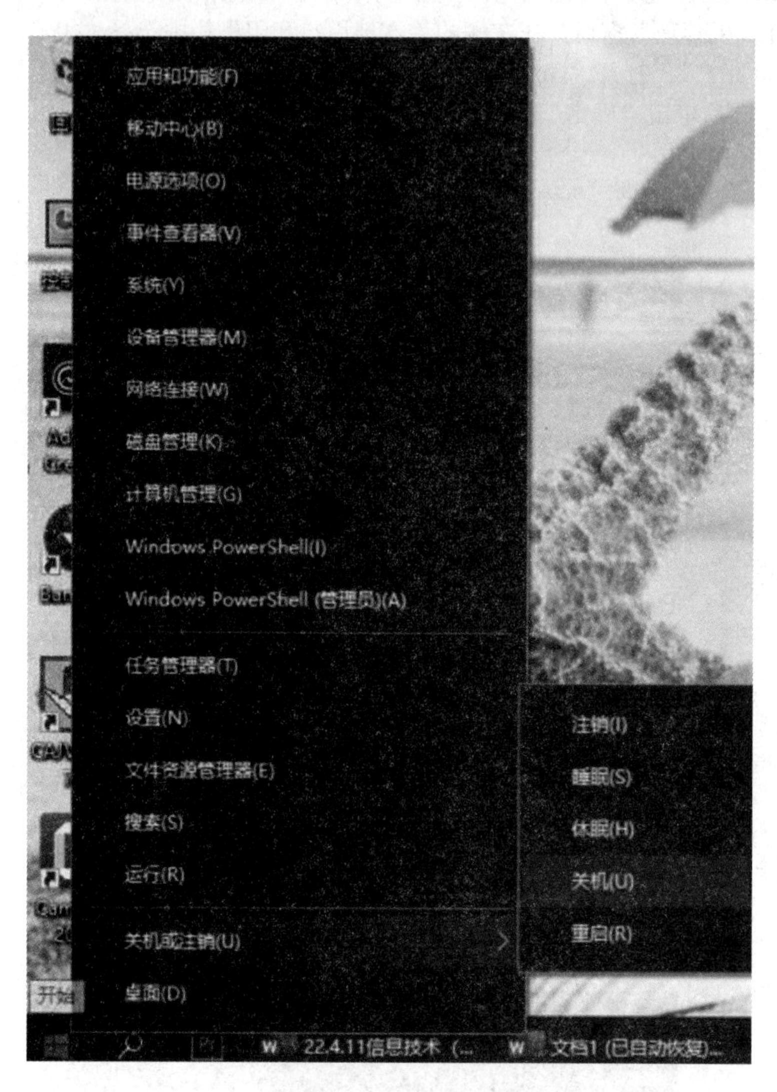

图 2-46 选择“注销”

2.3.5 训练任务

在计算机中设置多个账户，并更改账户的头像，添加账户密码。

评价反馈

学生自评表

任　　务		完成情况记录
课前	通过预习概括本节知识要点	
	预习过程中提出疑难点	
课中	对自己整堂课的状态评价是否满意？学习过程中是否能跟上老师的节奏？	
	课前预习过程中的疑难点是否弄懂解决？	
	是否能按时独立完成课堂相关任务？过程中的难点在哪里？	
课后	课后训练任务完成情况	
收获		
对自己本堂课学习效果总体评价		

学生互评表

序号	评价项目	小 组 互 评
1	任务是否按时完成	
2	任务完成上交情况	
3	作品质量	
4	小组成员合作面貌	
5	创新点	

教师评价表

序号	评价项目	自我评价	互相评价	教师评价	综合评价
1	学生课前预习				
2	规范操作				
3	完成质量				
4	关键操作要领掌握				
5	完成速度				
6	沟通协作				

注：评价档次统一采用 A(优秀)、B(良好)、C(合格)、D(努力)4 个等级。

任务4　管理文件和文件夹 

计算机中的所有数据都是以文件为单位进行存储的，要使用 Windows 10 进行高效办公，则必须掌握文件资源管理的方法。在使用 Windows 10 操作系统中的文件系统时，首先要学会文件和文件夹的新建操作，然后再掌握文件和文件夹的选择、移动、复制、重命名和删除等常见操作。

2.4.1　任务描述

为了方便对各种图片、文件进行管理，小黄需创建一个文件系统，主要目的是将杂乱的数据归档处理，便于查找和使用。

2.4.2　任务分析

根据任务描述，我们将要进行以下针对 Windows 10 文件和文件夹的操作：

(1) 认识文件和文件夹；

(2) 新建文件和文件夹；

(3) 选择文件和文件夹；

(4) 移动或复制文件和文件夹；

(5) 重命名文件和文件夹；

(6) 删除文件和文件夹。

2.4.3　任务实现

文件和文件夹的基础知识

1. 认识文件和文件夹

1) 认识文件

文件是数据在计算机中的组织形式。计算机中的任何程序和数据都是以文件的形式保存在计算机的外存储器(如硬盘、光盘和U盘等)中的。Windows 10 中的任何文件都是用图标和文件名来标识的，其中文件名由主文件名和扩展名两部分组成，中间由“.”分隔。

(1) 主文件名。主文件名最多可以由 255 个英文字符或 127 个汉字组成，或者混合使用字符、汉字、数字甚至空格。但是，文件名中不能含有“\”“/”“:”“<”“>”“?”“*”“"”和“|”字符。文件名不区分大小写。

(2) 扩展名。扩展名通常为 3 个英文字符。扩展名决定了文件的类型，也决定了可以使用什么程序来打开文件。常说的文件格式指的就是文件的扩展名。从打开方式看，文件分为可执行文件和不可执行文件两种类型。

从打开方式看，文件分为可执行文件和不可执行文件两种类型。

(1) 可执行文件。可执行文件指可以自己运行的文件，其扩展名主要有“.exe”“.com”等。用鼠标双击可执行文件，它便会自己运行。

(2) 不可执行文件。不可执行文件指不能自己运行，而需要借助特定程序打开或使用的文件。例如，双击 txt 文档，系统将调用“记事本”程序打开它。不可执行文件有许多类型，如文档文件、图像文件、视频文件等。

2) 认识文件夹

文件夹是存放文件的场所。在 Windows 10 中，文件夹由一个黄色的小夹子图标和名称组成，如图 2-47 所示。为了方便管理文件，用户可以创建不同的文件夹，将文件分门别类地存放在文件夹内。在文件夹中除了包含文件，还可以包含其他文件夹。

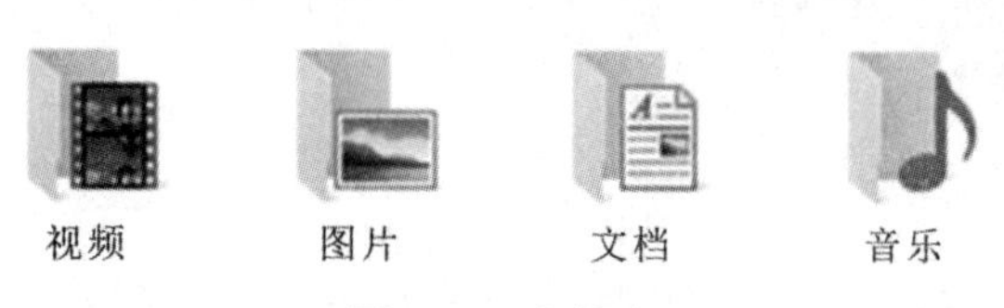

图 2-47　文件夹

Windows 10 中的文件夹分为系统文件夹和用户文件夹两种类型。系统文件夹是安装好操作系统或应用程序后系统自己创建的文件夹，它们通常位于 C 磁盘中，不能随意删除和更改名称；用户文件夹是用户自己创建的文件夹，可以随意更改和删除。

2. 在计算机中新建文件和文件夹

新建文件和文件夹的方式有很多，用户可根据使用习惯，选择一种适合自己的方式。

(1) 通过右键快捷菜单：在需要创建文件和文件夹的窗口空白位置右击，在弹出的快捷菜单中选择“新建”命令，在弹出的子菜单中选择“文件夹”命令，如图 2-48 所示，此时将新建一个文件夹，在文件名中输入文件夹名称即可。

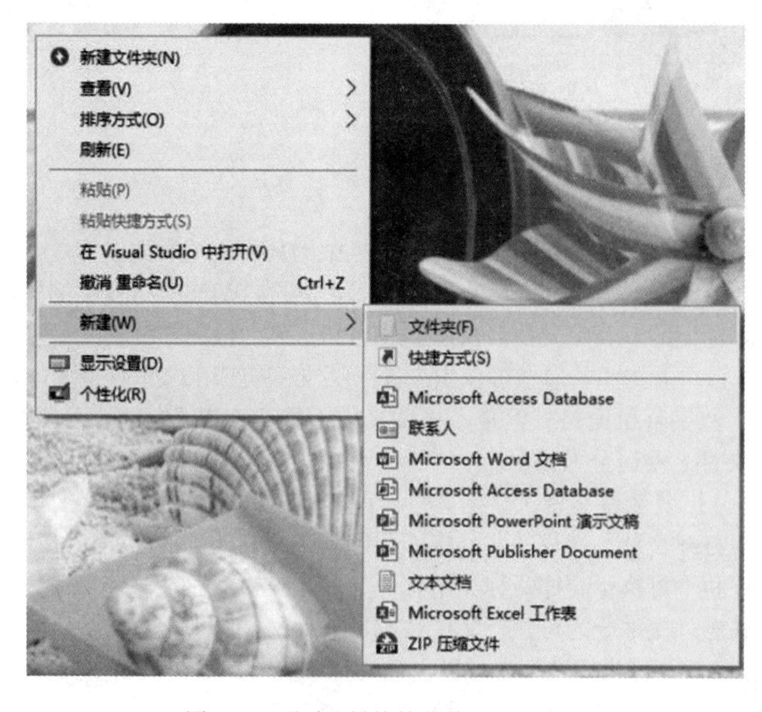

图 2-48　通过右键快捷菜单新建文件夹

(2) 通过“主页”选项卡：单击“主页”选项卡，在“新建”组中单击“新建文件夹”按钮即可新建一个文件夹，或单击“新建项目”下拉按钮，在打开的下拉列表中选择需要新建的文件类型即可新建一个指定类型的文件，如图 2-49 所示。

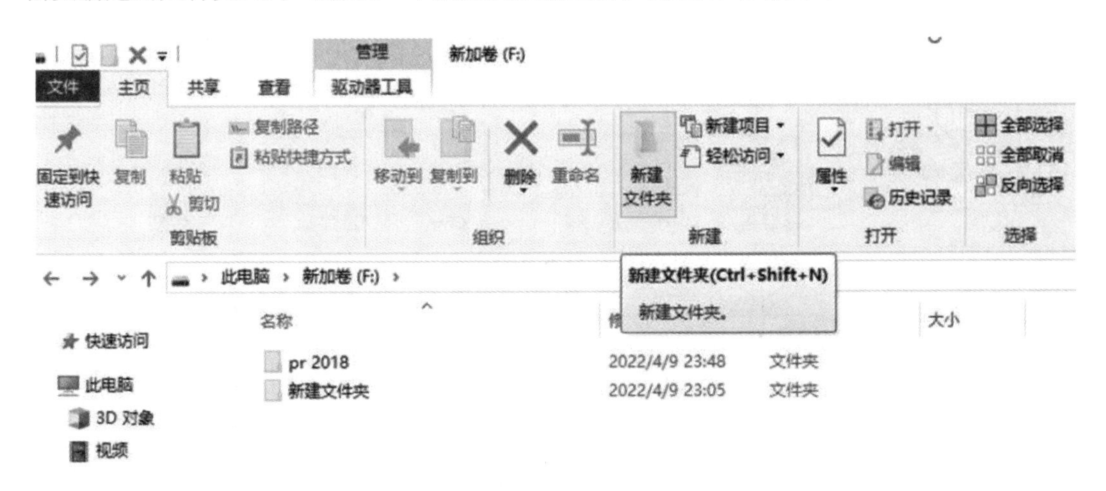

图 2-49　通过“主页”选项卡新建文件夹

(3) 通过快捷键：直接按 Ctrl + Shift + N 组合键。

(4) 通过快速访问工具栏：在文件资源管理器窗口左上角单击“新建文件夹”按钮，如图 2-50 所示。

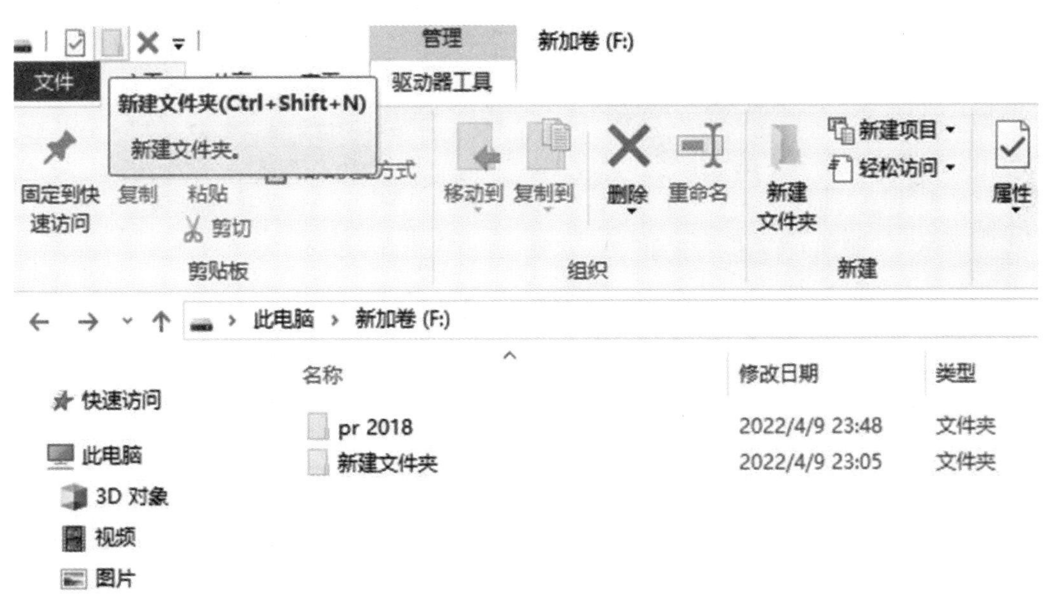

图 2-50　通过快速访问工具栏新建文件夹

3. 通过不同的方式选择文件和文件夹

文件和文件夹选择、移动、复制

(1) 单击需要选择的文件或文件夹即可选择该文件或文件夹，被选中的文件或文件夹显示蓝色阴影，如图 2-51 所示。

图 2-51 单击选择文件

(2) 单击第一个文件或文件夹后，按 Ctrl 键后依次单击其他需要选择的文件或文件夹，如图 2-52 所示。

图 2-52 选择多个不连续的文件

(3) 选择第一个文件或文件夹，按住 Shift 键的同时，单击要选择文件或文件夹的最后一个，即可选择这两个文件或文件夹之间的文件或文件夹，如图 2-53 所示。

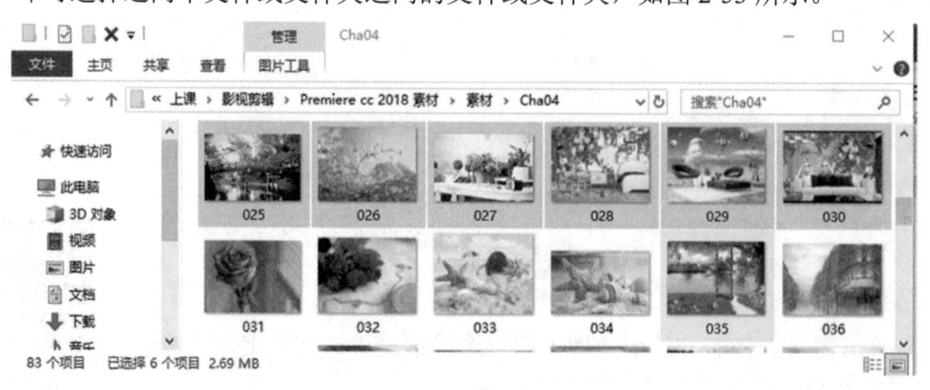

图 2-53 选择多个连续的文件

(4) 在窗口空白处按住鼠标左键不放，拖动鼠标框选需要选择的文件或文件夹，如图 2-54 所示。

图 2-54　利用鼠标框选择多个连续的文件

(5) 先选择窗口中不需要选择的文件或文件夹，然后单击“反向选择”按钮即可，如图 2-55 所示。

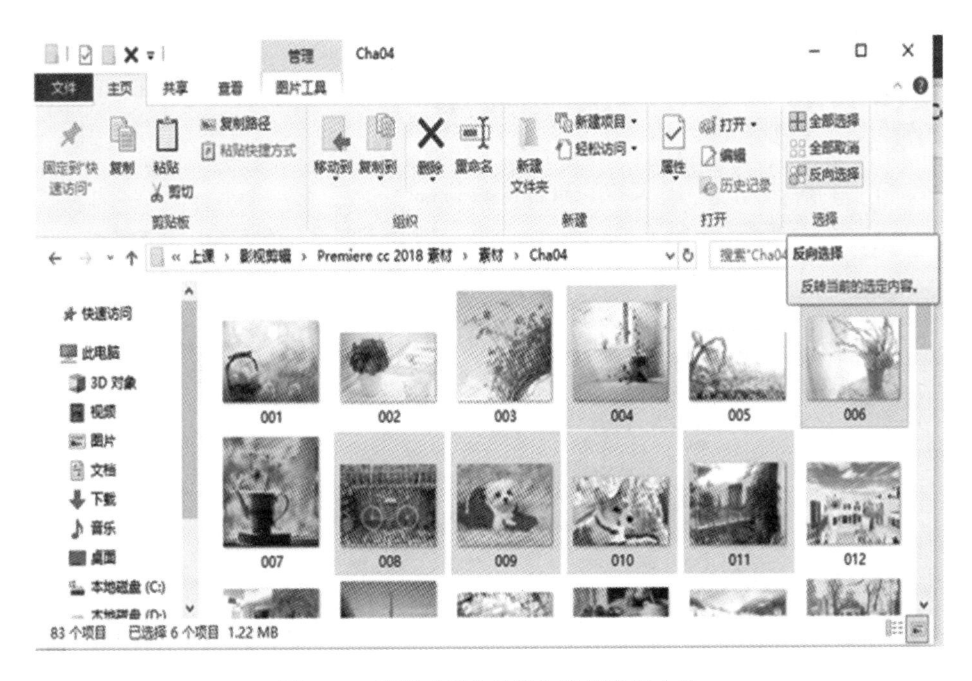

图 2-55　利用“反向选择”按钮选择文件

(6) 在“主页”选项卡的“选择”组中单击“全部选择”按钮或按 Ctrl + A 组合键，全选的效果如图 2-56 所示。

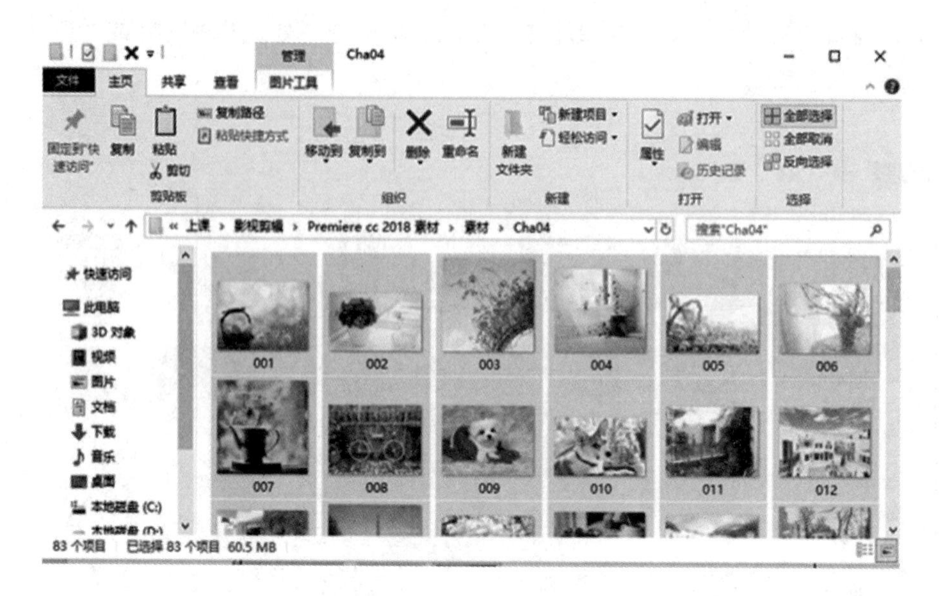

图 2-56 选择全部文件

4. 通过移动和复制轻松移动文件或文件夹

(1) 选择需要移动的文件或文件夹，在“主页”选项卡的“剪贴板”组中单击“剪切”按钮，此时，被剪切后的文件颜色将变淡，如图 2-57 所示。

图 2-57 剪切文件

(2) 打开目标文件夹，在“主页”选项卡的“剪贴板”组中单击“粘贴”按钮，即可移动文件或文件夹，如图 2-58 所示。

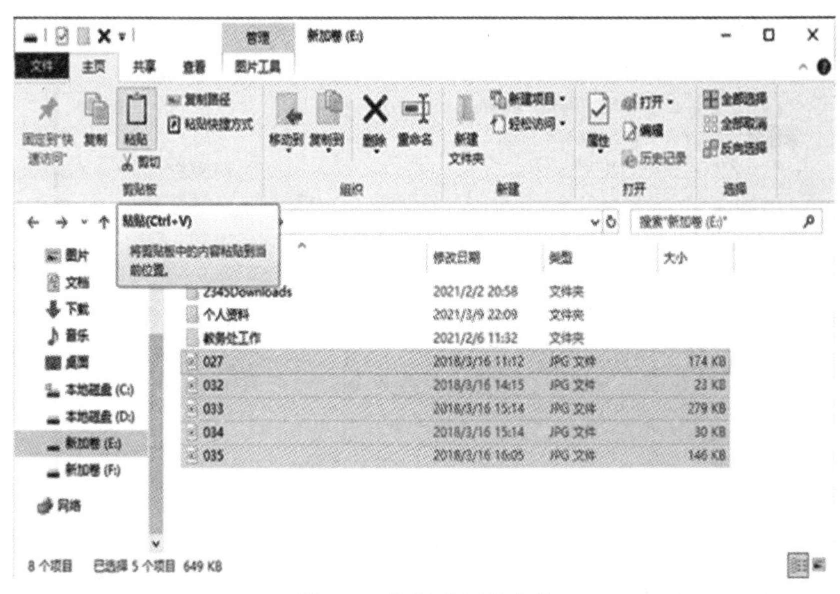

图 2-58　粘贴剪切的文件

(3) 选择需要复制的文件或文件夹，右击，在弹出的快捷菜单中选择“复制”命令即可，如图 2-59 所示。

图 2-59　复制文件

(4) 打开目标文件夹，在空白处右击，在弹出的快捷菜单中选择“粘贴”命令即可，如图 2-60 所示。

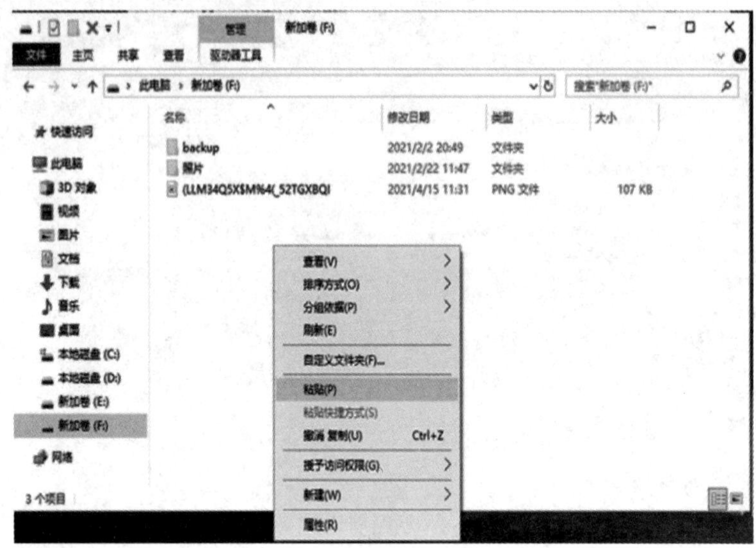

图 2-60　粘贴复制的文件

文件夹创建和重命名

5. 为文件或文件夹重命名

(1) 选择要重命名的文件或文件夹，然后单击文件或文件夹的名称，此时文件名将进入编辑状态，输入新名称即可，如图 2-61 所示。

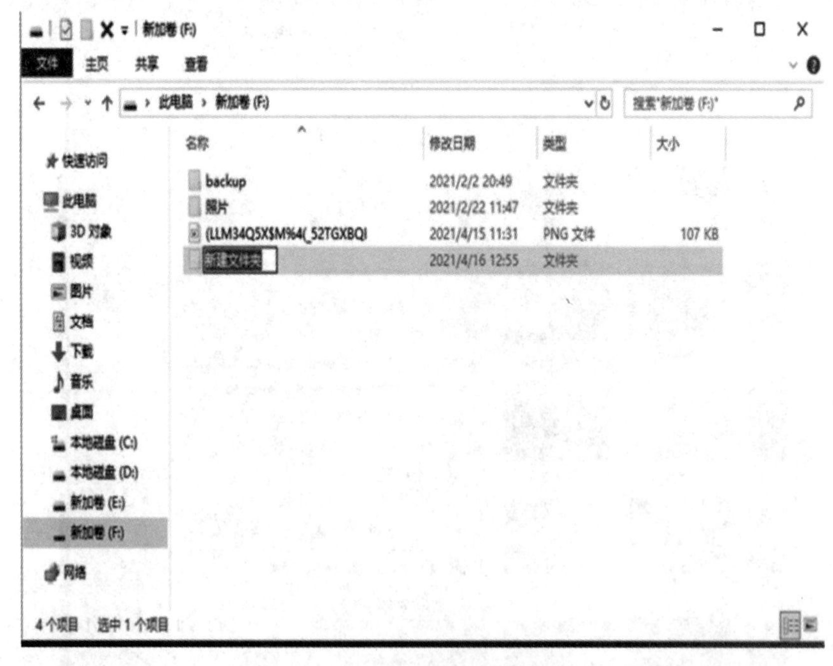

图 2-61　进入重命名编辑

(2) 选择要重命名的文件或文件夹，然后右击，在弹出的快捷菜单中选择“重命名”命令，如图 2-62 所示。

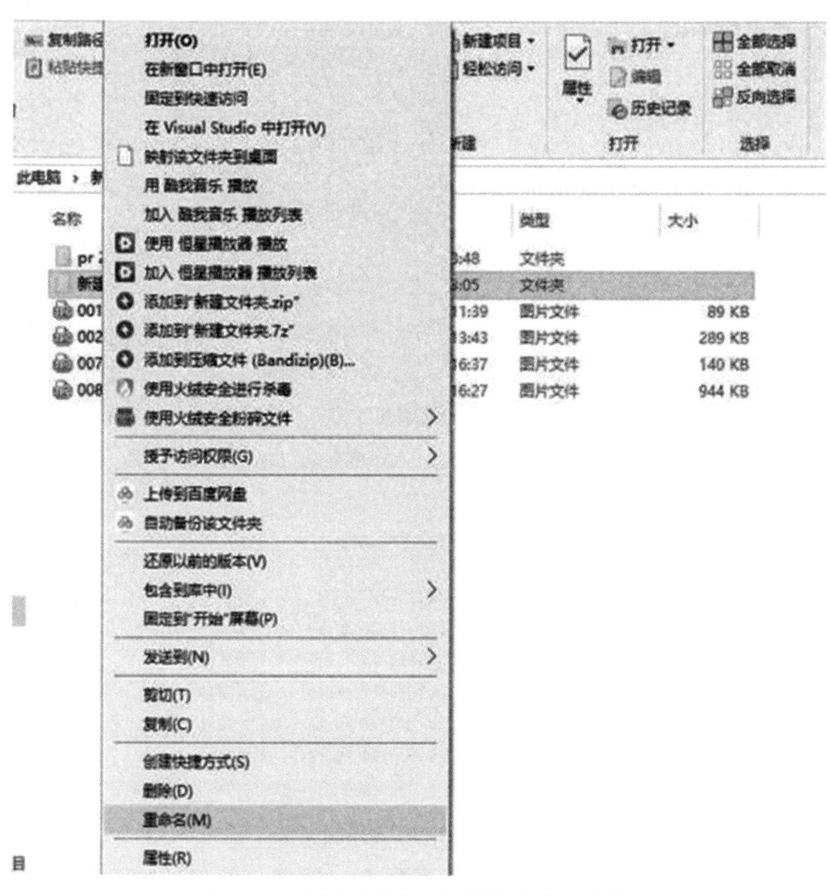

图 2-62　利用“重命名按钮”重命名文件

(3) 选择要重命名的文件或文件夹，然后在“主页”选项卡的“组织”组中单击“重命名”按钮，如图 2-63 所示。

图 2-63　利用主页按钮重命名文件

(4) 选择要重命名的文件或文件夹，然后按 F2 键，即可进入编辑状态。

文件和文件夹的删除、查找

6. 删除计算机中不需要的文件或文件夹

(1) 选择需要删除的文件或文件夹，然后在“主页”选项卡的“组织”组中单击“删除”按钮即可，如图 2-64 所示。

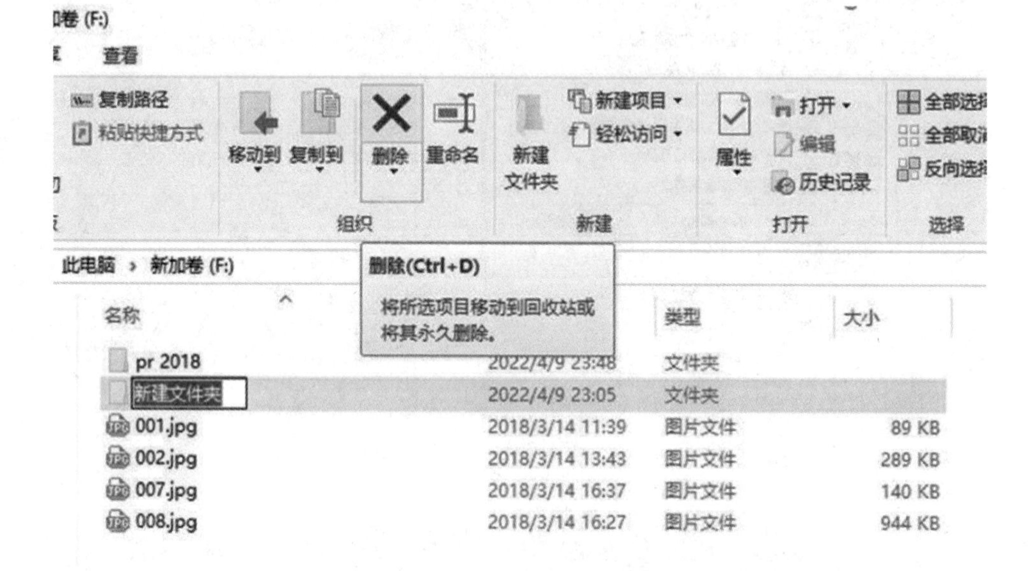

图 2-64　利用主页按钮删除文件

(2) 在快速访问工具栏中添加“删除”按钮后，选择需要删除的文件或文件夹，然后单击“删除”按钮即可，如图 2-65 所示。

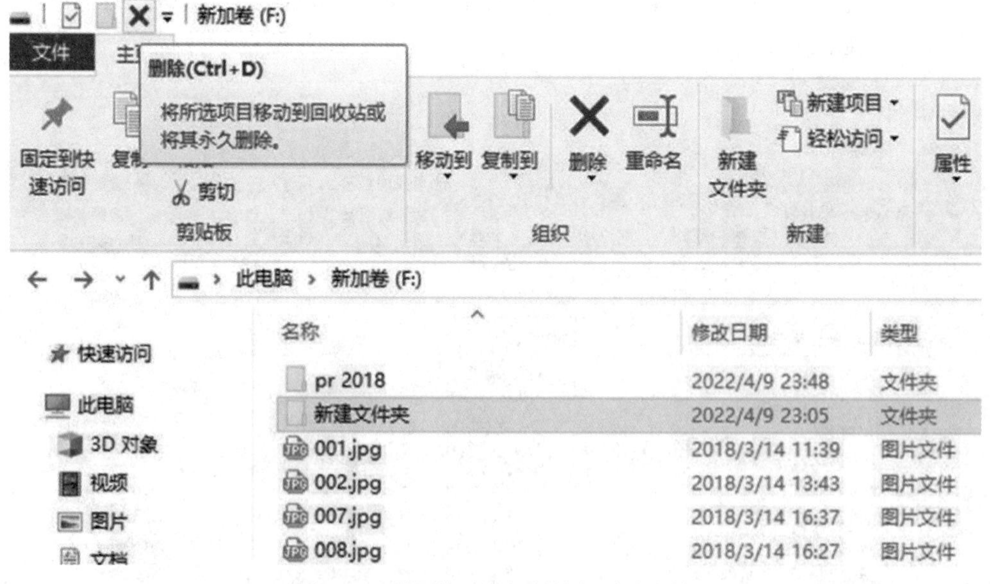

图 2-65　利用快速访问栏按钮删除文件

(3) 选择文件或文件夹后，右击，在弹出的快捷菜单中选择“删除”命令，如图 2-66 所示。

图 2-66　利用快捷菜单中“删除”按钮删除文件

(4) 选择需要删除的文件或文件夹后，按 Delete 键或 Ctrl + D 组合键即可删除文件。

2.4.4　必备知识

1. 区分计算机中的文件和文件夹

在“此电脑”窗口中，可以看到名为“本地磁盘 (C:)”等硬盘分区，这些分区就是计算机中用来存储文件和文件夹的地方，通常称为磁盘。文件和文件夹属于包含和被包含的关系，文件夹中可以存储多个文件或文件夹，但文件中不能存储文件夹。

(1) 认识文件。文件是组成整个计算机最基本的元素，如计算机中的图片、声音、应用程序和文档等信息，文件在计算机中一般以图标形式显示，主要由文件图标、文件名称、分隔符、文件扩展名、文件信息等组成。

(2) 认识文件夹。文件夹主要用来存放计算机中的文件，用户可将不同的文件分类整理到相应的文件夹中，便于使用时快速找到。文件夹一般由文件夹图标、文件夹名称和文件夹说明信息 3 部分组成。

2. 文件的搜索

若不记得文件保存在计算机中的什么位置，可通过搜索来查找文件，需要注意的是，在使用文件资源管理器进行文件搜索时，若打开了某一个磁盘，则只对该磁盘进行搜索，若要对整个计算机进行搜索，则必须在“此电脑”窗口中进行。

在桌面上双击“此电脑”图标，打开“此电脑”窗口，在窗口右上方的搜索框中输入关键字，系统将自动进行搜索，并显示结果，如图 2-67 所示。

图 2-67　利用搜索栏搜索文件

3. 更改文件视图方式

Windows 10 提供了 8 种文件视图方式，便于用户在使用过程中能够快速地了解文件的相关信息，用户可根据需要更改文件的视图方式。

(1) 通过单击视图按钮更改文件视图方式：在文件资源管理器窗口中单击“查看”选项卡，在“布局”组中单击“更多”按钮，即可看到所有的视图方式。

(2) 使用右键快捷菜单更改文件视图方式：在窗口的空白处右击，在弹出的快捷菜单中选择“查看”命令，在打开的子菜单中选择对应的视图方式，如图 2-68 所示。

图 2-68　利用右键快捷方式选择视图方式

(3) 其他方法。除了上面介绍的两种方法外，还可以在按住 Ctrl 键的同时滚动鼠标滚轮，快速调整各种视图方式。另外，在窗口的右下角提供了“详细信息”按钮和“大图标”按钮，分别单击这两个按钮，可快速切换到相应的视图模式。

2.4.5　训练任务

在 Windows 10 操作系统中新建多个文件和文件夹，并对文件和文件夹进行移动、复制、选择、重命名和删除等管理操作。

对象信息和属性

评价反馈

学生自评表

任　　务		完成情况记录
课前	通过预习概括本节知识要点	
	预习过程中提出疑难点	
课中	对自己整堂课的状态评价是否满意？学习过程中是否能跟上老师的节奏？	
	课前预习过程中的疑难点是否弄懂解决？	
	是否能按时独立完成课堂相关任务？过程中的难点在哪里？	
课后	课后训练任务完成情况	
收获		
对自己本堂课学习效果总体评价		

学生互评表

序号	评价项目	小 组 互 评
1	任务是否按时完成	
2	任务完成上交情况	
3	作品质量	
4	小组成员合作面貌	
5	创新点	

教师评价表

序号	评价项目	自我评价	互相评价	教师评价	综合评价
1	学生课前预习				
2	规范操作				
3	完成质量				
4	关键操作要领掌握				
5	完成速度				
6	沟通协作				

注：评价档次统一采用 A(优秀)、B(良好)、C(合格)、D(努力) 4 个等级。

任务5 知 识 拓 展

我国自主生产的操作系统有哪些？操作系统是我们日常生活当中非常重要的、不可或缺的技术，你知道国产操作系统有哪些吗？

华为鸿蒙 OS：华为开发的自有操作系统，已经正式注册商标，支持手机、电脑、平板、电视、汽车和智能穿戴设备，该系统是面向下一代技术而设计的，可以兼容全部安卓应用和所有的 Web 应用。鸿蒙操作系统的存在让华为在智能手机操作系统上走出了困境。

深度 Linux：深度 Linux 专注于使用者对日常办公、学习、生活和娱乐的操作系统的极致要求，适合笔记本、桌面计算机和一体机。深度是中国活跃的 Linux 发行版本，深度为用户提供稳定、高效的操作系统，强调安全、易用、美观，免除新手痛苦，节约老手时间。深度应用商店的软件较多，也是国内用户量较多的 Linux 操作系统之一。

中兴新支点桌面操作系统：一款基于开源 Linux 核心进行研发的桌面操作系统，支持国产芯片以及软硬件，可以安装在台式机、笔记本、一体机、ATM 柜员机、取票机、医疗设备等终端，可以满足日常办公使用，目前已经被众多企业、政府以及教育机构采用。支持日常所需的应用程序，如网页浏览器、幻灯片演示、文档编辑、电子表格、娱乐、声音和图片处理软件，以及即时通讯软件等等。

红旗 Linux：红旗 Linux 是中国较大、较成熟的 Linux 发行版之一，也是国产较出名的操作系统，拥有完善的教育系统和认证系统。

习 题

一、选择题

1. 要显示窗口中隐藏的内容，需要用到窗口组成中的 (　　)。

A. 标题栏　　B. 任务窗格　　C. 状态栏　　D. 滚动条

2. 在 Windows 10 中，“任务栏”的作用之一是 (　　)。

A. 显示系统的所有功能　　B. 只显示当前活动窗口名

C. 直接显示正在后台工作的窗口名　　D. 实现窗口之间的切换

3. 选择单个文件或文件夹时，通常使用鼠标的 (　　) 操作。

A. 单击　　B. 双击　　C. 右击　　D. 拖动

4. 要输入键面上有两种字符的上档字符，需要按住 (　　) 键。

A. Shift　　B. Ctrl　　C. Alt　　D. Tab

5. (　　) 账户对计算机的操作权限最大。

A. 管理员　　B. 标准用户

C. 来宾账户　　D. 所有类型账户的权限相同

二、简答题

1. 当桌面上打开多个窗口时，若要在不同的窗口之间切换，该如何操作？

2. 要选择某个文件中连续的多个文件，该如何操作？若要选择全部文件，又要如何操作？

3. 如果要在E盘根目录下新建一个名称为“计算机操作系统”的文件夹，该如何操作？

4. 假设在E盘根目录下有两个名称分别为“XXGC1”和“XXGC2”的文件，若要将它们移动到桌面上的“宜春职业技术学院”文件夹中，并重命名为“信息工程学院1”和“信息工程学院2”，该如何操作？

5. 如果要将E盘根目录下“照片”文件夹中的“鲜花”照片设置为桌面背景，该如何操作？

模块 3 Word 2016 文字处理软件

思政园地——“制造强国”呼唤工匠精神

党的十九届五中全会提出，坚持把发展经济着力点放在实体经济上，坚定不移建设制造强国、质量强国、网络强国、数字中国。建设制造强国，一个关键就是加快发展现代产业体系，推动经济体系优化升级，推进产业基础高级化、产业链现代化。

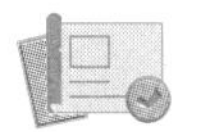

知识导读

Office 2016 是美国 Microsoft 公司推出的系列办公软件，包括文字处理软件 Word 2016、电子表格制作软件 Excel 2016、演示文稿制作软件 PowerPoint 2016 等多个组件和服务。其中 Word 2016 不但可以进行文字的输入、排版，还可以完成表格的制作与美化，是大多数办公人员进行文档处理的首选软件。

学习目标

◆ 了解 Word 2016 文档的打开、新建、保存与退出方式。
◆ 掌握在 Word 2016 中输入和编辑文字的方式。
◆ 掌握对 Word 2016 文档中的图片、表格等对象进行编辑及格式设置的方法。
◆ 掌握 Word 2016 文档中的排版设置。

任务1 制作活动通知

3.1.1 任务描述

2021 年上半年全国大学英语四、六级考试报名开始时，教务处需要制作一份报名通知，通知样文如图 3-1 所示。

关于 2021 年上半年全国大学英语四、六级考试报名的通知

各学院：

根据教育部考试中心《关于2021年上半年全国大学英语四、六级考试报名工作有关事宜的通知》精神，2021年上半年全国大学英语四、六级考试(CET)日期为6月12日。为保证考试顺利实施，现将报名有关工作通知如下：

一、**报名资格**

1. 我校在籍大专生，包括20大、19大、18大、17高、16高。

2. CET4成绩达到425分及以上的学生可报考CET6。

二、**报名要求**

1. 考生在规定的报名时间内在全国CET报名网站(http://cetbm.neea.edu.cn/)进行网上报名、缴费。

2. 我校CET考试只接纳本校全日制大专生报名，不接纳社会考试报名。

三、**网上报名及考试时间**

1. 报名时间：3月25日12:00-3月31日17:00。

2、考试时间：

CET 4　6月12日　9:00-11:20

CET 6　6月12日　15:00-17:25

四、**咨询方式**

联系人：李老师

联系电话☎：0795-6644****

教务处

2021 年 3 月 21 日

图 3-1　通知样文

3.1.2　任务分析

实现本工作任务首先要进行文本的录入，然后对文本进行编辑修改，如复制、剪切、移动、删除等，最后按要求对文本进行相应格式的设置，从而学会对通知、纪要、工作报告等日常文档的制作及修改。

要完成本工作任务，需要进行如下操作：

(1) 新建文档，命名为“2021 年上半年全国大学英语四、六级考试报名通知 .docx”。

(2) 页面设置：页边距为“普通”，纸张方向为“纵向”，纸张大小为“A4”。

(3) 文本录入。

(4) 设置标题文字格式：字体为“微软雅黑”，字号为“小三”号，字形为“加粗”，字体颜色为“红色”；段前段后各为 14 磅，对齐方式为“居中对齐”。

(5) 设置正文格式：字体为“宋体”，字号为“小四”，段落行距为 1.5 倍行距，首行缩进 2 个字符，考试时间和咨询方式的内容首行缩进 4 个字符。

(6) 设置称谓格式：字形为“加粗”，段后为 12 磅，无首行缩进。

(7) 设置各段子标题格式：字形为“加粗”，下划线为“双线”，段后为 12 磅。

(8) 设置时间和地点格式：底纹为“黄色”，边框为“黑色单线”。

(9) 插入符号：在“联系电话”后面插入☎符号。

(10) 设置落款格式：对齐方式为“右对齐”。

(11) 保存文档。

Word 启动和退出、工作界面介绍

3.1.3　任务实现

1. 创建“2021 年上半年全国大学英语四、六级考试报名的通知”文档并保存

启动 Word 2016，界面如图 3-2 所示，单击“空白文档”图标后自动建立一个名为

“文档 1”的文档。单击“文件”按钮，在弹出的下拉菜单中选择“保存”命令，然后单击“浏览”按钮，在弹出的“另存为”对话框中选择保存位置为“桌面”，在“文件名”文本框中输入文档名称“2021 年上半年全国大学英语四、六级考试报名的通知”，最后单击“保存”按钮。

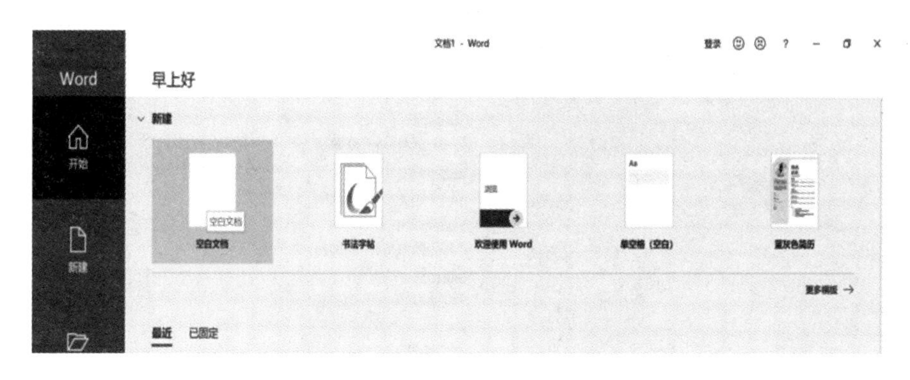

图 3-2　Word 2016 启动界面

2. 页面设置

(1) 切换到“布局”选项卡，在“页面设置”组中单击“页边距”下拉按钮，在弹出的下拉菜单中选择“常规”命令，完成页边距的设置，如图 3-3 所示。

(2) 单击“纸张方向”下拉按钮，在弹出的下拉菜单中选择“纵向”命令，完成纸张方向的设置，如图 3-4 所示。

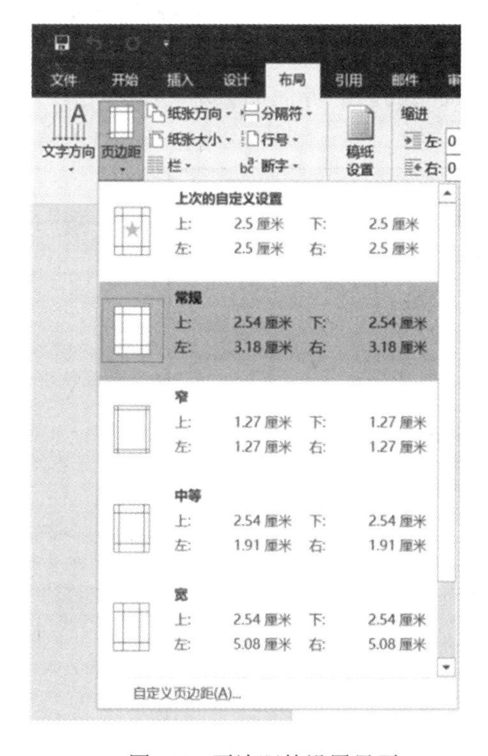

图 3-3　页边距的设置界面

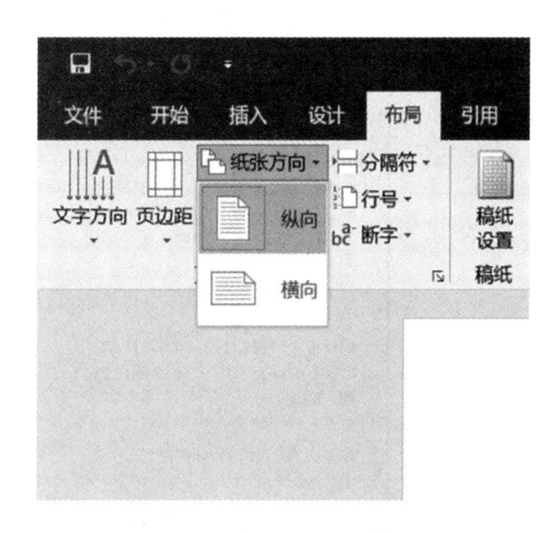

图 3-4　纸张方向设置界面

(3) 单击“纸张大小”下拉按钮，在弹出的下拉菜单中选择“A4”，完成纸张大小的设置，如图 3-5 所示。

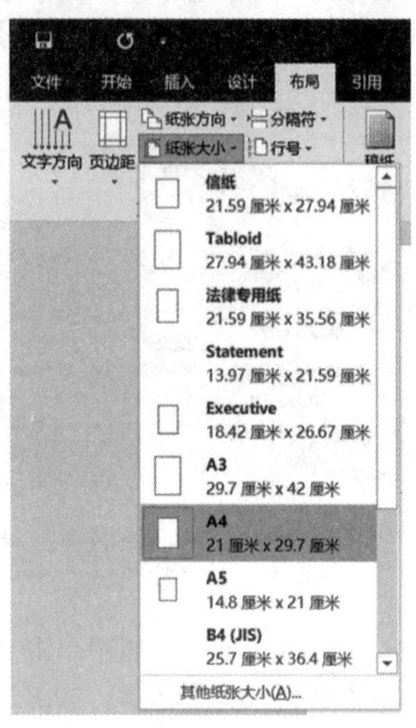

图 3-5　纸张大小设置界面

3. 文本录入

输入文本和特殊符号、增补、删除和改写文本

按照个人喜好，选择一种输入法，然后从页面的起始位置开始输入文字。如需换行可直接按 Enter 键。文本录入完成后的界面如图 3-6 所示。

关于2021年上半年全国大学英语四、六级考试报名的通知
各学院：
根据教育部考试中心《关于2021年上半年全国大学英语四、六级考试报名工作有关事宜的通知》精神，2021年上半年全国大学英语四、六级考试(CET)日期为6月12日。为保证考试顺利实施，现将报名有关工作通知如下：
报名资格
1. 我校在籍大专生，包括20大、19大、18大、17高、16高。
2. CET4成绩达到425分及以上的学生可报考CET6。
报名要求
1. 考生在规定的报名时间内在全国CET报名网站(http://cetbm.neea.edu.cn/)进行网上报名、缴费。
2. 我校CET考试只接纳本校全日制大专生报名，不接纳社会考试报名。
网上报名及考试时间
1. 报名时间：3月25日12:00-3月31日17:00。
2. 考试时间：
CET4　6月12日　9:00-11:20
CET6　6月12日　15:00-17:25
四、咨询方式
联系人：李老师
联系电话☏：0795-6644****
教务处
2021年3月21日

图 3-6　文本录入完成后界面

4. 字体设置

(1) 选择标题文字，然后在“开始”选项卡的“字体”组中单击“字体”下拉列表框右侧的下三角按钮，在弹出的下拉列表中选择“微软雅黑”；单击“字号”下拉列表框右侧的下三角按钮，在弹出的下拉列表中选择“小三”；单击“加粗”按钮，使标题文字的字形为“加粗”；单击“字体颜色”下拉按钮，在弹出的调色板中选择“红色”，如图 3-7 所示。

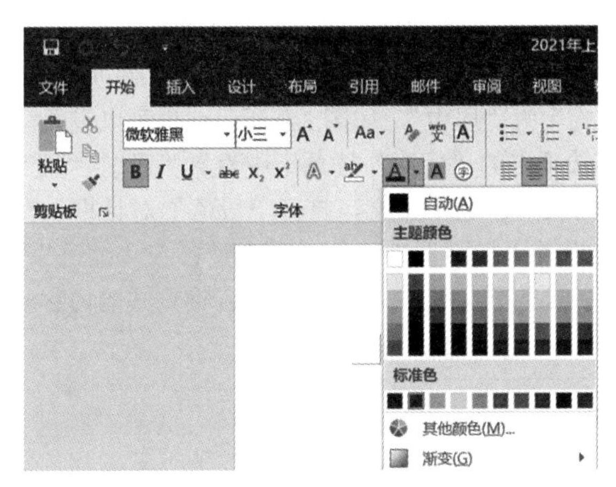

图 3-7　字体设置界面

(2) 选择正文，然后在“开始”选项卡的“字体”组中设置字体为“宋体”，字号为“小四”。

(3) 选择称呼文字，在“开始”选项卡的“字体”组中单击“加粗”按钮，加粗称呼文字。

(4) 选择子标题“报名资格”，在“开始”选项卡的“字体”组中单击“加粗”按钮，对所选的文字加粗显示；单击“下划线”下拉按钮，在弹出的下拉列表中选择“双下划线”，如图 3-8 所示。

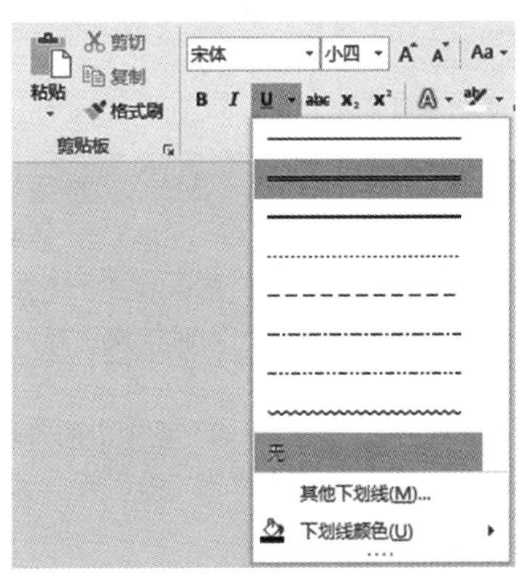

图 3-8　添加下划线界面

选中已经设置完格式的子标题“报名资格”文本，在“开始”选项卡的“剪贴板”组中双击“格式刷”按钮，鼠标指针变为“”形状，拖动鼠标依次选择其他子标题文字，即所有的子标题文字与“报名资格”文本使用相同的文本格式。完成操作后单击“格式刷”按钮，停止格式复制。

设置字符、段落格式

5. 段落设置

(1) 标题的设置。选中标题段落或将光标插入点放在标题段落的任意位置，在“开始”选项卡的“段落”组中单击“居中”按钮，将段落的方式设置为“居中对齐”。或者选中标题段落后右击，在弹出的快捷菜单中选择“段落”命令，弹出“段落”对话框，在“缩进和间距”选项卡的“常规”选项组中设置“对齐方式”为“居中”，如图 3-9 所示，也可以设置标题段落居中对齐。

在“缩进和间距”选项卡的“间距”选项组中设置“段前”“段后”的值均为 14 磅。

(2) 正文行距格式的设置。选中正文，打开“段落”对话框，在“缩进和间距”选项卡的“间距”选项组中设置“行距”为“1.5 倍行距”；在“缩进”选项组中设置“特殊”为“首行”，“缩进值”为 2 字符。选中考试时间和咨询方式的内容段落，设置“特殊”为“首行”，“缩进值”为 4 字符，如图 3-10 所示。

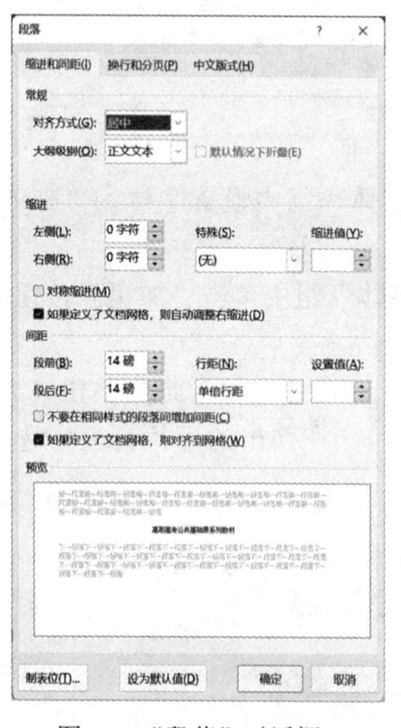

图 3-9 “段落”对话框

图 3-10 段落设置界面

(3) 称呼的设置。选中称呼“各学院：”段落，打开“段落”对话框，在“间距”选项组中设置“段后”为 12 磅。在按住 Ctrl 键的同时依次选择所有的子标题段落，重复以上步骤。

(4) 落款行的设置。选中最后两行，在“开始”选项卡的“段落”组中单击“右对齐”按钮，将段落的对齐方式设置为“右对齐”，也可以参考步骤 (1) 的另一种方法进行设置。

设置项目符号和编号、边框和底纹

6. 边框和底纹的设置

(1) 选中“1. 报名时间：3 月 25 日 12:00-3 月 31 日 17:00。”，在

“开始”选项卡的“段落”组中单击“边框”下拉按钮，在弹出的下拉菜单中选择“边框和底纹”命令，打开“边框和底纹”对话框，如图 3-11 所示。

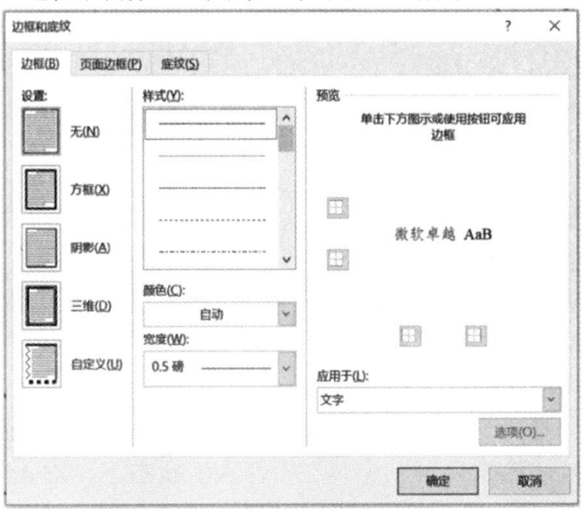

图 3-11 “边框和底纹”对话框

(2) 在“边框”选项卡中的“设置”选项组中选择“方框”，将“样式”设置为“单线”，颜色设置为“黑色”。

(3) 切换到“底纹”选项卡，设置“填充”为黄色，应用于“文字”。

7. 插入特殊字符

将光标插入点放在“联系电话”后面，选择“插入”选项卡，在“符号”组中单击“符号”下拉按钮，在弹出的下拉列表中选择“其他符号”命令，打开“符号”对话框，如图 3-12 所示。在“符号”选项卡中的“字体”下拉列表中选择“Wingdings 2”选项，选中“☎”符号，单击“插入”按钮完成插入。

图 3-12 “符号”对话框

小贴士：也可以用其他喜欢的小图片来代替“☎”符号。选择“插入”选项卡，在“插图”组中单击“图片”按钮，在弹出的“插入图片”对话框中选择需要插入的图片即可。

8. 文档保存

本文档已经按照要求制作完成，单击快速访问工具栏中的“保存”按钮，即可完成文档的保存工作。

3.1.4 必备知识

Word 基本操作

1. 文本录入

文档制作的一般原则是先进行文字录入，后进行格式排版，在文字录入的过程中，不要使用空格对齐文本。

文字录入一般都是从页面的起始位置开始，当一行文字输入满后 Word 会自动换行，开始下一行的输入，整个段落录入完毕后按 Enter 键结束。

文档中的标记称为段落标记，一个段落标记代表一个段落。

编辑文档时，有“插入”和“改写”两种状态，双击状态栏中的“插入”或“改写”按钮或按 Insert 键可以切换这两种状态。在“插入”状态下，输入的字符将插入插入点处；在“改写”状态下，输入的字符将覆盖现有的字符。

2. 文本选择

对文本的任何编辑操作，一般都要先选定文本，后进行相应操作 (如复制、移动、格式设置等)。

1) 用鼠标选中文本

(1) 按住鼠标左键从文本的起始位置拖动到终止位置，鼠标指针拖过的文本即被选中。这种方式适用于选择小块的、不跨页的文本。

(2) 将光标插入点放在文本的起始位置，按住 Shift 键的同时，单击文本终止位置，则起始位置与终止位置之间的文本被选中。这种方式适用于选择大块的、跨页的文本。

(3) 选择一句文本：在按住 Ctrl 键的同时，单击句中的任意位置，可以选中一句文本。

(4) 选择一行文本：将鼠标指针移到纸张左侧的选定栏，当鼠标指针变成“↗”时单击，可以选择鼠标指针所指的一行文本。

(5) 选择多行文本：将鼠标指针移到纸张左侧的选定栏，当鼠标指针变成“↗”时，按住鼠标左键从起始行拖动到终止行，可以选中多行文本。

(6) 选择一段文本：将鼠标指针移到纸张左侧的选定栏，当鼠标指针变成“↗”时，双击鼠标所指的一段。在段落中的任意位置快速双击也可以选中所在段落。

(7) 选择全文：将鼠标指针移到纸张左侧的选定栏，当鼠标指针变成“↗”时，快速双击或按住 Ctrl 键的同时单击，可以选中整篇文档。

2) 用键盘选中文本

(1) Shift + ← (→) 方向键：分别向左 (右) 扩展选定一个字符。

(2) Shift + ↑ (↓) 方向键：分别向上 (下) 扩展选定一行。

(3) Ctrl + Shift + Home：从当前位置到文档的开始选中文本。

(4) Ctrl + Shift + End：从当前位置到文档的结尾选中文本。

(5) Ctrl + A：选中整篇文档。

3) 撤销文本选定

单击文档的任意位置就可以撤销对文本的选定。

3. 文本删除

(1) 选中文本后，按 Delete 键可将选中的文本删除。

(2) 按 Delete 键可删除光标后面的字符。

(3) 按 Backspace 键可删除光标前面的字符。

4. 文本复制

(1) 选中要复制的文本，在“开始”选项卡的“剪贴板”组中单击“复制”按钮，将选定的文本复制到剪贴板，再将光标定位到目标位置，单击“剪贴板”组中的“粘贴”按钮，将剪贴板中的文本粘贴到目标位置，即可完成文本的复制。

(2) 选中要复制的文本，按 Ctrl + C 组合键进行复制，再将光标定位到目标位置，按 Ctrl + V 组合键进行粘贴，也可完成文本的复制。

(3) 选中要复制的文本，将鼠标指针指向已选定的文本，当鼠标指针变成“↖”时，按住 Ctrl 键的同时按住鼠标左键，鼠标指针尾部会出现带“+”符号的虚线方框，且指针前出现一条竖虚线，此时拖动竖虚线到目标位置，再释放鼠标即可完成文本的复制。

5. 文本移动

文本选取、移动、查找和替换

(1) 选中要移动的文本，在“开始”选项卡的“剪贴板”组中单击“剪切”按钮，将选定的文本剪切到剪贴板，再将光标定位到目标位置，单击“粘贴”按钮将剪贴板中的文本粘贴到目标位置，即可完成文本的移动。

(2) 选中要移动的文本，按 Ctrl + X 快捷键进行文本剪切，再将光标定位到目标位置，按 Ctrl + V 快捷键进行文本粘贴，也可实现文本的移动。

(3) 选中要移动的文本，用鼠标指针指向已选中的文本，当鼠标指针变成“↖”时，按住鼠标左键，鼠标指针尾部会出现空的虚线方框，且指针前出现一条竖虚线，此时拖动竖虚线到目标位置，再释放鼠标即可完成文本的移动。

6. 字符格式设置

常用的字符格式设置包括字体、字形、字号、字体颜色、加粗、倾斜和下划线等。字符格式设置通过“开始”选项卡的“字体”组来实现，如图 3-13 所示。

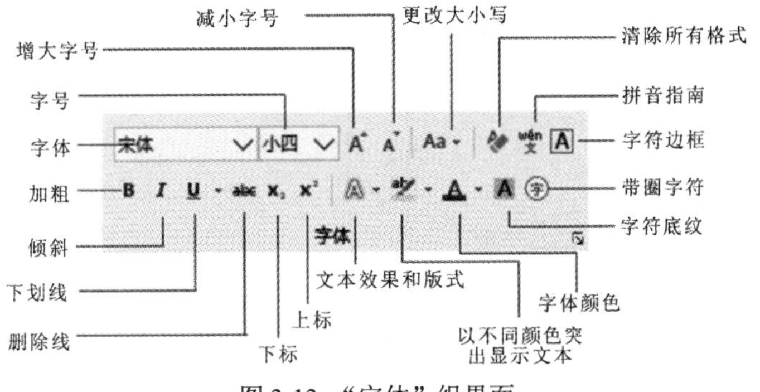

图 3-13 “字体”组界面

以“Word 2016 文字处理”为例，运用各字体格式样式如下：

• 字体为黑体：**Word 2016 文字处理**。

• 字号为五号：Word 2016 文字处理。

• 字形为加粗：**Word 2016 文字处理**。

• 字形为倾斜：*Word 2016 文字处理*。

• 文本加单下画线：Word 2016 文字处理。

• 文本加删除线：~~Word 2016 文字处理~~。

• 文本变为上标 / 下标：Word 2016 文字^{处理}/Word 2016 文字$_{\text{处理}}$(“处理”二字分别设置为上标 / 下标)。

• 增大 / 减小字号：Word 2016 文字处理 /Word 2016 文字处理。

• 更改大小写：WORD 2016 文字处理 (该按钮可以将所选文字全部改为大写、小写或其他常见的大小写形式)。

• 突出文本：Word 2016 文字处理 (可以从弹出的调色板中选择颜色)。

• 字体颜色：Word 2016 文字处理 (可以从弹出的调色板中选择颜色)。

• 清除所有格式：清除所选内容的所有格式，只留下纯文本。

• 拼音指南：Word 2016 文字处理（wén zì chù lǐ）。

• 字符边框：Word 2016 文字处理。

• 字符底纹：Word 2016 文字处理

利用“字体”对话框也可以进行字符格式设置。单击“开始”选项卡的“字体”组中的组按钮，可打开“字体”对话框，在该对话框中可以对选中的文本进行字符格式设置，如图 3-14 所示。

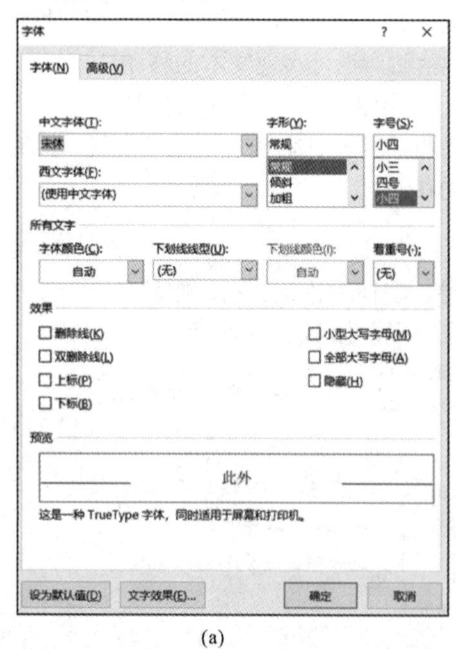

(a)

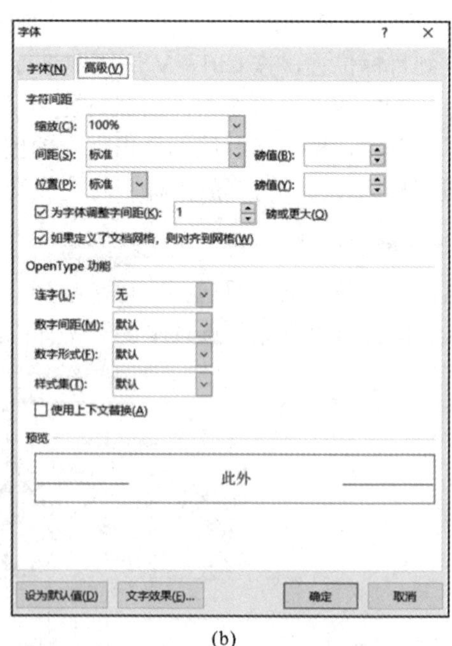

(b)

图 3-14 “字体”对话框

此外，还可以利用浮动工具栏 (选中文本后自动出现) 对选择的文本进行字体设置。

7. 段落格式设置

常用的段落格式设置包括设置对齐方式、段前段后间距、首行缩进和悬挂缩进、行距等。段落格式设置通过“开始”选项卡的“段落”组来实现，如图3-15所示。

图 3-15 “段落”组界面

(1) 项目符号和编号：对所选段落设置项目符号、编号和多级列表。

(2) 增加 / 减少缩进量：增减段落左侧与左页边的距离。

(3) 字符缩放：对所选字符的宽度进行调整。

(4) 排序：按字母顺序排序所选文字或对数值数据排序。

(5) 显示 / 隐藏编辑标记：显示 / 隐藏段落标记或其他隐藏 / 显示的格式符号。

(6) 对齐方式：设置所选段落的对齐方式，有左对齐、居中、右对齐、两端对齐和分散对齐 5 种对齐方式。

(7) 行距：对所选段落各行之间的距离进行调整，可以从“行距”下拉列表的固定值中选择。

(8) 底纹：对所选文本或段落设置背景颜色，可以从调色板中选择颜色。

(9) 边框：对所选文本或段落添加边框，可以从下拉列表中选择不同的边框类型。

利用“段落”对话框也可以进行段落格式设置，单击“开始”选项卡的“段落”组中的组按钮，可以打开“段落”对话框，在此对话框中可以对选择的段落进行格式设置，如图 3-16 所示。

图 3-16 “段落”对话框

8. 页面设置

页面设置通过“布局”选项卡的“页面设置”组来实现，如图 3-17 所示。

在“页面设置”组中单击组按钮，打开“页面设置”对话框，在此对话框中也可以完成对页面的设置，如图 3-18 所示。

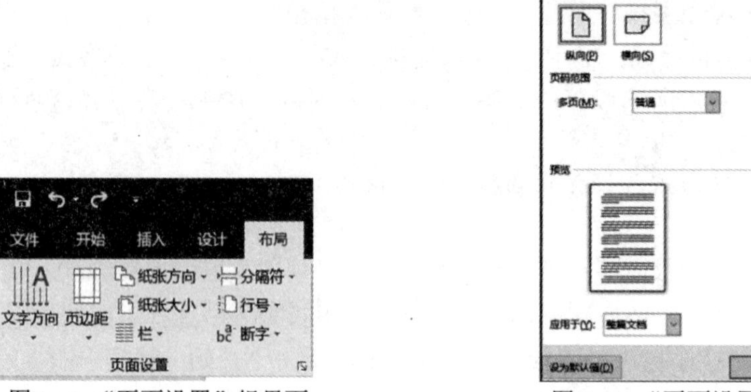

图 3-17 “页面设置”组界面　　图 3-18 “页面设置”对话框

页面设置主要包括设置纸张的大小、方向、页边距、页眉页脚等操作。页面的含义如图 3-19 所示。

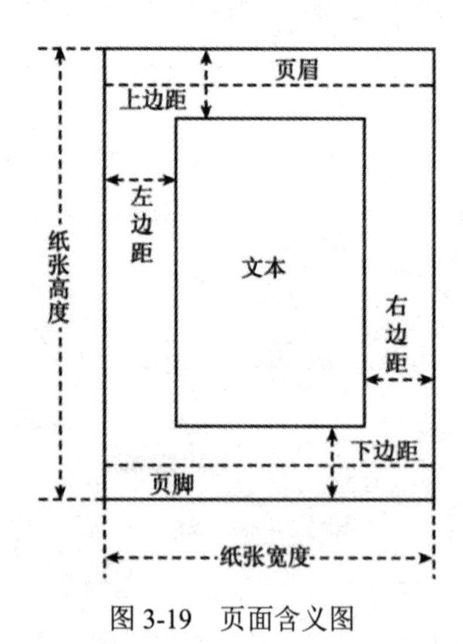

图 3-19 页面含义图

9. 格式刷

格式刷能够复制字符格式和段落格式，使用方法如下：

(1) 选中要进行格式复制的文本 (源文本)，或将光标置于段落中。

(2) 在“开始”选项卡的“剪贴板”组中单击“格式刷”按钮，这时鼠标指针变为“🖌”。

设置文档页面、预览和打印文档

(3) 拖动鼠标指针选中目标文本即可。

如果多处文本都想使用同一格式，需要双击“格式刷”按钮，再依次拖动鼠标指针选中要应用该格式的文本，再次单击“格式刷”按钮可停止格式复制。

如果要复制段落格式，则必须选中整个段落，包括段落标记。

10. 文档的打印

当文档编辑、排版完成后，就可以打印输出了。打印前，可以利用打印预览功能先查看一下排版是否理想。如果满意则打印，否则可继续修改排版。文档打印操作可以通过执行“文件”→“打印”命令实现。

执行“文件”→“打印”命令，在打开的“打印”界面右侧的内容就是打印预览内容，如图 3-20 所示。

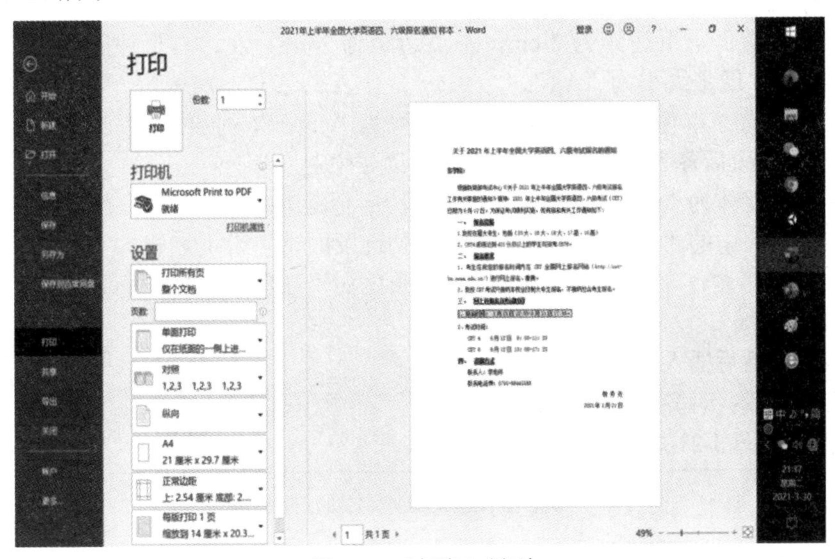

图 3-20 “打印”界面

3.1.5 训练任务

新建一个 Word 2016 文档，命名为“关于图书馆勤工助学岗位的招聘通知”。

1. 录入内容

录入以下内容：

关于图书馆勤工助学岗位的招聘通知

一、工作时间

2022 年 3 月 20 日至 2022 年 6 月 20 日，双休日及平时课余时间。

二、工作内容

帮助图书馆打包图书。

三、工资待遇

每人每天 2 小时，每月 8 小时，共计 100 元。

四、报名时间

报名时间为 2022 年 3 月 7 日 -3 月 18 日。

五、招聘程序

1. 报名登记：请有勤工助学意愿且符合申请条件的同学于规定时间内填写好“宜春职业技术学院勤工助学申请表”送交学生资助管理中心519办公室刘老师，联系电话☎：0795-3208777。

2. 初选及面试：报名结束后5个工作日内由学生资助管理中心对申请者提交材料进行初选，资格审核通过后另行通知面试时间和地点。

特此通知！

学生资助管理中心
2022年3月7日

2. 对文档进行排版

具体的排版要求如下：

(1) 页面设置：上页边距为2 cm，下页边距为2 cm，左、右页边距均为2 cm。纸张方向为“纵向”，纸张大小为“A4”。

(2) 标题设置：字体为“微软雅黑”，字号为“三号”，字形为“加粗”，字体颜色为“蓝色”；段前、段后各为0.5行，对齐方式为“居中对齐”。

(3) 正文：字体为“宋体”，字号为“小四”；行距为1.5倍行距，首行缩进2字符。

(4) 招聘程序中的“1. 报名登记”和“2. 初选及面试”带下划线。

(5) 各段子标题：字形为“加粗”，字体颜色为“红色”；文本底纹为“灰色”，边框为“蓝色1磅单线”。

(6) 联系电话后插入图标“☎”。

(7) 落款两段：对齐方式为“右对齐”。

最终样文如图3-21所示。

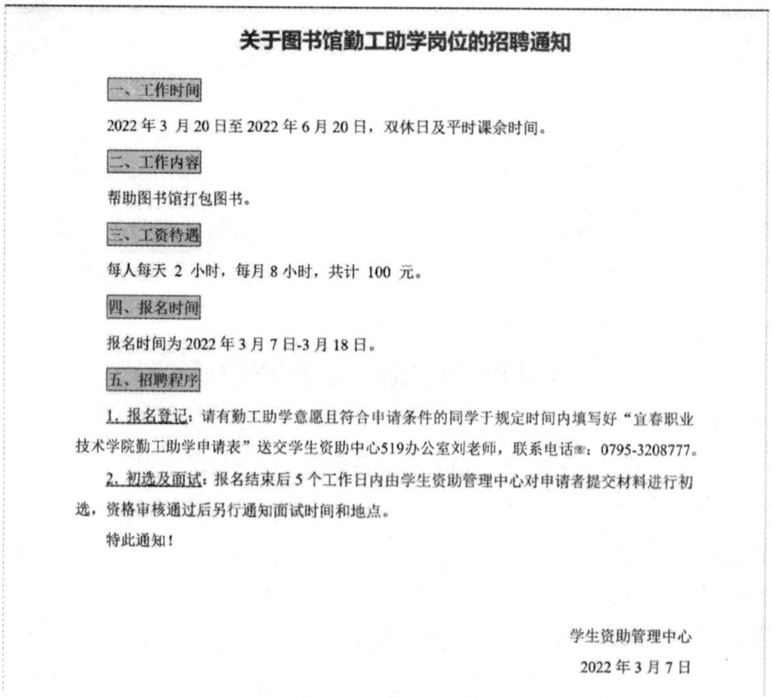

关于图书馆勤工助学岗位的招聘通知

一、工作时间

2022年3月20日至2022年6月20日，双休日及平时课余时间。

二、工作内容

帮助图书馆打包图书。

三、工资待遇

每人每天 2 小时，每月 8 小时，共计 100 元。

四、报名时间

报名时间为2022年3月7日-3月18日。

五、招聘程序

1. 报名登记：请有勤工助学意愿且符合申请条件的同学于规定时间内填写好“宜春职业技术学院勤工助学申请表”送交学生资助中心519办公室刘老师，联系电话☎：0795-3208777。

2. 初选及面试：报名结束后5个工作日内由学生资助管理中心对申请者提交材料进行初选，资格审核通过后另行通知面试时间和地点。

特此通知！

学生资助管理中心
2022年3月7日

图3-21 “关于图书馆勤工助学岗位的招聘通知”样文

评价反馈

学生自评表

任务		完成情况记录
课前	通过预习概括本节知识要点	
	预习过程中提出疑难点	
课中	对自己整堂课的状态评价是否满意？学习过程中是否能跟上老师的节奏？	
	课前预习过程中的疑难点是否弄懂解决？	
	是否能按时独立完成课堂相关任务？过程中的难点在哪里？	
课后	课后训练任务完成情况	
收获		
对自己本堂课学习效果总体评价		

学生互评表

序号	评价项目	小 组 互 评
1	任务是否按时完成	
2	任务完成上交情况	
3	作品质量	
4	小组成员合作面貌	
5	创新点	

教师评价表

序号	评价项目	自我评价	互相评价	教师评价	综合评价
1	学生课前预习				
2	规范操作				
3	完成质量				
4	关键操作要领掌握				
5	完成速度				
6	沟通协作				

注：评价档次统一采用 A(优秀)、B(良好)、C(合格)、D(努力) 4 个等级。

任务2　制作产品使用手册

3.2.1　任务描述

戴理公司要求市场部为公司生产的吹风机设计产品使用手册。市场部制作的说明书如图 3-22 所示。

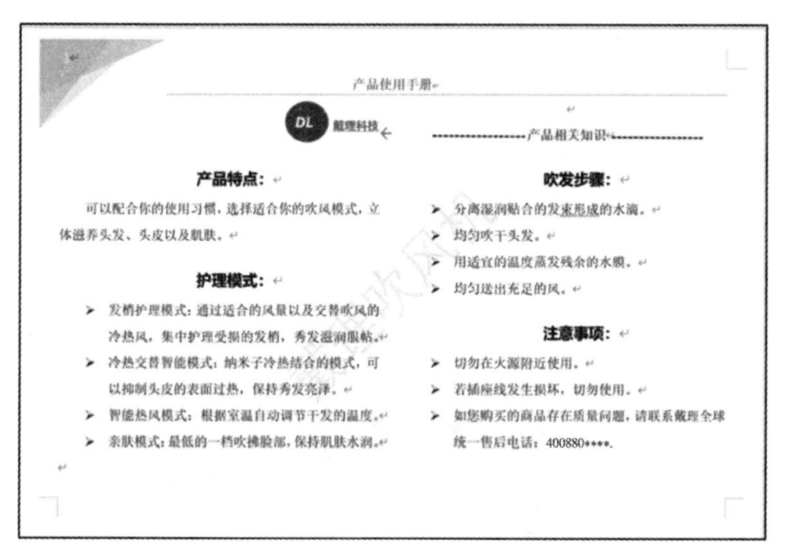

产品使用手册

DL 戴理科技

------------------产品相关知识------------------

产品特点：

可以配合你的使用习惯，选择适合你的吹风模式，立体滋养头发、头皮以及肌肤。

护理模式：

- ➢ 发梢护理模式：通过适合的风量以及交替吹风的冷热风，集中护理受损的发梢，秀发滋润服帖。
- ➢ 冷热交替智能模式：纳米子冷热结合的模式，可以抑制头皮的表面过热，保持秀发亮泽。
- ➢ 智能热风模式：根据室温自动调节干发的温度。
- ➢ 亲肤模式：最低的一档吹拂脸部，保持肌肤水润。

吹发步骤：

- ➢ 分离湿润贴合的发束形成的水滴。
- ➢ 均匀吹干头发。
- ➢ 用适宜的温度蒸发残余的水膜。
- ➢ 均匀送出充足的风。

注意事项：

- ➢ 切勿在火源附近使用。
- ➢ 若插座线发生损坏，切勿使用。
- ➢ 如您购买的商品存在质量问题，请联系戴理全球统一售后电话：400880****.

图 3-22　产品使用手册

3.2.2　任务分析

要完成本项工作任务，需要进行如下操作：

(1) 新建文档，命名为“吹风机产品使用手册 .docx”。

(2) 页面设置：页边距为“窄”，纸张宽 24 cm、高 16 cm，纸张方向为“横向”。

(3) 在第一行插入图片“戴理商标 .JPG”，文字环绕为“嵌入型”，对齐方式为“居中对齐”。

(4) 插入页眉为“平面 (偶数页)”，输入文本“产品使用手册”，将文本加粗。

(5) 录入文本。

(6) 各级标题为“微软雅黑，四号，加粗”，段前为 0.75 行，“居中对齐”。

(7) 标题下面的文本为“宋体”，“小四”号，首行缩进 2 字符，1.5 倍行距，添加项目符号“➢”，注意事项中的行距为 1 倍行距。

(8) 将全文分为两栏。

(9) 在第二栏首行输入文本“产品相关知识”，要求“宋体、小四、加粗、红色、居中对齐”；在文本两边插入虚线，“黑色”，粗细为 1.25 磅。

(10) 文本背景设置文字水印“戴理吹风机”。

3.2.3 任务实现

1. 创建“吹风机使用手册”文档并保存

启动 Word 2016，新建一个空白文档。单击快速访问工具栏中的“保存”按钮，设置“保存位置”为“桌面”，设置“文件名”为“吹风机产品使用手册”，最后单击“保存”按钮。

2. 页面设置

在“布局”选项卡的“页面设置”组中单击“页边距”下拉按钮，在其下拉列表中选择“窄”选项，完成页边距的设置。单击“纸张方向”下拉按钮，在其下拉菜单中选择“横向”选项，完成纸张方向的设置。单击“纸张大小”下拉按钮，在其下拉菜单中选择“其他页面大小”选项，在弹出的“页面设置”对话框中的“纸张”选项卡中设置宽度为 24 cm，高度为 16 cm，单击“确定”按钮完成纸张大小的设置。

3. 插入图片

(1) 将光标插入点放在首行起始位置，在“插入”选项卡的“插图”组中单击“图片”按钮，在打开的“插入图片”对话框中选择“戴理商标 .JPG”图标，单击“插入”按钮即可完成插入。

(2) 选中图片，切换到“格式”选项卡，在“排列”组中单击“环绕文字”下拉按钮，在弹出的下拉列表中选择“嵌入型”选项，如图 3-23 所示。

图 3-23 “环绕文字”选项卡

(3) 选中图片，在“开始”选项卡的“段落”组中单击“居中”按钮，并适当调整其大小。

4. 插入页眉

(1) 切换到“插入”选项卡，在“页眉和页脚”组中单击“页眉”下拉按钮，在弹出的下拉列表中选择“平面 (偶数页)”选项。

(2) 在页眉中输入“产品使用手册”，选中“产品使用手册”文本，将其进行“加粗”设置。双击文档任意位置退出页眉设置。

5. 文本录入

录入吹风机产品使用手册的相关内容文本。

6. 字体和段落设置

(1) 选中“产品特点”文本，切换到“开始”选项卡，在“字体”组中设置“字体”为“微软雅黑”，“字号”为“四号”，字形为“加粗”。在“开始”选项卡的“段落”组中单击“居中”按钮。选中“产品特点”文本，右击，在弹出的快捷菜单中选择“段落”选项，在弹出的“段落”对话框中设置“段前”为0.75行。

(2) 选中“产品特点”所在的段落，双击“开始”选项卡的“剪贴板”组中的“格式刷”按钮，然后依次选中其他标题所在的段落，重复以上步骤即可使标题格式相同。

(3) 选中“产品特点”标题下面的段落，在“开始”选项卡的“段落”组中单击组按钮，在弹出的“段落”对话框中的“缩进和间距”选项卡的“缩进”选项组中设置“特殊格式”为“首行缩进”，“缩进值”为2字符。设置完成的格式如图3-24所示。

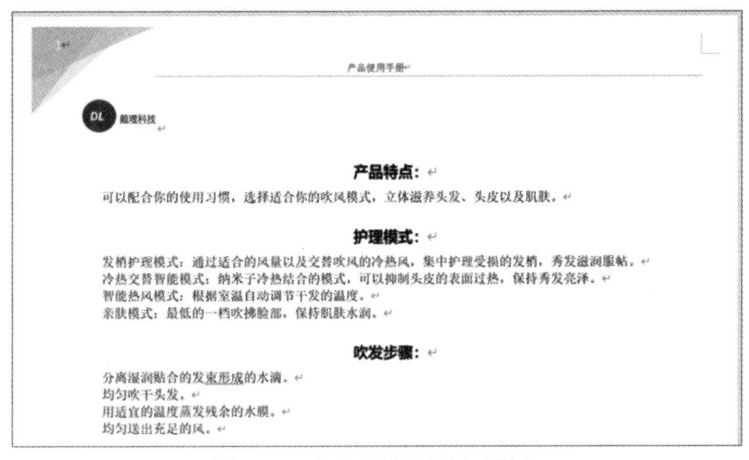

图 3-24　字体和段落设置后样文

7. 添加项目符号

选择“护理模式”标题下面的4个段落，在“开始”选项卡的“段落”组中单击“项目符号”下拉按钮，在弹出的下拉列表中选择“➢”项目符号，如图3-25所示。

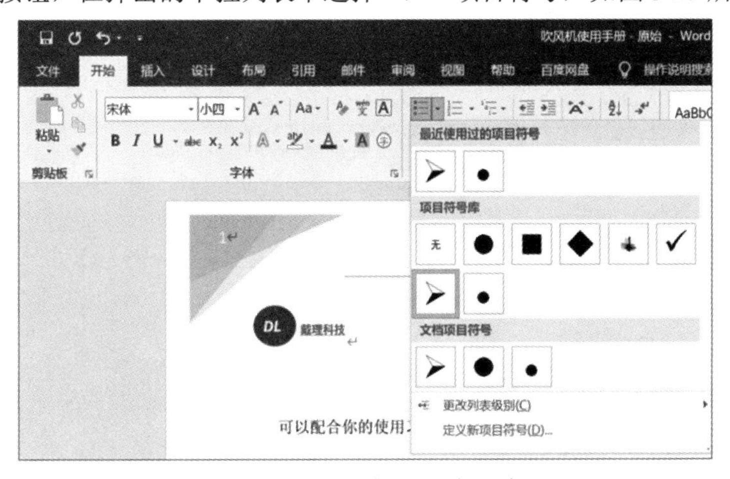

图 3-25　“项目符号”下拉列表

小贴士：如果在下拉列表中无法找到心仪的项目符号，则选择“定义新项目符号”

命令，打开如图 3-26 所示的“定义新项目符号”对话框。单击“符号”按钮，在弹出的“符号”对话框中进行选择。

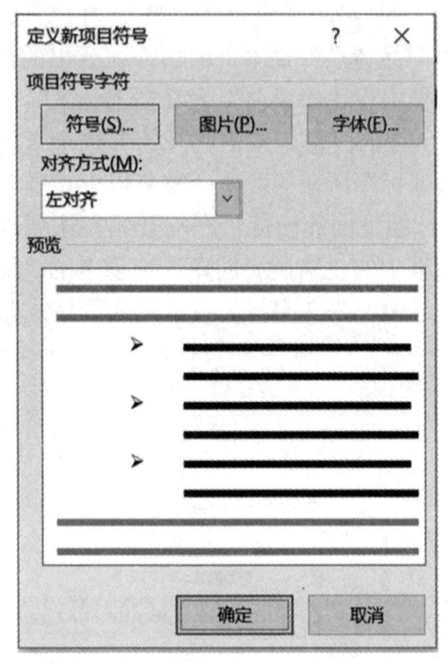

图 3-26 “定义新项目符号”对话框

用同样的方法为“吹发步骤”和“注意事项”下方的段落添加项目符号。

8. 分栏设置

选中全文，在“布局”选项卡的“页面设置”组中单击“栏”下拉按钮，在弹出的下拉列表中选择“两栏”命令。完成分栏前后的文本如图 3-27 和图 3-28 所示。

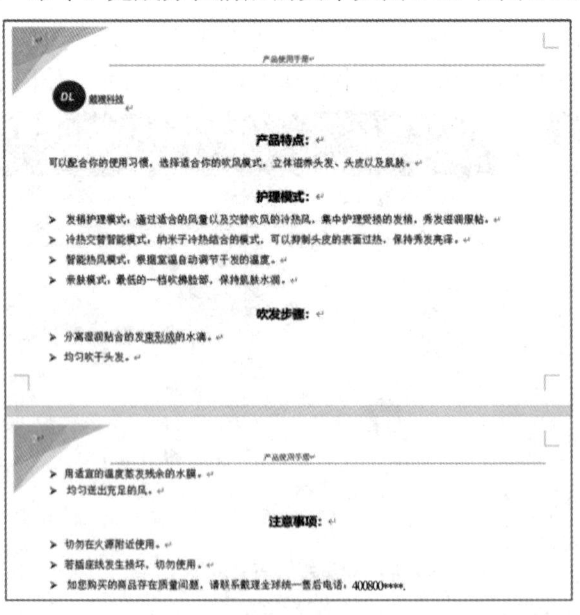

产品使用手册

DL

产品特点：

可以配合你的使用习惯，选择适合你的吹风模式，立体滋养头发、头皮以及肌肤。

护理模式：

- 发梢护理模式，通过适合的风量以及交替吹风的冷热风，集中护理受损的发梢，秀发滋润服帖。
- 冷热交替智能模式，纳米子冷热结合的模式，可以抑制头皮的表面过热，保持秀发亮泽。
- 智能热风模式，根据室温自动调节干发的温度。
- 亲肤模式，最低的一档吹拂脸部，保持肌肤水润。

吹发步骤：

- 分离湿润贴合的发束形成的水滴。
- 均匀吹干头发。

产品使用手册

- 用适宜的温度蒸发残余的水膜。
- 均匀送出充足的风。

注意事项：

- 切勿在火源附近使用。
- 若插座线发生损坏，切勿使用。
- 如您购买的商品存在质量问题，请联系戴瑾全球统一售后电话：400800****。

图 3-27 分栏前内容样文

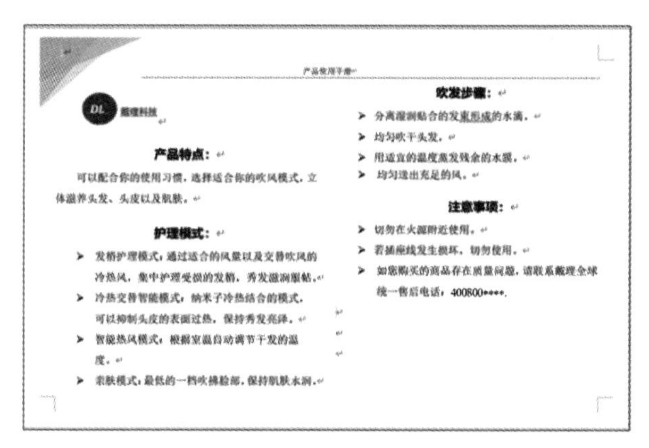

产品使用手册

DL

产品特点：

可以配合你的使用习惯，选择适合你的吹风模式，立体滋养头发、头皮以及肌肤。

护理模式：

- 发梢护理模式：通过适合的风量以及交替吹风的冷热风，集中护理受损的发梢，秀发滋润服帖。
- 冷热交替智能模式：纳米子冷热结合的模式，可以抑制头皮的表面过热，保持秀发亮泽。
- 智能热风模式：根据室温自动调节干发的温度。
- 柔肤模式：最低的一档吹拂脸部，保持肌肤水润。

吹发步骤：

- 分离湿润贴合的发束形成的水滴。
- 均匀吹干头发。
- 用适宜的温度蒸发残余的水膜。
- 均匀送出充足的风。

注意事项：

- 切勿在火源附近使用。
- 若插座线发生损坏，切勿使用。
- 如您购买的商品存在质量问题，请联系戴理全球统一售后电话：400800****。

图 3-28　分栏后内容样文

9. 画直线

(1) 将光标插入点放在第一栏尾部“肌肤水润。”后面，按 3 次 Enter 键，这时第二栏首部出现两行空行。

(2) 在第二行中输入文本“产品相关知识”。选择该文本，在“开始”选项卡的“字体”组中设置“字体”为“宋体”，字号为“小四”，字形为“加粗”，字体颜色为“红色”；在“段落”组中设置对齐方式为“居中”对齐。

(3) 切换到“插入”选项卡，在“插图”组中单击“形状”下拉按钮，在弹出的下拉列表中选择“线条”中的直线。此时光标变成十字形状，再在“产品相关知识”文本的左边，按住 Shift 键的同时拖动鼠标即可画一条直线。

小贴士：按住 Shift 键可以使线条变成水平或者竖直直线。

(4) 选中直线后右击，在弹出的快捷菜单中选择“设置形状格式”命令，如图 3-29 所示，打开“设置形状格式”窗格，将线条颜色设置为“黑色”，宽度设置为 1.25 磅；短划线类型设置为“短划线”，如图 3-30 所示。

图 3-29　右键后的快捷菜单

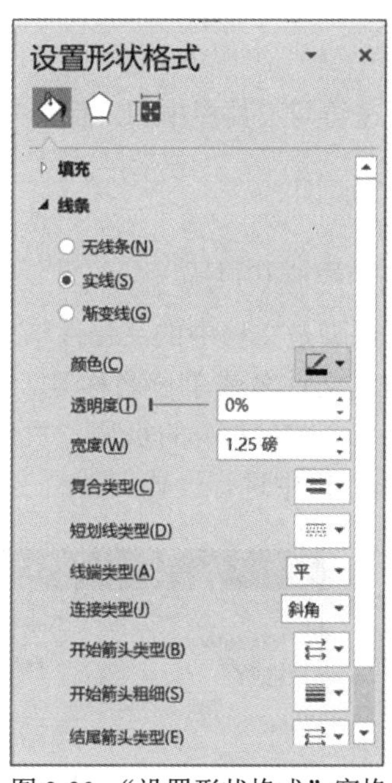

图 3-30　“设置形状格式”窗格

(5) 选择短划线，按 Ctrl + C 组合键将短划线进行复制，将鼠标光标放在“产品相关知识”文本的右边，再按 Ctrl + V 组合键进行粘贴即可。

10. 文字水印设置

切换到“设计”选项卡，在“页面背景”组中单击“水印”下拉按钮，在弹出的下拉列表中选择“自定义水印”命令，在弹出的“水印”对话框中选中“文字水印”单选按钮，然后在“文字”文本框中输入“戴理吹风机”，如图 3-31 所示，单击“确定”按钮完成设置。

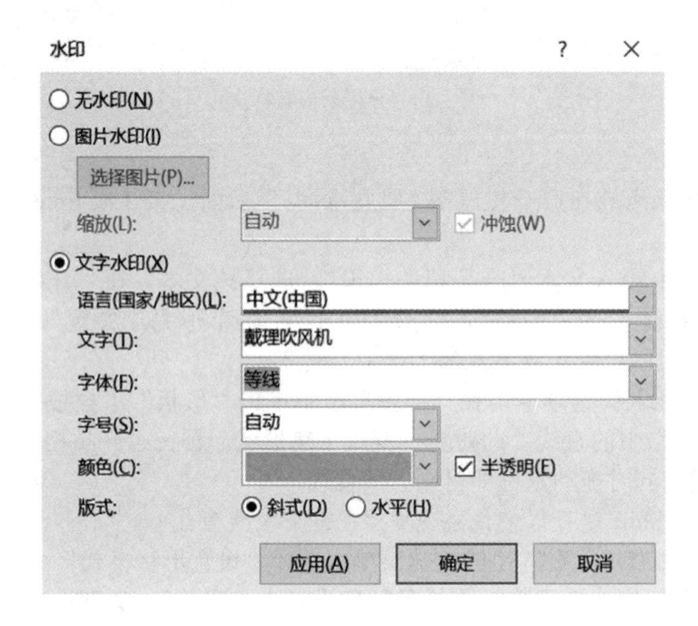

图 3-31 “水印”对话框

11. 保存文档

单击快速访问工具栏中的“保存”按钮将文档进行保存。

3.2.4 必备知识

1. 页眉、页脚和页码

插入分页符、分节符、页眉页脚、页码

页眉和页脚是文档中的注释性信息，如文章的章节标题、作者、日期和时间、文件名或单位名称等。页眉在正文的顶部，页脚在正文的底部。Word 2016 中的页眉、页脚和页码在“插入”选项卡的“页眉和页脚”组中进行设置，如图 3-32 所示。

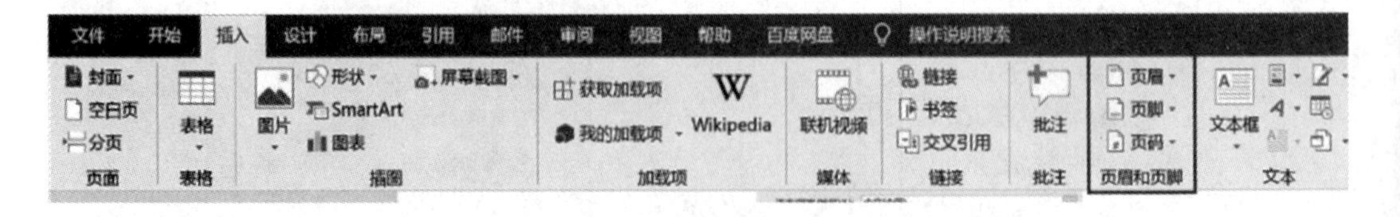

图 3-32 “页眉和页脚”组界面

1) 插入页眉和页脚

(1) 在“插入”选项卡的“页眉和页脚”组中单击“页眉”下拉按钮，在弹出的下拉列表中选择需要的页眉样式。此时在页面顶部出现页眉编辑区，同时自动打开“设计”选项卡，可以对页眉进行设置。

(2) 在页眉编辑区输入需要显示的文本。

(3) 在“页眉和页脚”组中单击“页脚”下拉按钮，在弹出的下拉列表中选择需要的页脚样式。

(4) 在页脚编辑区输入需要显示的文本。

(5) 输入完成后，在文档任意位置双击即可退出设置。

2) 修改页眉和页脚

在“页眉和页脚”组中单击“页眉”下拉按钮，在弹出的下拉列表中选择“编辑页眉”命令或双击页眉区，均可编辑页眉，编辑页脚的操作与此类似。

3) 设置页码

在“页眉和页脚”组中单击“页码”下拉按钮，在其下拉列表中选择页码显示的位置和页码的样式，如图 3-33 所示。如果要对页码样式进行修改，双击页码进入页码编辑状态，重新进行设置即可。

图 3-33 页码设置界面

2. 分栏

分栏是一种常用的排版格式，可将整个文档或部分段落内容在页面上分成多个列显示，使排版更加灵活。

设置分栏和使用样式

按 Ctrl+A 组合键将文档全选，切换到“布局”选项卡，在“页面设置”组中单击“栏”下拉按钮，在弹出的下拉列表中选择要分栏的数目。

如果对分栏有更多设置，可在弹出的下拉列表中选择“更多栏”命令，在打开的如图 3-34 所示的对话框中进行设置。

(1) 在“栏”对话框中对分栏的栏数进行设置。

(2) 在“栏”对话框中选中“分隔线”复选框，可在各栏之间添加分隔线。

(3) 分栏后，默认各栏之间的宽度相等，如果要求不相等，可在“栏”对话框中对各栏的宽度进行调整。取消选中“栏宽相等”复选框，便可在“宽度和间距”选项组中设置相应数值的宽度。

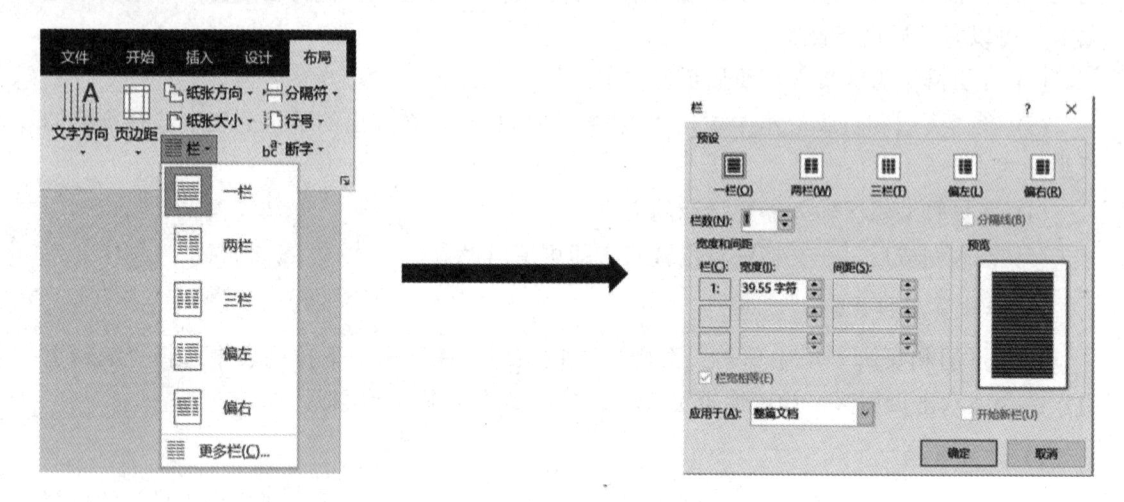

图 3-34　分栏设置界面

3. 项目符号和编号

Word 2016 可以给文档中同类的条目或项目添加一致的项目符号和编号，使文档有条理、层次清晰、可读性强。项目符号使用的是符号，而编号使用的是一组连续的数字或字母，出现在段落前。

1) 设置项目符号

(1) 选中需要添加项目符号的段落。

(2) 切换到“开始”选项卡，在“段落”组中单击“项目符号”按钮，系统会自动为选中的段落添加“●”项目符号。

(3) 可以修改项目符号的样式。单击“项目符号”下拉按钮，在弹出的下拉列表中选择“定义新项目符号”命令，打开“定义新项目符号”对话框，从中单击“符号”按钮或“图片”按钮，在打开的对话框中选择需要的项目符号。

2) 设置编号

(1) 选中需要添加编号的段落。

(2) 切换到“开始”选项卡，在“段落”组中单击“编号”按钮，系统会自动为选中的段落添加编号“1.，2.，……”。

(3) 可以修改编号样式。单击“编号”下拉按钮，在弹出的下拉列表中选择需要的编号样式。

4. 题注、脚注和尾注

1) 插入题注

题注是一种可以添加到图表、表格、公式等其他对象中的编号标签。

(1) 选中添加题注的第一个对象，切换到“引用”选项卡，在“题注”组中单击“插入题注”按钮，打开“题注”对话框，如图 3-35 所示。

图 3-35 “题注”对话框

(2) 在“题注”对话框中单击“新建标签”按钮，打开“新建标签”对话框，如图 3-36 所示，在“标签”文本框中输入对象的标签。例如，输入“图 1-1”，单击“确定”按钮返回“题注”对话框，系统就会自动添加序号，如图 3-37 所示。

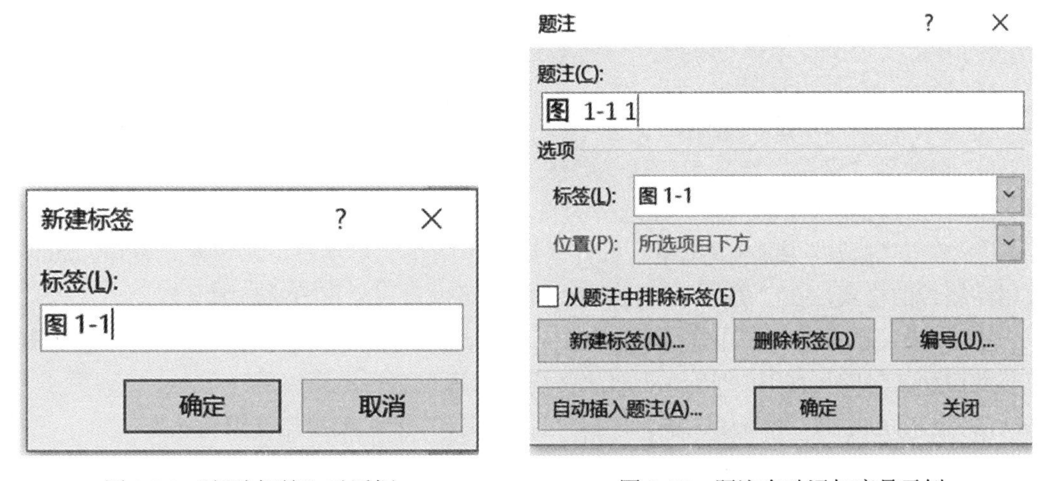

图 3-36 “新建标签”对话框

图 3-37 题注自动添加序号示例

(3) 单击“确定”按钮，完成对所选对象添加题注的操作，题注在对象的下方，如“图 1-1-1”。

(4) 依次选择同类型的对象，分别单击“插入题注”按钮，添加题注，如“图 1-1-2”“图 1-1-3”等。

2) 插入脚注和尾注

脚注和尾注用于对文档中的文本提供解释、批注及相关的参考资料。通常用脚注对文档内容进行注释说明，显示在文档每页的末尾，而用尾注说明引用的文献，显示在文档的末尾。

(1) 插入脚注的方法如下：

① 选中要插入脚注的文本。

② 切换到“引用”选项卡，在“脚注”组中单击“插入脚注”按钮即可进入脚注编辑状态，此时可输入脚注内容。在选择的文本处会出现脚注标记，如图 3-38 所示。

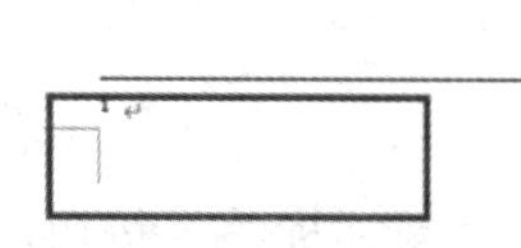

图 3-38　脚注标记示例

③ 如果文档中多处文本需要插入脚注，Word 会自动对脚注进行编号。在添加、删除或移动自动编号的脚注时，Word 将对脚注引用的标记进行重新编号。

④ 输入完成后，单击脚注编辑区以外的文档区，便可以退出脚注编辑状态。

(2) 插入尾注的方法如下：

① 选中要插入尾注的文本。

② 切换到“引用”选项卡，在“脚注”组中单击“插入尾注”按钮即可进入尾注编辑状态，此时可输入尾注内容。在选择的文本处会出现尾注标记。

③ 单击“脚注”组的组按钮，打开“脚注和尾注”对话框。在该对话框中，可以修改尾注编号的格式，在“编号”下拉列表框中还可以设置“每节重新编号”。

④ 如果文档中多处文本需要插入尾注，Word 会自动对尾注进行编号。在添加、删除或移动自动编号的尾注时，Word 将对尾注引用的标记进行重新编号。

⑤ 输入完成后，单击尾注编辑区以外的文档区，便可退出尾注编辑状态。

5. 背景

Word 2016 可以为文档背景应用水印、渐变、图案、图片、纯色或纹理。

1) 水印背景

水印是显示在文本后面的文字或图片，通常用于增加趣味或标识文档状态。例如，可以注明文档是保密的。添加水印背景的方法如下：

选择“设计”选项卡，在“页面背景”组中单击“水印”下拉按钮，在弹出的下拉列表中直接选择需要的文字及样式，也可选择“自定义水印”命令，在弹出的“水印”对话框中进行设置。

在“水印”对话框中可以选择“图片水印”作为水印背景，单击“选择图片”按钮，从计算机中选择需要的图片；也可以选择“文字水印”作为水印背景，在“文字”文本框中输入需要的文字，同时可以为文字设置字体、字号、颜色和显示版式。

2) 颜色背景

为背景设置渐变、图案、图片和纹理时，可进行平铺或重复以填充页面。设置颜色背景的方法如下：

(1) 切换到“设计”选项卡，在“页面背景”组中单击“页面颜色”下拉按钮，在其下拉列表中直接选择需要的颜色，也可选择“填充效果”命令，在打开的如图3-39所示的“填充效果”对话框中进行更多设置。

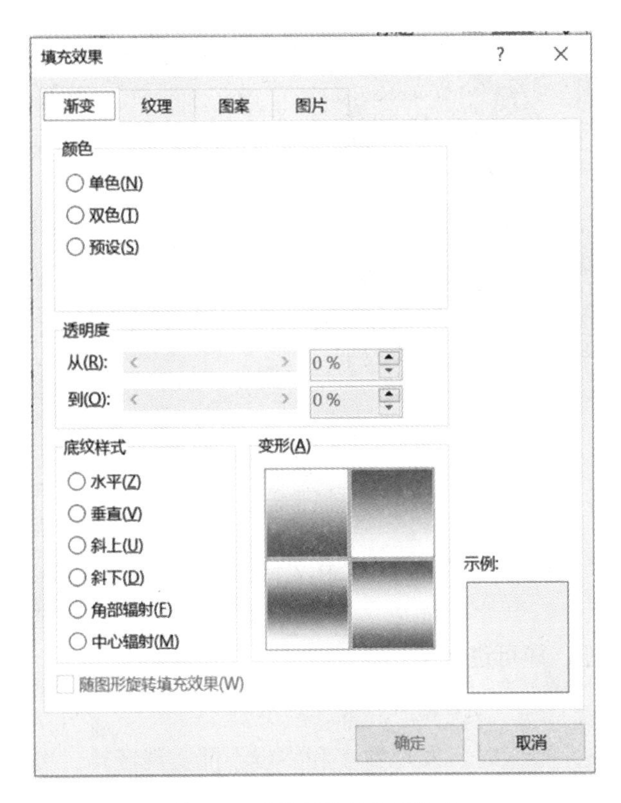

图3-39 “填充效果”对话框

(2) 在“填充效果”对话框中可以选择渐变、纹理、图案或图片作为背景。其中，渐变背景的颜色、透明度和底纹样式可以根据需要进行设置。

6. 超链接

超链接用于将文档中的文字或图片与其他位置的相关信息链接起来。当单击建立超链接的文字或图片时，就可以跳转到相关信息的位置。超链接可以跳转到其他文档或网页上，也可以跳转到本文档的某个位置。使用超链接能使文档包含更广泛的信息，可读性更强。设置超链接的方法如下：

(1) 选中要设置超链接的文本或图片。

(2) 切换到“插入”选项卡，在“链接”组中单击“链接”按钮，打开“插入超链接”对话框。

(3) 在“插入超链接”对话框中可设置链接到“现有文件或网页”，如图3-40所示；也可以链接到“本文档中的位置”。

(4) 单击“确定”按钮完成超链接设置，超链接由蓝色的带有下划线的文本显示。将鼠标指针移到超链接上时，指针会变成手形，同时显示超链接的目标文档或文件。

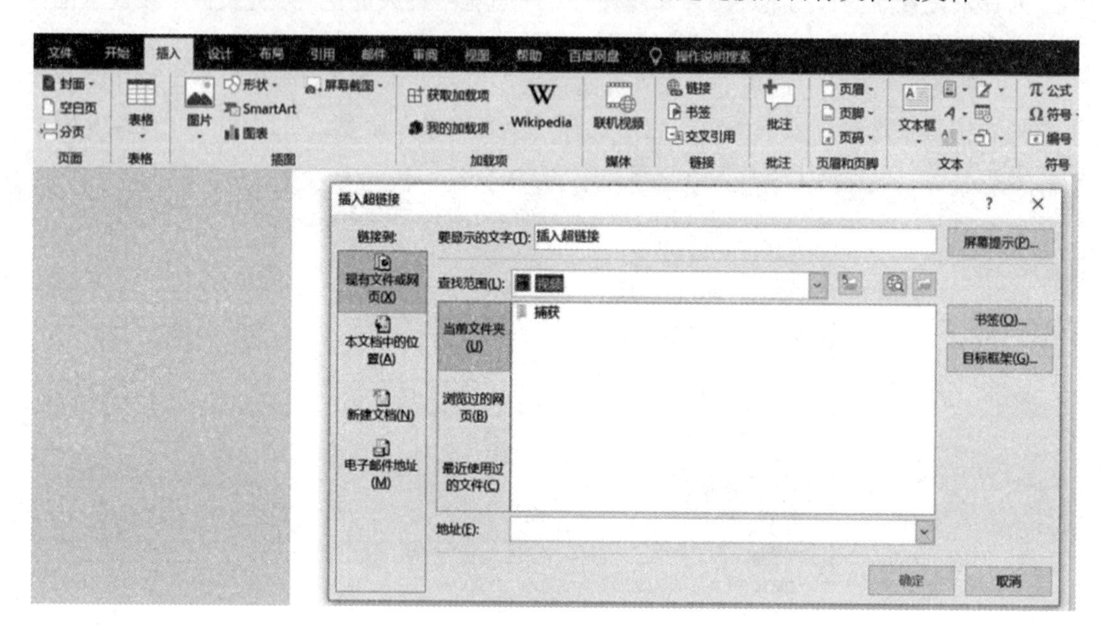

图3-40 “插入超链接”对话框

7. 中文版式

使用中文版式可以制作出许多具有中文特点的文档。Word 2016提供了“纵横混排”“合并字符”“双行合一”“字符缩放”等中文版式。在“开始”选项卡的“段落”组中单击“中文版式”按钮，即可进行选择。

1) 纵横混排

(1) 在使用竖排文字排版时，发现数字和字母不能实现竖排。可以将英文和数字选中后执行“纵横混排”命令。

(2) 取消纵横混排的方法为：选中要取消纵横混排的文字，执行“纵横混排”命令，打开“纵横混排”对话框，单击“删除”按钮即可。

2) 合并字符

(1) 合并字符是将一行文字分成两行来显示，但只占用一行的宽度，其中合并字符的字数不能超过6个。例如，选中要合并显示的文本“文字处理软件”，执行“合并字符”命令，在打开的“合并字符”对话框中单击“确定”按钮，最终效果如图3-41所示。

图 3-41 “合并字符”效果图

(2) 取消合并字符的方法为：选中要取消合并字符的文字，执行“合并字符”命令，打开“合并字符”对话框，单击“删除”按钮即可。

3) 双行合一

(1) 双行合一的效果与合并字符相似，是将选中的文字变成两行显示，对文字个数没有限制。例如，选中要双行合一的文本“文字处理软件”，执行“双行合一”命令，在打开的“双行合一”对话框中单击“确定”按钮。

(2) 取消双行合一的方法为：选中要取消双行合一的文字，执行“双行合一”命令，打开“双行合一”对话框，单击“删除”按钮即可。

4) 调整宽度

(1) 调整宽度是指调整字符之间的宽度。例如，选中要调整宽度的文本“Word 2016”，执行“调整宽度”命令，在打开的“调整宽度”对话框中设置“新文字宽度”值即可，最终效果如图 3-42 所示。

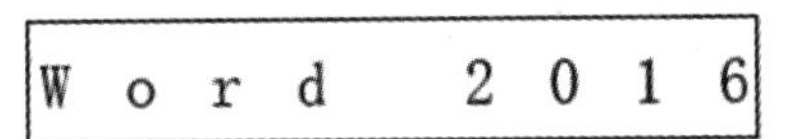

图 3-42 “调整宽度”效果图

(2) 取消调整宽度的方法为：选中要取消调整宽度的文字，执行“调整宽度”命令，打开“调整宽度”对话框，单击“删除”命令即可。

5) 字符缩放

选中要调整宽度的文本“文字处理软件”，执行“字符缩放”命令，在下一子列表中选择合适的宽度即可，最终效果如图 3-43 所示。

图 3-43 “字符缩放”效果图

3.2.5 训练任务

1. 新建文档

在桌面上新建一个 Word 文档，命名为“vivo 手机性能指标说明 .docx”，效果如图 3-44 所示。

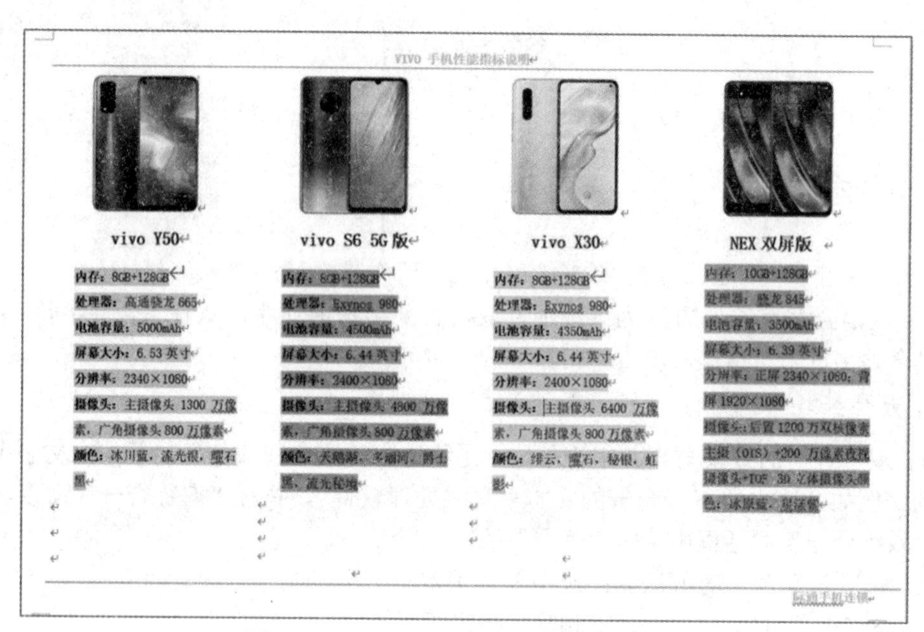

图 3-44 “vivo 手机性能指标说明”效果图

2. 对文档进行排版

具体的排版要求如下：

(1) 页面设置：页边距为“窄”，纸张大小为“A4”，纸张方向为“横向”，分四栏。

(2) 添加页眉：文本为“vivo 手机性能指标说明”，文本“加粗”，字体颜色为“蓝色，个性色 1”，字号为“小四”，对齐方式为“居中”对齐，并将页眉多余的行删除。

(3) 添加页脚：文本为“际通手机连锁”，文本“加粗”，字号为“小四”，字体颜色为“蓝色，个性色 1”，对齐方式为“右对齐”，页脚段落上边框为“红色”。

(4) 在第一行起始位置插入图片，图片环绕方式为“嵌入型”，“居中”对齐。

(5) 在第一栏中输入文本，其中标题为“三号，加粗，居中”对齐；其余文本为“小四”，1.5 倍行距，左缩进 2 字符；小标题“加粗”。

(6) 第二栏、第三栏、第四栏操作同上。

(7) 第一栏正文底纹为“浅灰色”，第二栏正文底纹为“青绿色”，第三栏正文底纹为“灰色”，第四栏正文底纹为“青绿色”。

评价反馈

学生自评表

任务		完成情况记录
课前	通过预习概括本节知识要点	
	预习过程中提出疑难点	
课中	对自己整堂课的状态评价是否满意？学习过程中是否能跟上老师的节奏？	
	课前预习过程中的疑难点是否弄懂解决？	
	是否能按时独立完成课堂相关任务？过程中的难点在哪里？	
课后	课后训练任务完成情况	
收获		
对自己本堂课学习效果总体评价		

学生互评表

序号	评价项目	小 组 互 评
1	任务是否按时完成	
2	任务完成上交情况	
3	作品质量	
4	小组成员合作面貌	
5	创新点	

教师评价表

序号	评价项目	自我评价	互相评价	教师评价	综合评价
1	学生课前预习				
2	规范操作				
3	完成质量				
4	关键操作要领掌握				
5	完成速度				
6	沟通协作				

注：评价档次统一采用 A(优秀)、B(良好)、C(合格)、D(努力) 4 个等级。

任务3 制作广告页

为了使文档的内容更加直观，可以在文档中插入对象，包括图片、文本框、形状、艺术字等。

3.3.1 任务描述

际通手机连锁销售公司要为刚上市的 vivo X30 进行销售宣传，要求市场部制作销售广告页。市场部制作的广告页效果图如图 3-45 所示。

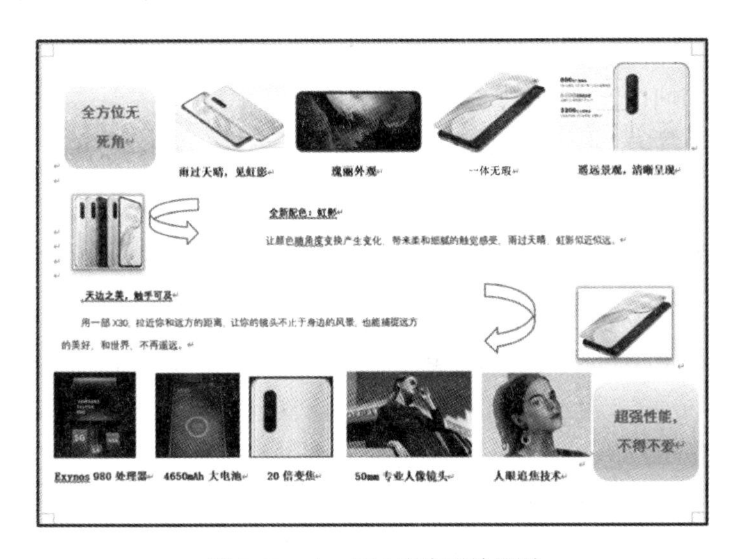

图 3-45 vivo X30 广告页效果图

3.3.2 任务分析

要完成本项工作任务，需要进行如下操作：

(1) 新建文档，命名为“vivo X30 销售广告页 .docx”。

(2) 页面设置：纸张大小为“B5”，纸张方向为“横向”，上、下、左、右页边距均为 0.5 cm。

(3) 在文档首行依次插入图片“整体 .jpg”“显示屏 .jpg”“超清三摄 .jpg”“2.98 mm 超小孔 XDR 屏 .jpg”，图片的环绕方式均为“嵌入式”“右对齐”。

(4) 插入 4 个文本框，分别输入文本“雨过天晴，见虹影”“瑰丽外观”“一体无瑕”“遥远景观，清晰呈现”，文本“加粗”；4 个文本框均无填充颜色，无轮廓，字体为“宋体”，字体大小为“小四”，“加粗”显示，依次放在首行的 4 张图片下面。

(5) 在文档底部插入图片“处理器 .jpg”“电池大容量 .jpg”“20 倍变焦 .jpg”“50 mm 专业人像镜头 .jpg”“人眼追焦技术 .jpg”，图片的环绕方式为“嵌入型”“左对齐”。

(6) 插入 5 个文本框，分别输入文本“Exynos 980 处理器”“4650 mAh 大电池”“20

倍变焦”“50 mm 专业人像镜头”“人眼追焦技术”。字体为“宋体”，字体大小为“小四”，“加粗”显示，依次放在末行的 5 张图片下面。

(7) 插入两个圆角矩形，无轮廓，填充颜色为“浅色渐变色，个性色 5”，两个矩形分别放置在左上角与右下角。在圆角矩形中分别输入文本“全方位无死角”“超强性能，不得不爱”，文本字体为“黑体”，字体大小为“三号”，“加粗”显示，颜色为“蓝色，个性色 1”。

(8) 插入两个文本框，分别输入文本“全新配色：虹影”“天边之美，触手可及”。文字字体为“等线”，字体大小为“五号”，颜色为“黑色”，添加下划线，颜色为“蓝色”。

(9) 再次插入两个文本框，分别输入文本：“让颜色随角度变换产生变化，带来柔和细腻的触觉感受，雨过天晴，虹影似近似远。”“用一部 X30，拉近你和远方的距离，让你的镜头不止于身边的风景，也能捕捉远方的美好，和世界，不再遥远。”设文字字体为“等线”，字体大小为“五号”，颜色为“黑色”。首行缩进 2 个字符，1.5 倍行距。

(10) 在文档中间位置插入箭头形状，设置箭头格式，无填充色，线条颜色为“蓝色，个性色 1”，线条宽度为“1 磅”。

(11) 将箭头与文本框进行组合。

3.3.3 任务实现

1. 创建“vivo X30 销售广告页”文档并保存

启动 Word 2016，新建一个空白文档。单击快速访问工具栏中的“保存”按钮，选择“保存位置”为“桌面”，输入“文件名”为“vivo X30 销售广告页”，单击“保存”按钮。

2. 页面设置

切换到“布局”选项卡，在“页面设置”组中单击“纸张大小”按钮，选择“B5”；单击“纸张方向”按钮，选择“横向”；单击“页边距”按钮，在其下拉菜单中选择“自定义边距”命令，在弹出的“页面设置”对话框中设置上、下、左、右页边距均为 0.5 cm，如图 3-46 所示，最后单击“保存”按钮。

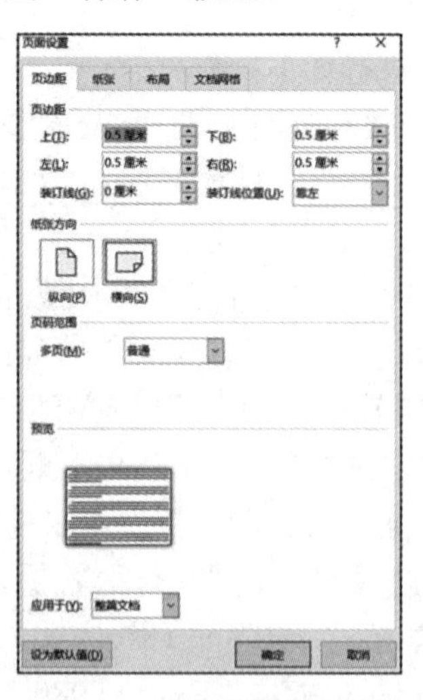

图 3-46 “页面设置”界面

3. 插入图片

(1) 将光标移至首行起始位置，切换到“插入”选项卡，在“插图”组中单击“图片”按钮，在弹出的“插入图片”对话框中选择图片文件中的“整体 .jpg”，单击“插入”按钮完成插入。

(2) 将光标移至图片最后，再次单击“图片”按钮，按照上述步骤 (1)，继续插入图片“显示屏 .jpg”“超清三摄 .jpg”和“2.98 mm 超小孔 XDR 屏 .jpg”。

(3) 任意选中一张图片，切换到“开始”选项卡，在“段落”组中单击“右对齐”按钮。

小贴士：插入的图片默认的文字环绕方式是“嵌入型”。

(4) 按 Enter 键将光标插入点放置在文档尾行。

(5) 重复步骤 (1) 和 (2)，用相同的方法插入图片“处理器 .jpg”“电池大容量 .jpg”“20 倍变焦 .jpg”“50 mm 专业人像镜头 .jpg”和“人眼追焦技术 .jpg”。

(6) 任意选中步骤 (5) 中的一张图片，切换到“开始”选项卡，在“段落”组中单击“左对齐”按钮。

4. 插入文本框

(1) 切换到“插入”选项卡，在“文本”组中单击“文本框”下拉按钮，在弹出的下拉列表中选择“简单文本框”。

小贴士：“简单文本框”默认的是横排文本框，如果需要插入竖排文本框，则在弹出的下拉列表中选择“绘制竖排文本框”命令。

(2) 选中文本框后右击，在弹出的快捷菜单中选择“设置形状格式”命令，打开“设置图片格式”窗格，如图 3-47 所示。选择填充为“无填充”，线条为“无线条”。

(3) 选中文本框，按 Ctrl + C 组合键进行复制，单击文档的任意位置，再按 3 次 Ctrl + V 组合键进行 3 次粘贴操作。

(4) 依次选中文本框，将其拖至对应的图片下面。分别将文本框中的文本修改成“雨过天晴，见虹影”“瑰丽外观”“一体无瑕”“遥远景观，清晰呈现”，并在“开始”选项卡的“字体”组中单击“加粗”按钮，设置字体为“宋体”，字号为“小四”。

(5) 选中其中一个文本框，再按住 Ctrl 键后依次选择其他 3 个文本框，切换到“布局”选项卡的“排列”组中，单击“对齐”下拉按钮，在弹出的下拉列表中选择“顶端对齐”命令，如图 3-48 所示，此时 4 个文本框将在一条水平线上。

(6) 再次按照步骤 (5) 选中 4 个文本框，右击，在弹出的快捷菜单中选择“组合”命令，即可将 4 个文本框组合成一张图片。

(7) 按照步骤 (1) 至步骤 (5)，在文档的底部插入 5 张图片及 5 个文本框，文本框对齐方式选择“底端对齐”。

(8) 按照前述方法再插入一个文本框，将文本框中的文本改成“全新配色：虹影”。选中文本框中的文本，将其字体设置为“等线”，字号为“五号”，字体颜色为“黑色”，添加下划线，颜色为“蓝色”。选中“全新配色：虹影”文本框进行复制、粘贴，将文本框的文本修改成“天边之美，触手可及”。

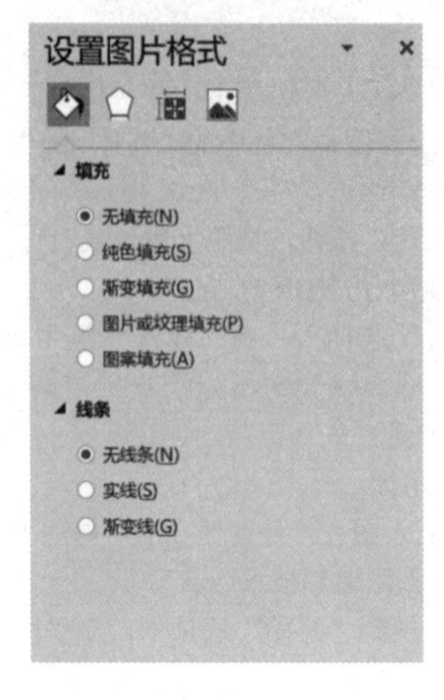

图 3-47 “设置图片格式”界面

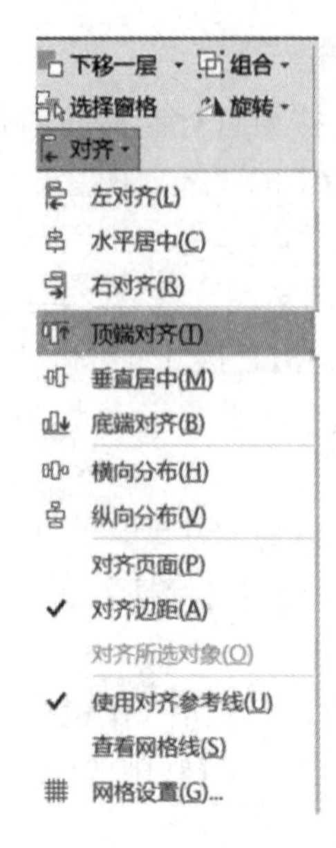

图 3-48 设置图片对齐方式界面

5. 插入圆角矩形

(1) 调整前面插入图片的间距，然后切换到“插入”选项卡，在“插图”组中单击“形状”下拉按钮，在其下拉列表中选择“矩形”中的“圆角矩形”，如图 3-49 所示。此时鼠标指针变成“╋”形状，在文档的空白处画出矩形。

(2) 选中圆角矩形，右击，在弹出的快捷菜单中选择“设置形状格式”命令，打开“设置形状格式”窗格，如图 3-50 所示，选中“渐变填充”单选按钮，然后设置“预设渐变”为“浅色渐变 - 个性色 5”。

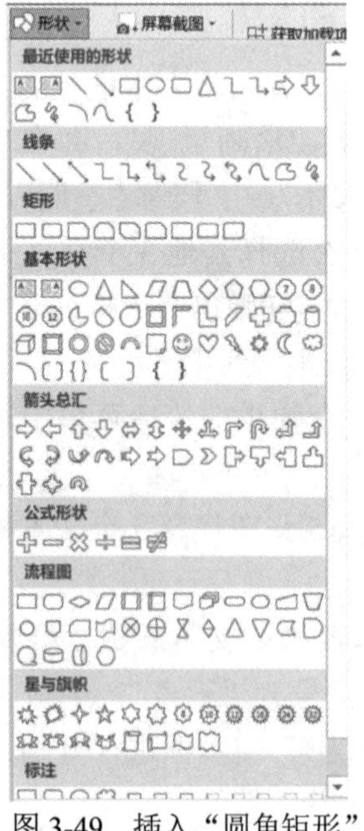

图 3-49 插入“圆角矩形”

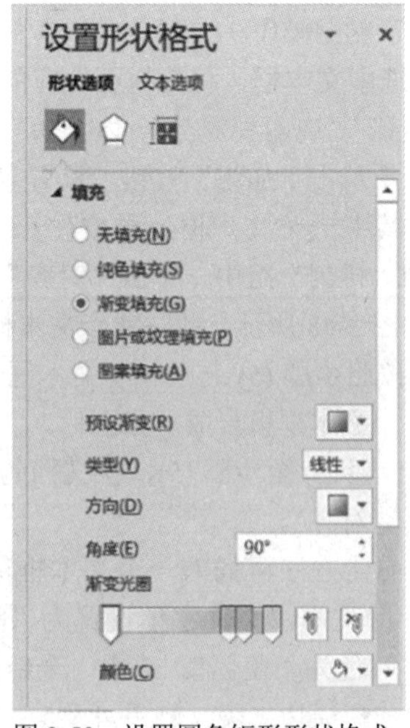

图 3-50 设置圆角矩形形状格式

在圆角矩形中输入文字“全方位无死角”，在“开始”选项卡的“字体”组中将文本字体设置为“黑体”，字号为“三号”，“加粗”显示，颜色为“蓝色，个性色 1”。

(3) 再次选中矩形，使用组合键进行复制、粘贴。将复制的矩形选中，移动到右下角，并拖动四周的控制点，调整其大小。将圆角矩形中的文字修改为“超强性能，不得不爱”。

6. 插入箭头符号

(1) 单击“插入”选项卡“插图”组中的“形状”下拉按钮，在弹出的下拉列表中选择“⊊”。

(2) 右击，在弹出的快捷菜单中选择“设置形状格式”命令，打开“设置形状格式”窗格，设置“填充”方式为“无填充”，“线条”为“实线”，颜色为“蓝色，个性色 1”，宽度为“1 磅”。

(3) 使用同样的方法插入“⊋”，并对其进行格式设置。

7. 设置图片

(1) 依照前面介绍的插入图片的方法插入“样图.jpg”。

(2) 选中“样图”图片，切换到“布局”选项卡，在“排列”组中单击“环绕文字”下拉按钮，在弹出的下拉列表中选择“浮于文字上方”命令。

(3) 选中“样图”图片后右击，在弹出的快捷菜单中选择“设置图片格式”命令，打开“设置图片格式”窗格，如图 3-51 所示。

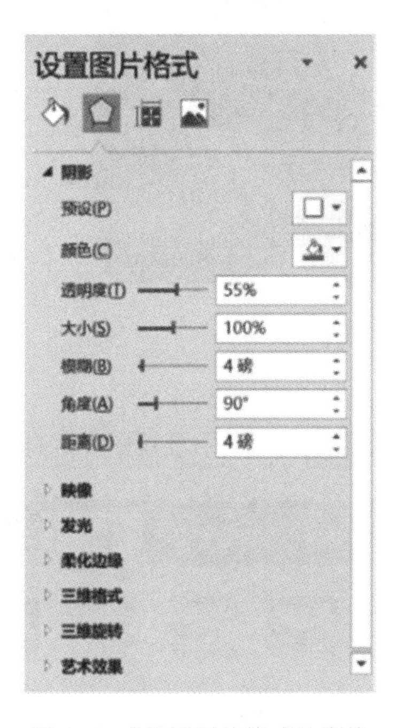

图 3-51 “设置图片格式”窗格

(4) 选择“阴影”，设置颜色为“蓝色，个性色 5”，设置“透明度”为 55%，“大小”为 100%，“模糊”为 4 磅，“角度”为 90°，“距离”为 4 磅。

(5) 选中“样图 2”，设置方法同上。

3.3.4 必备知识

1. 图片设置

图文混排

1) 插入图片

插入来自文件的图片。切换到“插入”选项卡，在“插图”组中单击“图片”按钮，在弹出的“插入图片”对话框中选择图片完成插入操作。

2) 图片的选择、移动和改变图片大小

(1) 选中单张图片。单击即可选中图片，并使边框出现控制点，如图 3-52 所示。

(2) 移动图片。将鼠标指针移动到图片上方时，鼠标指针变成“ ”形状，按下鼠标左键并拖动即可移动图片的位置。

(3) 改变图片大小，可以通过拖动改变，也可通过设置参数改变。

拖动改变图片大小的方法：选中图片，将鼠标指针指向图片四角的控制点，按下鼠标左键并拖动，可将图片按照原有比例改变大小；将鼠标指针指向图片四边的控制点，按下鼠标左键并拖动，可对图片高度和宽度进行调整；将鼠标指针指向图片上方的绿色状控制点，按下鼠标左键并拖动，可将图片按照任意角度旋转。

准确设置图片大小的方法：选中图片并切换到“格式”选项卡，在“大小”组中的“高度”和“宽度”文本框中输入相应的参数，如图 3-53 所示。

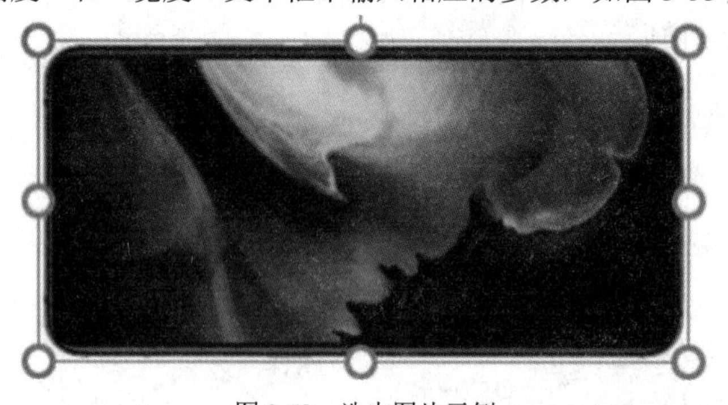
图 3-52 选中图片示例

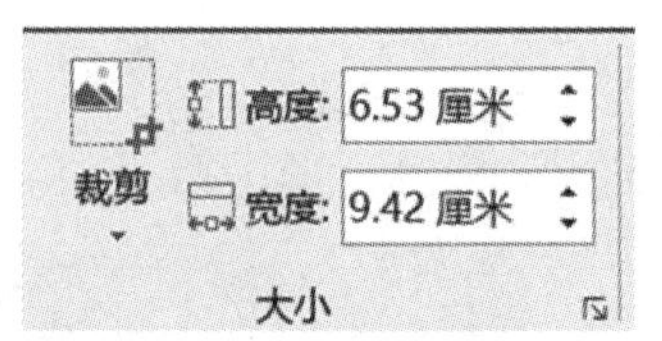

图 3-53 图片大小设置

3) 图片样式设置

可在“格式”选项卡的“图片样式”组中设置图片的样式，如图 3-54 所示。

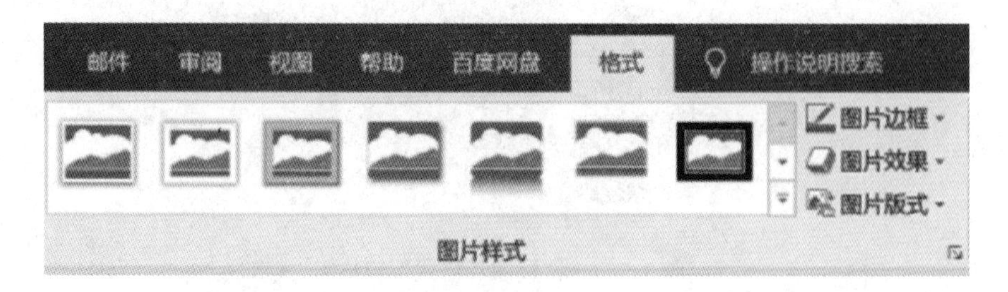

图 3-54 “图片样式”组界面

(1) 外观样式。选择图片的总体外观样式，单击下拉按钮，在下拉列表中选择样式。

如图 3-55 所示是一种外观样式。

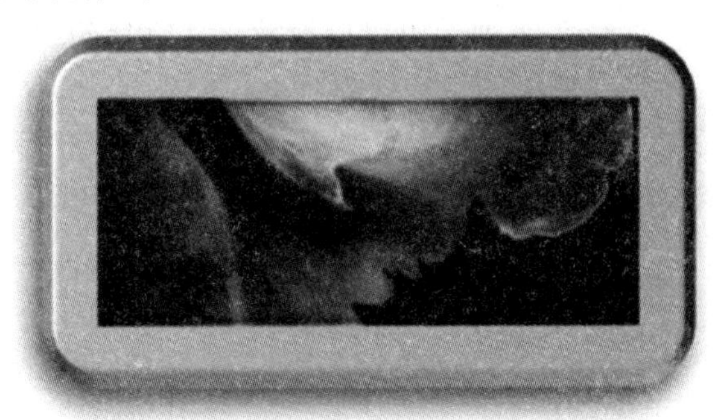

图 3-55　图片外观样式

(2) 图片边框。将选中图片的边框颜色、宽度和线性进行设置。

(3) 图片效果。对选中图片应用某种视觉效果，包括“阴影”“映像”“发光”“柔化边缘”“棱台”和“三维旋转”，如图 3-56 所示。

图 3-56　图片效果设置界面

2. 艺术字设置

1) 插入艺术字

切换到“插入”选项卡，在“文本”组中单击“艺术字”下拉按钮，打开艺术字样式列表。在列表中选择所需样式，在“请在此放置您的文字”占位符中输入文本，设置文本的字体、字号和字形后即可完成艺术字的插入。

2) 艺术字的选择、移动和艺术字大小的设置

艺术字的选择、移动和艺术字大小的设置与图片设置的操作方法相同，此处不再赘述。

3) 艺术字的文字设置

在“格式”选项卡的“文本”组中可以设置文字。

(1) 编辑文字。在文本框中可对文字内容进行修改，艺术字样式不变。

(2) 字符间距。选中艺术字，右击，在弹出的快捷菜单中选择“字体”命令，在弹出的“字体”对话框的“高级”选项卡中可以设置艺术字字符之间的间距，如图 3-57 所示。

(3) 艺术字竖排文字。选中艺术字，单击“文本”组的“文字方向”下拉按钮，在弹出的下拉菜单中选择“垂直”选项，将艺术字中的文本竖排，如图 3-58 所示。

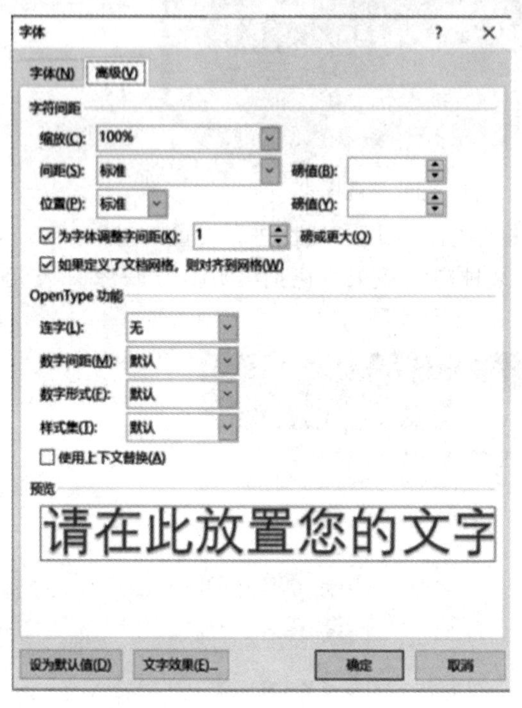

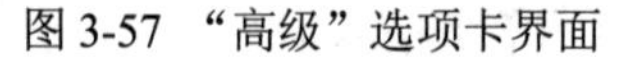

图 3-57 “高级”选项卡界面　　图 3-58 竖排文字效果

4) 艺术字样式设置

选中艺术字后再选择“格式”选项卡中的“形状样式”组，可对艺术字样式进行设置，如图 3-59 所示。

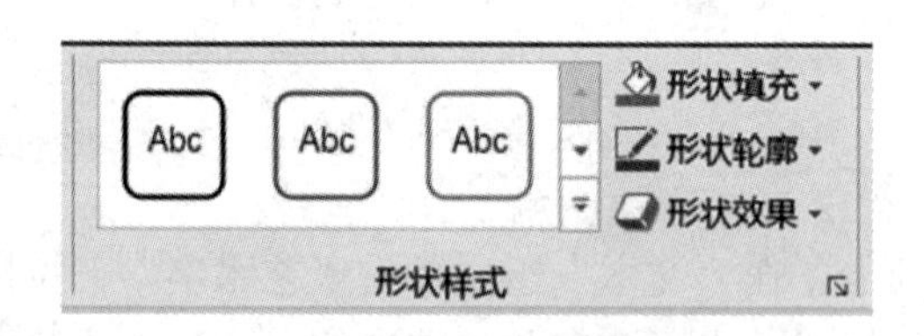

图 3-59 “形状样式”组界面

(1)“其他”按钮。选中艺术字，单击“其他”按钮，可在其下拉列表中重新选择艺术字的样式，文字内容不变。

(2) 形状填充。选中艺术字，单击“形状填充”下拉按钮，在其下拉列表中选择“颜色”“图片”“渐变”“纹理”等填充艺术字，如图 3-60 所示。

(3) 形状效果。选中艺术字，单击“形状效果”下拉按钮，在其下拉列表中选择艺术字显示的形状，如图 3-61 所示。

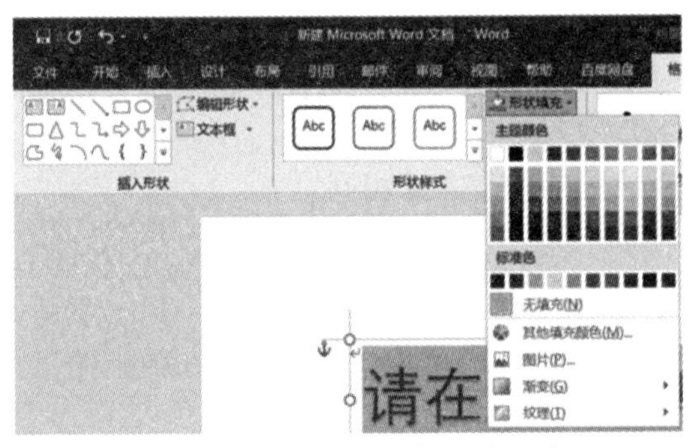
图 3-60　形状填充设置界面

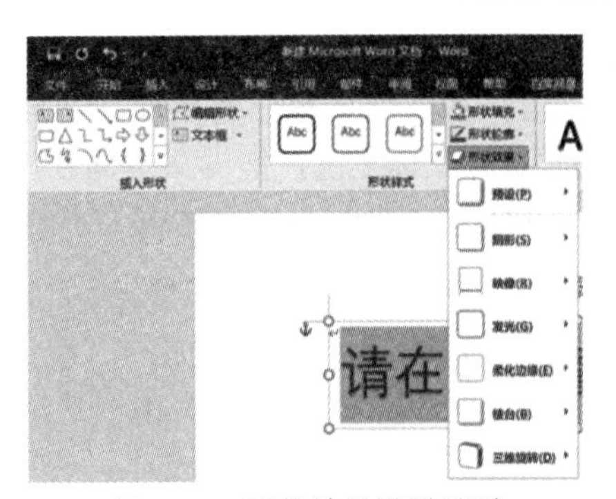
图 3-61　形状效果设置界面

5) 阴影效果设置

在“格式”选项卡的“艺术字样式”组中单击组按钮，在弹出的“设置形状格式”窗格中切换到“文本选项”选项卡，单击“文本效果”按钮，在打开的界面中可以设置阴影效果，如图 3-62 所示。

6) 三维效果设置

在如图 3-63 所示窗格中的“三维格式”选项组中可以设置艺术字的三维效果。

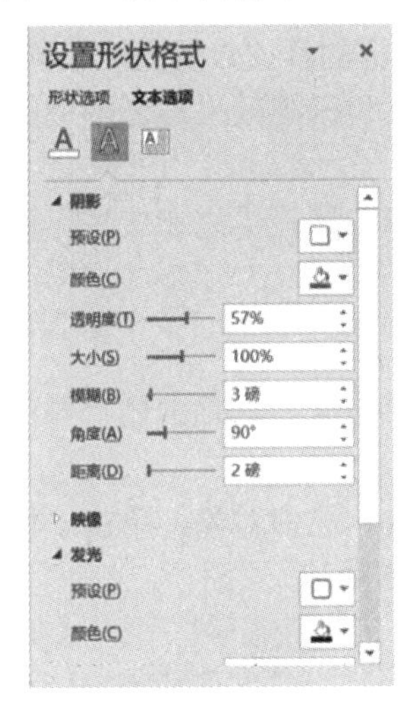
图 3-62　阴影效果设置界面

图 3-63　三维效果设置界面

3. 文本框设置

文本框是一个可以在其中放置文本、图片、表格等内容的矩形框。要在文档中插入空白文本框，首先确定在文档中没有任何对象被选中，否则这些选中的对象就会自动移动到新插入的文本框中或被新插入的文本框取代。

1) 插入文本框

切换到“插入”选项卡，在“文本”组中单击“文本框”下拉按钮，在弹出的下拉列表中选择文本框的样式或选择自己绘制横排或竖排文本框。

2) 文本框的选择、移动和文本框大小的设置

(1) 选择文本框。单击文本框，可使光标插入点放在文本框的文本中，同时使文本框四周

出现控制点，将鼠标指针移动到外框上，当指针变成“”形状时，单击即可选择文本框。

(2) 移动文本框。将鼠标指针移动到外框上，当指针变成形状时，单击选中文本框的同时按住鼠标左键，拖动文本框到任意位置。

(3) 文本框大小。文本框大小的设置与图片设置的操作方法相同。

3) 文本框样式设置

选择“格式”选项卡中的“形状样式”组，如图 3-59 所示。

(1) 外观样式。选择文本框的总体外观样式时，可单击“其他”按钮，在弹出的下拉列表中选择样式。

(2) 形状填充。选中文本框，单击“文本填充”下拉按钮，在弹出的下拉列表中选择“颜色”“图片”“渐变”和“纹理”等填充文本框。

(3) 形状轮廓。对选中文本框的轮廓颜色、粗细和线型进行设置。

(4) 更改形状。选中文本框，单击“形状效果”下拉按钮，在弹出的下拉列表中选择某种形状，可使文本框中的文字按照所选的形状显示。

4. 自选图形设置

(1) 插入自选图形。切换到“插入”选项卡，在“插图”组中单击“形状”下拉按钮，在弹出的下拉列表中选择形状，再在文档中绘制即可。

(2) 设置形状样式。自选图形的形状样式设置与文本框的样式设置方法相同。

(3) 设置阴影效果和三维效果。自选图形的阴影效果和三维效果与艺术字的设置方法相同。

(4) 添加文字。选中图形并右击，在弹出的快捷菜单中选择“添加文字”命令，图形内部即成为可编辑状态，输入文本即可。

5. 排列设置

选中图片、艺术字、文本框或自选图形等对象，在“格式”选项卡的“排列”组中设置排列方式，如图 3-64 所示。

(1) 文字环绕。设置对象与周围文字之间的环绕位置。选中对象，单击“位置”下拉按钮，在弹出的下拉列表中选择文字环绕方式，如图 3-65 所示。

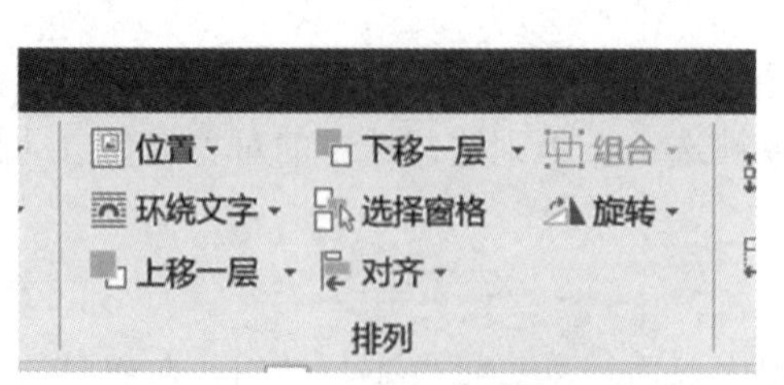

图 3-64 排列设置组界面

图 3-65 文字环绕方式设置界面

(2) 层叠。在文档中插入对象时，根据先后顺序，图片在文档中显示的层次是由底到上的顺序，即最先插入的对象在底层，之后插入的对象会把它遮盖上。调整方法是：选中要调整层次的对象，单击“上移一层”或“下移一层”下拉按钮，如图 3-66 和图 3-67 所示。可以在下拉列表中选择对象放置的层次。

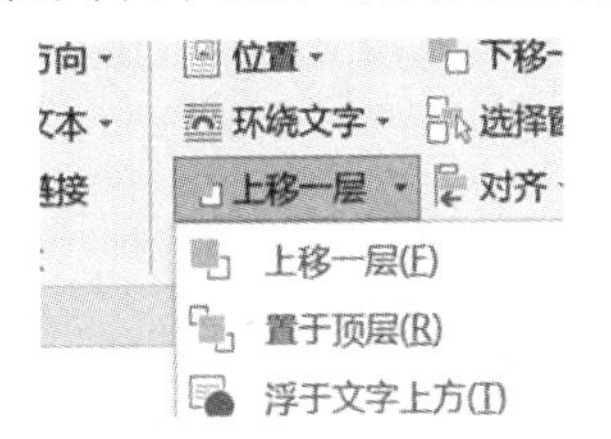

图 3-66 “上移一层”下拉列表

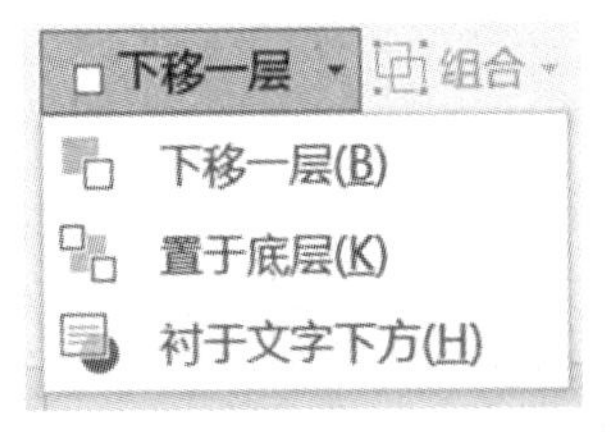

图 3-67 “下移一层”下拉列表

(3) 对齐。同时选中多个对象，单击“对齐”下拉按钮，在弹出的下拉列表中选择对齐方式，如图 3-68 所示。

(4) 组合。同时选中多个对象，单击“组合”下拉按钮，在弹出的下拉列表中选择“组合”命令完成对象的组合。此操作是将多个对象组合成一个对象。

(5) 旋转。选中对象，单击“旋转”下拉按钮，在弹出的下拉列表中选择所需旋转的角度或翻转样式，如图 3-69 所示。

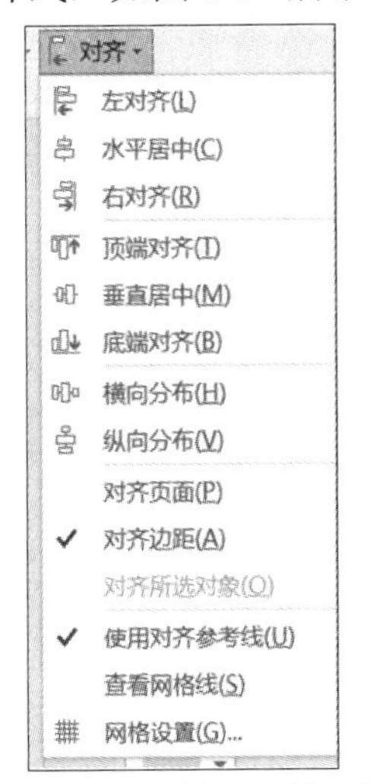

图 3-68 “对齐”下拉列表

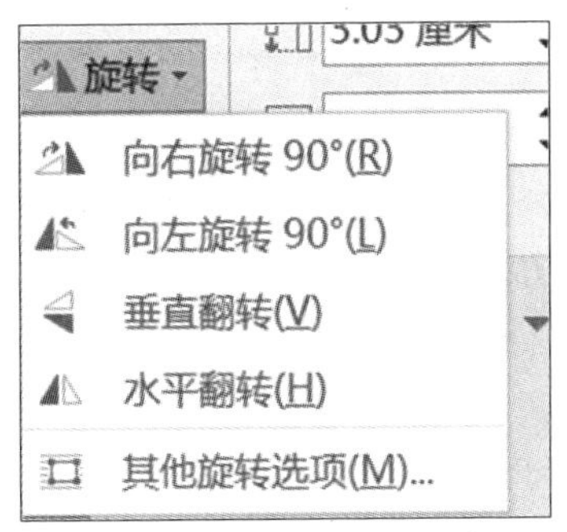

图 3-69 “旋转”下拉列表

6. 多窗口和多文档的编辑

1) 窗口的拆分

Word 文档窗口可以拆分为两个窗口，利用窗口拆分可以将一个大文档不同位置的两部分分别显示在两个窗口中，方便编辑文档。拆分窗口有下列两种方法：

(1) 使用“视图”选项卡“窗口”组中的“拆分”按钮。

(2) 拖动垂直滚动条上端的小横条拆分窗口。

2) 多个文档窗口间的编辑

Word 允许同时打开多个文档进行编辑，每个文档对应一个窗口。

“视图”选项卡“窗口”组中的“切换窗口”下拉菜单中列出了所有被打开的文档名，其中只有一个文档名前含有符号，它表示该文档窗口是当前文档窗口。单击文档名可切换当前文档窗口，也可以单击任务栏中相应的文档按钮来切换。选择“窗口”组中的“全部重排”命令可以将所有文档窗口排列在屏幕上。单击某个文档窗口可使其成为当前窗口。各文档窗口间的各类内容可以进行剪切、粘贴、复制等操作。

3.3.5 训练任务

1. 新建文档

在桌面上新建一个 Word 文档，命名为“宜春美景宣传单 .docx”，效果如图 3-70 所示。

图 3-70 “宜春美景宣传单”效果图

2. 对文档进行排版

具体的排版要求如下：

(1) 新建文档，命名为“宜春风景宣传广告页 .docx”。

(2) 进行页面设置，纸张大小为“A4”，上、下页边距为 3.17 cm，左、右页边距为 2.54 cm，纸张方向为“横向”。

(3) 将“背景图 .jpg”插入到页面文档中，环绕文字设置为“衬于文字下方”，再将图片更改大小至覆盖整个页面。

(4) 将“明月山 .jpg”插入到页面中，环绕文字设置为“衬于文字下方”，“加宽”图片，使图片宽度与页面宽度相等。修改图片的艺术效果，更改为“十字图案蚀刻”。

(5) 依次将“温汤 .jpg”“月亮湖 .jpg”“袁山公园 .jpg”“禅博园 .jpg”插入到文档中，并设置环绕文字设置为“衬于文字上方”，更改图片大小，拖动图片到样例中的位置。分别为这几张图片更改样式，其中“温汤 .jpg”更改样式为“圆形对角、白色”，“袁山公园 .jpg”“禅博园 .jpg”更改样式为“减去对角、白色”，“月亮湖 .jpg”更改样式为“柔化边缘、椭圆”。

(6) 插入圆角矩形，更改至合适的大小，渐变填充“绿色”，角度为 90°。更改图片层级，下移一层。在矩形中插入文本框，将样例中的内容输入，字体及字号为“华文仿宋、四号、加粗”，段落为“单倍行距”。

(7) 插入竖排文本框，输入诗句“江南好，风景旧曾谙，日出江花红胜火，春来江水绿如蓝，能不忆江南？”，字体及字号为“华文隶书、小一、加粗”，“两端对齐”。

(8) 插入文本框，输入标题“宜春美景”，字体为“华文行楷、初号”。

评价反馈

学生自评表

任　务		完成情况记录
课前	通过预习概括本节知识要点	
	预习过程中提出疑难点	
课中	对自己整堂课的状态评价是否满意？学习过程中是否能跟上老师的节奏？	
	课前预习过程中的疑难点是否弄懂解决？	
	是否能按时独立完成课堂相关任务？过程中的难点在哪里？	
课后	课后训练任务完成情况	
收获		
对自己本堂课学习效果总体评价		

学生互评表

序号	评价项目	小 组 互 评
1	任务是否按时完成	
2	任务完成上交情况	
3	作品质量	
4	小组成员合作面貌	
5	创新点	

教师评价表

序号	评价项目	自我评价	互相评价	教师评价	综合评价
1	学生课前预习				
2	规范操作				
3	完成质量				
4	关键操作要领掌握				
5	完成速度				
6	沟通协作				

注：评价档次统一采用 A(优秀)、B(良好)、C(合格)、D(努力) 4 个等级。

任务4　制作采购询价单

3.4.1　任务描述

公惠公司计划购买一批手机，要求采购部提供一些市场上热门的手机品牌及单价，以便制作询价单，询价单的样式如图 3-71 所示。

公惠公司采购询价单

询价时间	2020.05.08	询价单编号	2020-05-01	产品名称	手机
手机品牌	手机型号	报价(单位:元)			
		出厂价	批发价	零售价	备注
苹果	iphone 11 Pro Max (256G)	9800	10000	10899	30台起批
苹果	iphone 11 (128G)	5650	5750	5999	50台起批
华为	HUAWEI P30 (128G)	4890	5200	5988	40 起批
OPPO	Reno3 Pro (128G)	3000	3200	3699	40 起批
荣耀	荣耀 30 (128G)	2500	2650	2999	80 起批
VIVO	VIVO S6	2200	2400	2698	50 起批
	平均价	4673.33	4866.67	5380.33	
填写员		李彤	审核员		周晨

图 3-71　询价单样式

3.4.2　任务分析

要完成本项工作任务，需要进行以下操作：

(1) 新建“公惠公司采购询价单.docx”。

(2) 在文档的第一行输入“公惠公司采购询价单”作为标题，设置为“小二”号、“宋体、加粗、居中对齐”。

(3) 在文档第 2 行插入一个 9 行 6 列的表格。

(4) 将单元格进行合并、拆分。

(5) 在单元格中输入相应的文本信息。

(6) 使用公式求出各列的平均价；适当调整单元格边框，对出厂价、批发价和零售价 3 列进行平均分布。

(7) 按照零售价降序排列。

(8) 将表格样式调整为“网格表 4- 着色 1”。

(9) 将所有单元格的文字对齐方式设置为“水平居中”。

3.4.3　任务实现

1. 创建“公惠公司采购询价单”文档并保存

启动 Word 2016，新建一个空白文档。单击快速访问工具栏中的“保存”按钮，设置

“保存位置”为“桌面”，输入“文件名”为“公惠公司采购询价单”，最后单击“保存”按钮。

2. 插入标题

(1) 输入文本“公惠公司采购询价单”。

(2) 选中文本，打开“开始”选项卡，在“字体”组中设置字号为“小二”“加粗”；在“段落”组中单击“居中”按钮，设置文本居中对齐。

3. 插入表格

(1) 将光标插入点放在第2行的首部。

(2) 打开“插入”选项卡，在“表格”组中单击“表格”下拉按钮，在弹出的下拉列表中选择“插入表格”命令，如图3-72所示；打开“插入表格”对话框，如图3-73所示，设置列数为6，行数为9，单击“确定”按钮。

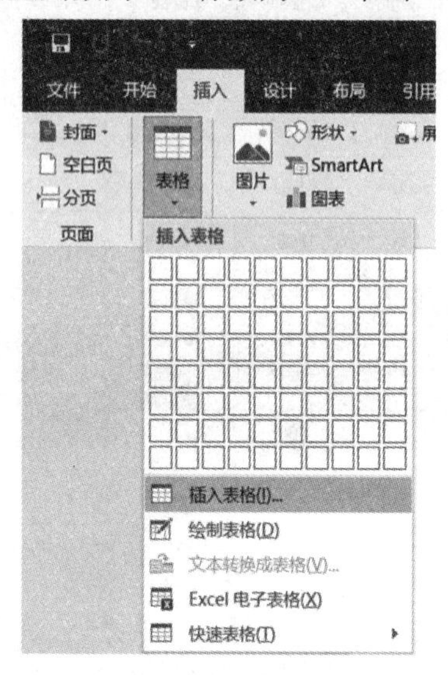

图3-72 “表格”下拉列表

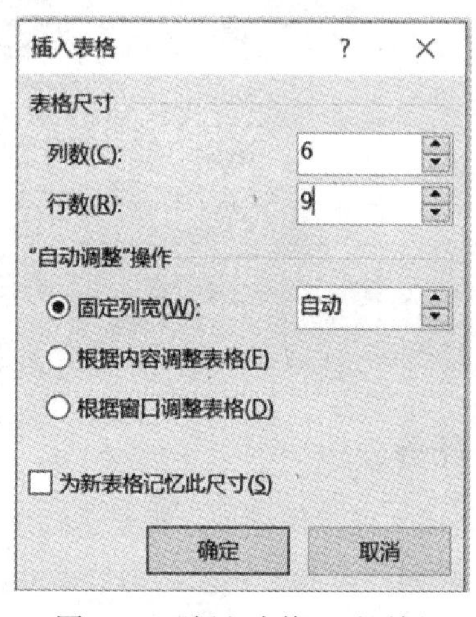

图3-73 “插入表格”对话框

4. 合并和拆分单元格

1) 合并单元格

(1) 同时选中第1行的第5个和第6个单元格，切换到“表格工具-布局”选项卡，在“合并”组中单击“合并单元格”按钮，此时两个单元格合并成一个单元格。

(2) 同时选中第2行中的第3个至第6个单元格，按照步骤1的方法，单击“合并单元格”按钮完成合并。

(3) 同时选中第9行中的第1个和第2个单元格，按照步骤1的方法，单击“合并单元格”按钮完成合并。

(4) 同时选中第9行中的第4个和第5个单元格，按照步骤1的方法，单击“合并单元格”按钮完成合并。

2) 拆分单元格

(1) 选中第1行中的第1个单元格，在“表格工具-布局”选项卡的“合并”组中单击“拆分单元格”按钮，打开“拆分单元格”对话框，设置“列数”为 2，此时一个单元格即可拆分成两个单元格。

(2) 选中第 2 行的第 3 个单元格，在“表格工具 - 布局”选项卡中的“合并”组中单击“拆分单元格”按钮，打开“拆分单元格”对话框，设置“行数”为 2，“列数”为 1，此时一个单元格即可拆分成两个单元格。接着将下面的那个单元格拆分成 4 个单元格。

5. 输入文本并调整单元格大小

(1) 向表格内输入文本，如图 3-74 所示。

询价时间	2020.05.08	询价单编号	2020-05-01	产品名称	手机
手机品牌	手机型号	报价(单位:元)			
		出厂价	批发价	零售价	备注
苹果	Iphone11 (128G)	5650	5750	5999	50 台起批
苹果	Iphone 11Pro Max (256G)	9800	10000	10899	30 台起批
荣耀	荣耀 30 (128G)	2500	2650	2999	80 起批
华为	HUAWEI P30 (128G)	4890	5200	5988	40 起批
VIVO	VIVO S6	2200	2400	2698	50 起批
OPPO	Reno3 Pro (128G)	3000	3200	3699	40 起批
填写员		李彤	审核员		周晨

图 3-74　表格内输入文本后的效果

(2) 将鼠标指针放在第 1 行的第 1 个单元格右边框上，当鼠标指针变成“ ”形状时，按住鼠标左键向右拖动，使第 1 个单元格中的文本能够显示在一行。使用同样的方法拖动其他单元格，使文本均能显示在一行，效果如图 3-75 所示。

询价时间	2020.05.08	询价单编号	2020-05-01	产品名称	手机

图 3-75　文本显示在一行的效果

(3) 选中“出厂价”“批发价”“零售价”3 列，如图 3-76 所示，切换到“布局”选项卡，在“单元格大小”组中单击“分布列”按钮，此时选中的 3 列将平均分配列宽，如图 3-77 所示。

2020-05-01	产品名称	手机	
报价(单位:元)			
出厂价	批发价	零售价	备注
5650	5750	5999	50 台起批
9800	10000	10899	30 台起批
2500	2650	2999	80 起批
4890	5200	5988	40 起批
2200	2400	2698	50 起批
3000	3200	3699	40 起批

图 3-76　选中 3 列示例

2020-05-01	产品名称	手机	
报价(单位:元)			
出厂价	批发价	零售价	备注
5650	5750	5999	50 台起批
9800	10000	10899	30 台起批
2500	2650	2999	80 起批
4890	5200	5988	40 起批
2200	2400	2698	50 起批
3000	3200	3699	40 起批

图 3-77　平均分配列宽效果图

6. 插入行

(1) 将光标插入点放在“OPPO”所在行的任意位置。

(2) 切换到“布局”选项卡，在“行和列”组中单击“在下方插入”按钮，此时光标所在列的下面就会插入一行。

(3) 在“Reno3 Pro(128G)”下一个单元格中输入“平均价”。

7. 求平均价

(1) 将光标插入点放在“出厂价”列和“平均价”行所对应的单元格中，即如图 3-78 所示的位置。

询价时间 2020.05.08	询价单编号	2020-05-01	产品名称	手机	
手机品牌	手机型号	报价(单位:元)			
		出厂价	批发价	零售价	备注
苹果	Iphone11 (128G)	5650	5750	5999	50 台起批
苹果	Iphone 11Pro Max (256G)	9800	10000	10899	30 台起批
荣耀	荣耀 30 (128G)	2500	2650	2999	80 起批
华为	HUAWEI P30 (128G)	4890	5200	5988	40 起批
VIVO	VIVO S6	2200	2400	2698	50 起批
OPPO	Reno3 Pro (128G)	3000	3200	3699	40 起批
	平均价				
填写员		李彤	审核员		周晨

图 3-78 出厂价”列和“平均值”行所对应的单元格

(2) 切换到“布局”选项卡，在“数据”组中单击“公式”按钮，打开“公式”对话框。

(3) 将“公式”文本框中的内容删除后输入“=”，将光标放在“=”后面，在“粘贴函数”下拉列表框中选择平均值函数“AVERAGE”，并在“()”中输入“above”，如图 3-79 所示。

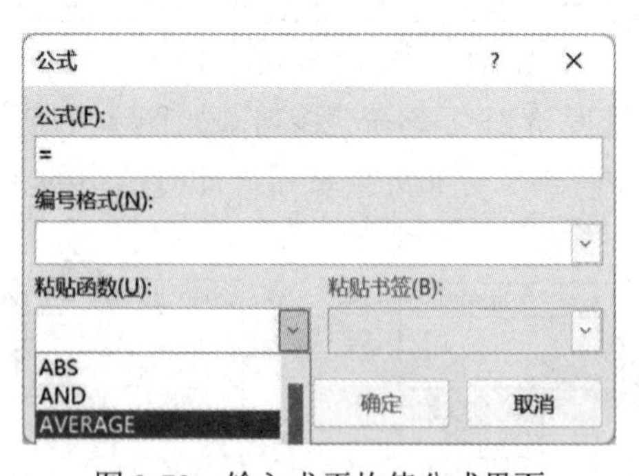

图 3-79 输入求平均值公式界面

(4) 单击“确定”按钮，会自动计算光标所在单元格上面带数字的单元格内数值的平均值，并将结果显示在光标所在的单元格。

(5) 重复以上步骤，分别计算批发价的平均价和零售价的平均价，结果如图 3-80 所示。

平均价	4673.33	4866.67	5380.33	

图 3-80 批发价的平均价和零售价的平均价结果界面

8. 排序

(1) 选中 6 个手机型号的零售价，如图 3-81 所示。

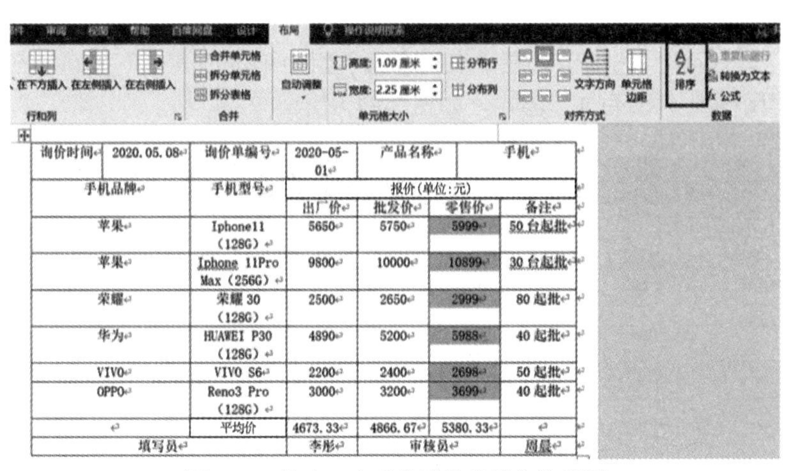

询价时间	2020.05.08	询价单编号	2020-05-01	产品名称	手机
手机品牌	手机型号	报价(单位:元)			
		出厂价	批发价	零售价	备注
苹果	Iphone11（128G）	5650	5750	5999	50 台起批
苹果	Iphone 11Pro Max（256G）	9800	10000	10899	30 台起批
荣耀	荣耀 30（128G）	2500	2650	2999	80 起批
华为	HUAWEI P30（128G）	4890	5200	5988	40 起批
VIVO	VIVO S6	2200	2400	2698	50 起批
OPPO	Reno3 Pro（128G）	3000	3200	3699	40 起批
	平均价	4673.33	4866.67	5380.33	
填写员		李彤	审核员		周晨

图 3-81　选中 6 个手机型号的零售价界面

(2) 切换到“布局”选项卡，在“数据”组中单击“排序”按钮，打开“排序”对话框，如图 3-82 所示。

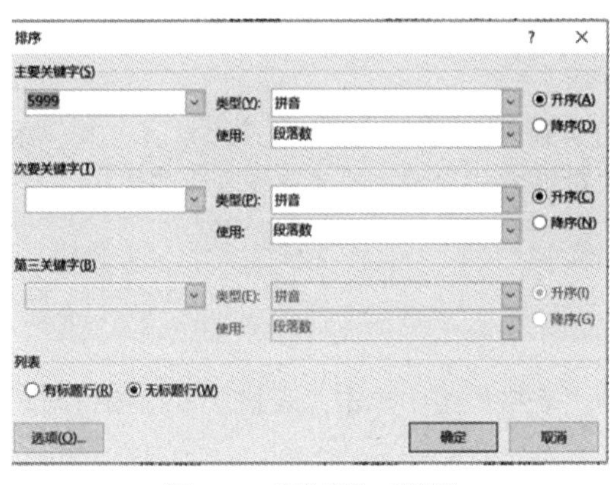

图 3-82　“排序”对话框

(3) 在“主要关键字”下拉列表框中选择“列 5”，并设置为降序，单击“确定”按钮完成排列设置，如图 3-83 所示。

询价时间	2020.05.08	询价单编号	2020-05-01	产品名称	手机
手机品牌	手机型号	报价(单位:元)			
		出厂价	批发价	零售价	备注
VIVO	VIVO S6	2200	2400	2698	50 起批
荣耀	荣耀 30（128G）	2500	2650	2999	80 起批
OPPO	Reno3 Pro（128G）	3000	3200	3699	40 起批
华为	HUAWEI P30（128G）	4890	5200	5988	40 起批
苹果	Iphone11（128G）	5650	5750	5999	50 台起批
苹果	Iphone 11Pro Max（256G）	9800	10000	10899	30 台起批
	平均价	4673.33	4866.67	5380.33	
填写员		李彤	审核员		周晨

图 3-83　降序排列后效果图

9. 自动套用格式

(1) 将鼠标指针移到表格上，表格左上角出现全选符号，单击该符号，整个表格被选中。

(2) 切换到“设计”选项卡，在“表格样式”组中单击“其他”按钮，在展开的下拉列表中选择“网格表 4- 着色 1”样式，如图 3-84 所示。

询价时间 2020.05.08	询价单编号	2020-05-01	产品名称	手机	
手机品牌	手机型号	报价(单位:元)			
		出厂价	批发价	零售价	备注
VIVO	VIVO S6	2200	2400	2698	50 起批
荣耀	荣耀 30（128G）	2500	2650	2999	80 起批
OPPO	Reno3 Pro（128G）	3000	3200	3699	40 起批
华为	HUAWEI P30（128G）	4890	5200	5988	40 起批
苹果	Iphone11（128G）	5650	5750	5999	50 台起批
苹果	Iphone 11Pro Max（256G）	9800	10000	10899	30 台起批
	平均价	4673.33	4866.67	5380.33	
填写员		李彤	审核员		周晨

图 3-84 套用格式后效果图

10. 设置文字对齐方式

选中整个表格后，切换到“布局”选项卡，在“对齐方式”组中单击“水平居中”按钮，完成单元格内文本的对齐方式设置。

3.4.4 必备知识

1. 创建表格

在“插入”选项卡的“表格”组中单击“表格”下拉按钮创建表格。

1) 插入表格

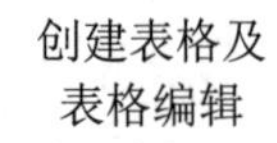

创建表格及表格编辑

(1) 将光标插入点放在要插入表格的位置。

(2) 单击“表格”下拉按钮，在其下拉列表中单击选择所需的行数和列数，即在光标插入点处插入所需要的表格；或者选择“插入表格”命令，在弹出的“插入表格”对话框中输入行数和列数，单击“确定”按钮，也可插入表格。

2) 绘制表格

(1) 单击“表格”下拉按钮，在其下拉列表中选择“绘制表格”命令，鼠标指针变为“ ”形状。

(2) 此时可以拖动鼠标在文档的任意位置绘制出任意大小的表格。

3) 快速表格

(1) 将光标插入点放在要插入表格的位置。

(2) 单击“表格”下拉按钮，在其下拉列表中选择“快速表格”命令，在其菜单中选择所需的表格样式，如图 3-85 所示，即在光标插入点处插入所需要的表格样式。

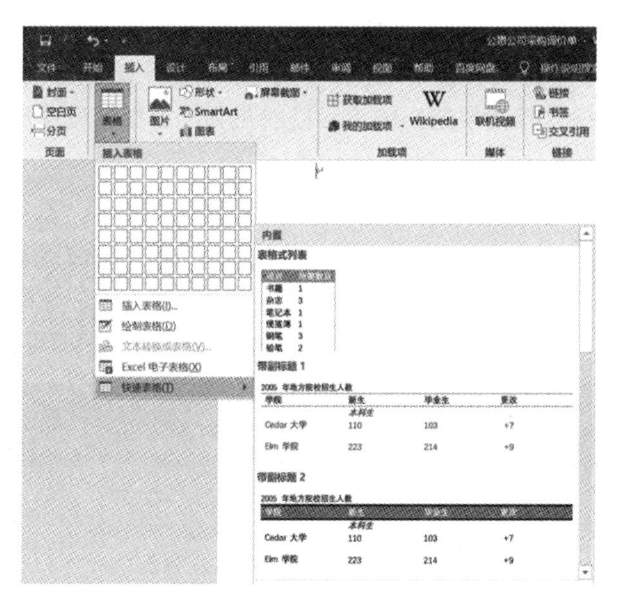

图 3-85 “快速表格”下拉界面

2. 选择表格对象

1) 选择表格

将光标放在表格中的任意位置，切换到“布局”选项卡，在“表”组中单击“选择”下拉按钮，在其下拉列表中选择“选择表格”命令，如图 3-86 所示，此时整个表格被选中。还可将光标移动到表格左上角，出现全选符号后单击该符号，即可将整个表格选中。

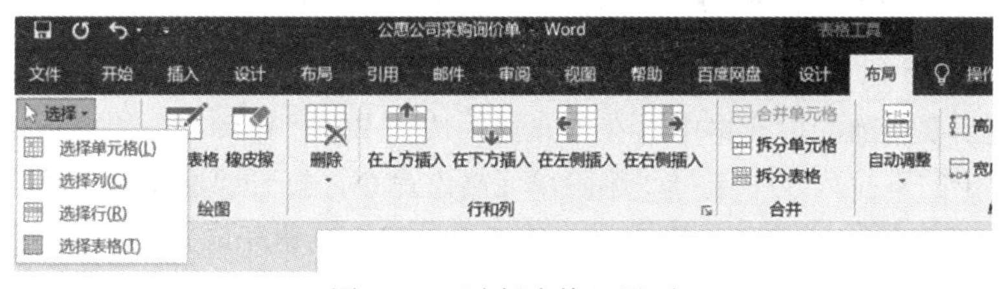

图 3-86 “选择表格”界面

2) 选择行

将光标放在要选中行的任意位置，在“布局”选项卡的“表”组中单击“选择”下拉按钮，在弹出的下拉列表中选择“选择行”命令，此时光标所在的行就会被选中。也可以将鼠标指针指向要选中行的任意单元格的左侧，当指针变成形状“➚”时，双击便可将所指的一行选中。

3) 选择列

将光标放在要选中列的任意位置，在“布局”选项卡的“表”组中单击“选择”下拉按钮，在弹出的下拉列表中选择“选择列”命令，此时光标所在的列就会被选中。也可以将鼠标指针指向要选中列的上方，当指针变成形状“⬇”时，单击便可将所指的一列选中。

4) 选中单元格

单元格是表格中行和列的交叉点，是表格中的最小单位。

将光标放在要选中的单元格上，切换到“布局”选项卡，在“表”组中单击“选择”下拉按钮，在弹出的下拉列表中选择“选择单元格”命令，此时光标所在的单元格就会被选中。也可以将鼠标指针指向要选中的单元格的左侧，当指针变成形状“➚”时，单击便可将所指的单元格选中。

3. 插入行或列

将光标放在要插入行的上一行或下一行(插入列的左一列或右一列)的任意单元格中，切换到“布局”选项卡，在“行和列”组中单击“在上方插入”或“在下方插入”(“在左侧插入”或“在右侧插入”)按钮，如图 3-87 所示，即可完成插入。

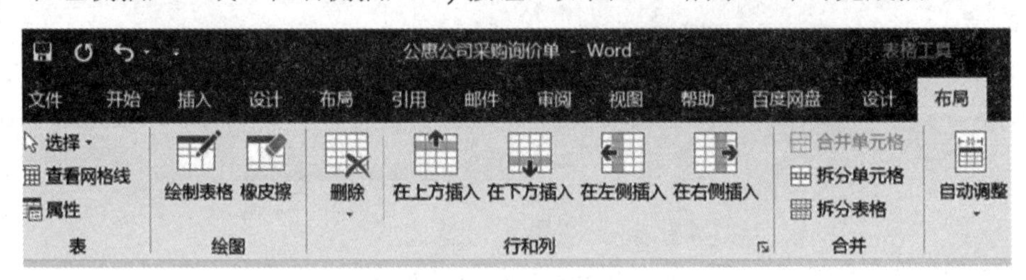

图 3-87　插入行或列界面

4. 删除行、列、单元格或表格

1) 删除行(或列、表格)

将光标放在要删除行(或列、表格)的任意单元格中，切换到“布局”选项卡，在“行和列”组中单击“删除”下拉按钮，在弹出的下拉列表中选择“删除行”(或“删除列”“删除表格”)命令，如图 3-88 所示，即可完成删除操作。

2) 删除单元格

将光标置于要删除的单元格中，在“布局”选项卡的“行和列”组中单击“删除”下拉按钮，在弹出的下拉列表中选择“删除单元格”命令，打开“删除单元格”对话框，如图 3-89 所示，选中删除后的单元格样式，单击“确定”按钮完成删除。

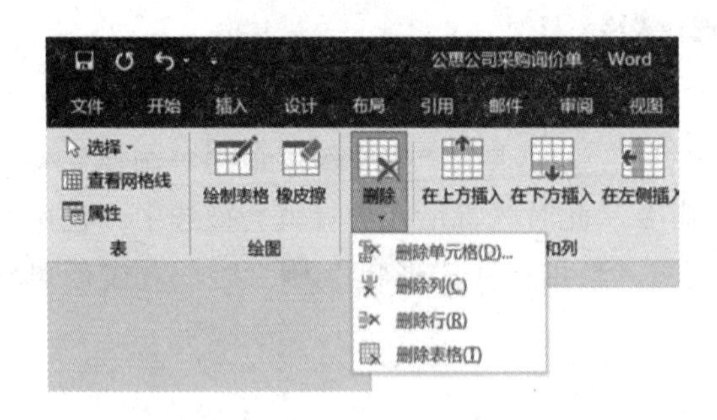

图 3-88　删除行(或列、表格)界面

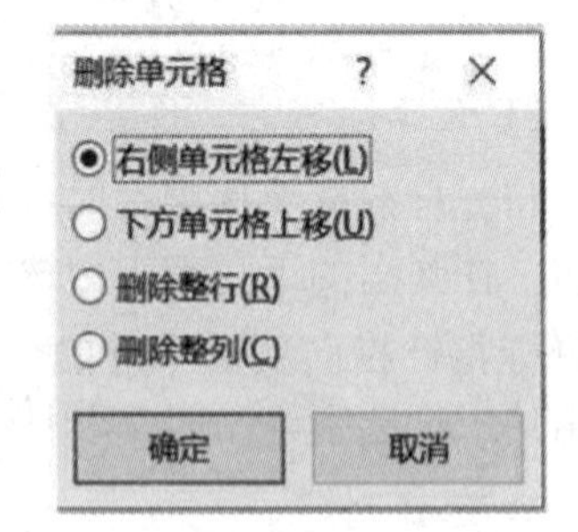

图 3-89　“删除单元格”界面

5. 调整行高和列宽

1) 准确调整

将光标放在要调整的行或列的任意单元格中，切换到“布局”选项卡，在“单元格大小”组的“高度”和“宽度”文本框中输入相应的数值即可，如图 3-90 所示。

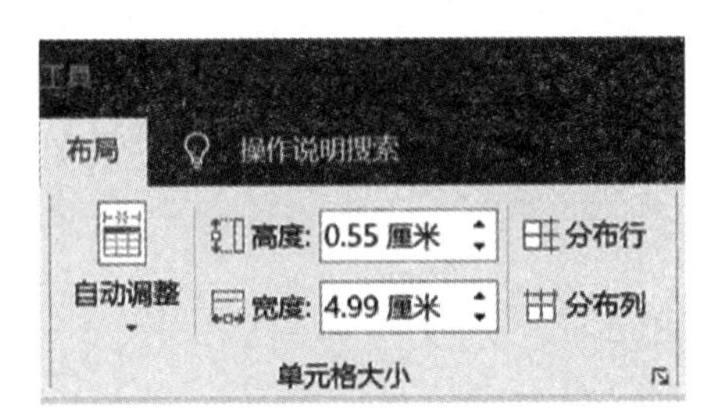

图 3-90　准确调整单元格大小界面

2) 鼠标拖动调整

将鼠标指针指向行或列的边线，当鼠标指针变成“ ”或形状“ ”时，按鼠标左键，这时边线变成虚线，再拖动鼠标来调整宽度或高度。

6. 合并、拆分单元格

1) 合并单元格

合并单元格指将两个或两个以上的单元格合并成一个单元格，操作方法为：选中要合并的多个单元格，切换到“布局”选项卡，在“合并”组中单击“合并单元格”按钮，此时多个单元格就合并成一个单元格了。

2) 拆分单元格

拆分单元格指将一个或多个单元格分成多个单元格，操作方法为：选中要拆分的一个或多个单元格，切换到“布局”选项卡，在“合并”组中单击“拆分单元格”按钮，打开“拆分单元格”对话框，如图 3-91 所示。在该对话框中输入想要拆分的列数和行数，单击“确定”按钮完成拆分。

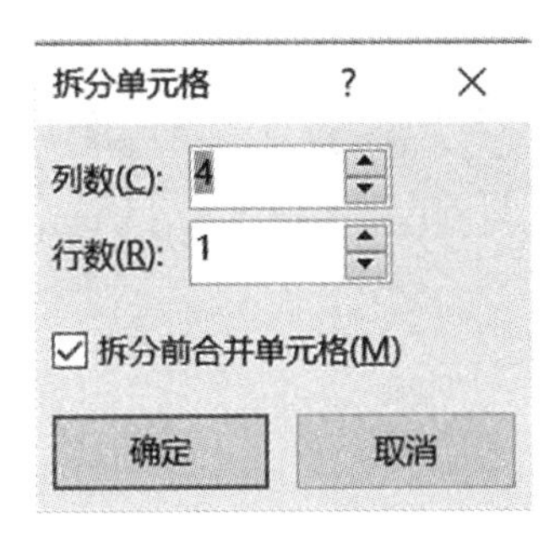

图 3-91　“拆分单元格”界面

7. 美化表格

1) 设置边框

(1) 选中要设置边框的表格、行、列或单元格。

(2) 切换到“设计”选项卡，在“边框”组中对“笔样式”“笔画粗细”和“笔颜色”进行设置，如图 3-92 所示。

(3) 单击“表格样式”组中的“边框”下拉按钮，在弹出的下拉列表中选择框线类型，如图 3-93 所示。

表格中输入内容及格式设置、设置表格边框和底纹

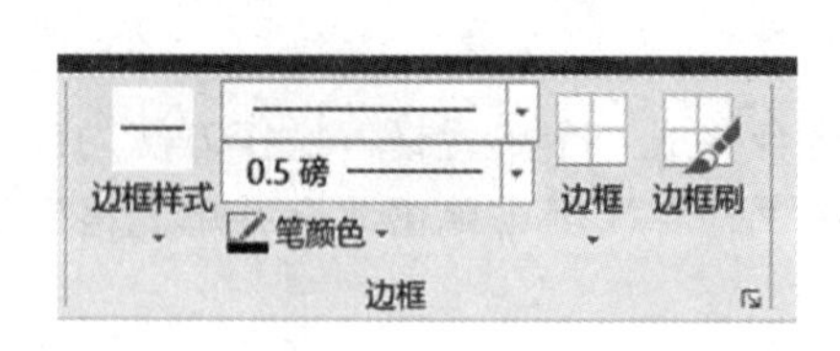

图 3-92 “边框”组界面

图 3-93 “边框”下拉列表界面

2) 设置底纹

(1) 选中要设置底纹的行、列、单元格或整个表格。

(2) 切换到“设计”选项卡，在“表格样式”组中单击“底纹”下拉按钮，在弹出的下拉列表中选择需要填充的底纹颜色，如图 3-94 所示。

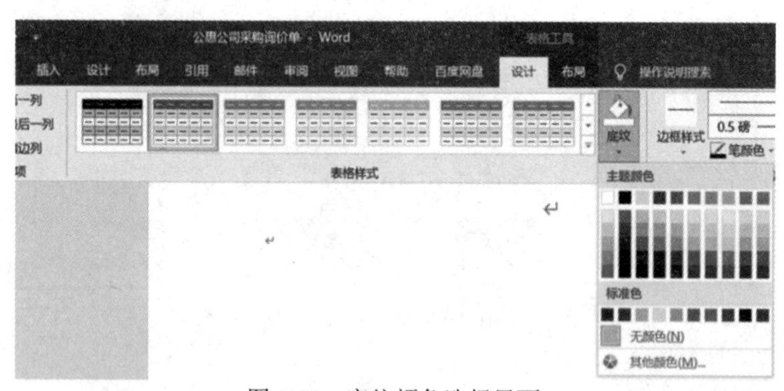

图 3-94 底纹颜色选择界面

8. 套用格式

Word 2016 提供了丰富的表格样式，套用现成的表格样式是一种快捷的方法，操作方法如下：

(1) 选中要套用格式的表格。

(2) 切换到“设计”选项卡，在“表格样式”组中单击“其他”按钮，在展开的下拉列表中选择要套用的样式。

3.4.5 训练任务

表格的高级操作

1. 制作学生成绩单

请用 Word 2016 制作学生成绩表，成绩表的最终效果图如图 3-95 所示。

一年级成绩表					
学号	姓名	语文	数学	英语	总分
A0010	朱兆祥	113	134	101	348
A0008	邓同智	105	117	139	361
A0011	王晓芬	124	131	107	362
A0009	朱仙明	118	106	142	366
A0001	苏明发	112	136	119	367
A0005	谭晓婷	137	107	124	368
A0004	李玉婷	109	121	141	371
A0006	金海莉	118	123	138	379
A0007	肖友海	120	119	140	379
A0003	董一敏	126	140	126	392
A0002	林平生	135	128	136	399
班级学科平均分		119.73	123.82	128.45	

图 3-95　成绩表的最终效果图

2. 对文档进行排版

具体的排版要求如下：

(1) 在文档中插入表格，输入学生成绩内容。输入内容如图 3-96 所示。并且将标题“一年级成绩表”设置为“居中、三号、宋体、加粗”。其余内容均为“居中、宋体、五号”字体，其中表头以及“班级学科平均分”为“加粗”。

一年级成绩表					
学号	**姓名**	**语文**	**数学**	**英语**	**总分**
A0001	苏明发	112	136	119	
A0002	林平生	135	128	136	
A0003	董一敏	126	140	126	
A0004	李玉婷	109	121	141	
A0005	谭晓婷	137	107	124	
A0006	金海莉	118	123	138	
A0007	肖友海	120	119	140	
A0008	邓同智	105	117	139	
A0009	朱仙明	118	106	142	
A0010	朱兆祥	113	134	101	
A0011	王晓芬	124	131	107	
班级学科平均分					

图 3-96　内容输入示例

(2) 用公式计算总分以及学科平均分。

(3) 表格数据按总分从高到低排列。

(4) 设置表格的边框格式：上下边框均为“红色、4.5 磅”。标题行表格填充为“蓝色”。

3. 制作个人简历

完成制作个人简历，如图 3-97 所示。

<table>
<tr><th colspan="6">个 人 简 历</th></tr>
<tr><td rowspan="7">基本信息</td><td>姓名</td><td>朱晓晓</td><td>性别</td><td>女</td><td rowspan="4"></td></tr>
<tr><td>出生日期</td><td>2000-08-09</td><td>民族</td><td>汉</td></tr>
<tr><td>身高</td><td>165cm</td><td>政治面貌</td><td>团员</td></tr>
<tr><td>户口所在地</td><td>江西省宜春市</td><td>毕业院校</td><td>宜春职业技术学院</td></tr>
<tr><td>目前所在地</td><td colspan="2">江西省宜春市</td><td>最高学历</td><td>专科</td></tr>
<tr><td>所修专业</td><td colspan="2">会计学</td><td>人才类型</td><td>应届毕业生</td></tr>
<tr><td>联系电话</td><td colspan="2">1361234××××</td><td>电子邮件地址</td><td>ZXX@126.com</td></tr>
<tr><td>求职意向</td><td colspan="5">求职类型：全职
应聘职位：会计</td></tr>
<tr><td>教育培训经历</td><td colspan="5">2017 年 9 月～ 2020 年 6 月：宜春职业技术学院</td></tr>
<tr><td>参加社会实践经历</td><td colspan="5">2019 年 7 月～ 12 月：伟晟图文印刷厂实习财务；
2017 年 9 月～ 2019 年 6 月：学生会信息网络部新闻组记者；
2017 年 9 月～ 2018 年 6 月：繁星棋社外联部干事</td></tr>
<tr><td>所获奖励</td><td colspan="5">2018 年 11 月获得“学生会工作积极分子”的称号；
2019 年 3 月获得“党校学习积极分子”的称号；
2018 至 2019 年度“五四”评优中获得“优秀团员”称号；
2020 年 4 月获得系级“优秀实习生”称号</td></tr>
<tr><td>语言水平</td><td colspan="5">英语：熟悉 级别：四级
普通话：精通
韩语：良好</td></tr>
<tr><td>计算机能力</td><td colspan="5">有全国计算机等级考试二级证书；
能熟练运用 Word、Excel 等；
会使用“用友”财务软件；
会使用 Photoshop、Dreamweaver、VFP 等软件</td></tr>
<tr><td>自我评价</td><td colspan="5">具有强烈的团队精神及坚毅的品质；能够承受工作压力。责任心强并具有敬业精神，敢于接受挑战。工作热情高，能认真完成上司交给的任务，做好本职工作。在人与人之间的协调沟通方面有很强的能力</td></tr>
</table>

图 3-97 个人简历样文

评价反馈

学生自评表

任务		完成情况记录
课前	通过预习概括本节知识要点	
	预习过程中提出疑难点	
课中	对自己整堂课的状态评价是否满意？学习过程中是否能跟上老师的节奏？	
	课前预习过程中的疑难点是否弄懂解决？	
	是否能按时独立完成课堂相关任务？过程中的难点在哪里？	
课后	课后训练任务完成情况	
收获		
对自己本堂课学习效果总体评价		

学生互评表

序号	评价项目	小 组 互 评
1	任务是否按时完成	
2	任务完成上交情况	
3	作品质量	
4	小组成员合作面貌	
5	创新点	

教师评价表

序号	评价项目	自我评价	互相评价	教师评价	综合评价
1	学生课前预习				
2	规范操作				
3	完成质量				
4	关键操作要领掌握				
5	完成速度				
6	沟通协作				

注：评价档次统一采用 A(优秀)、B(良好)、C(合格)、D(努力) 4 个等级。

任务5 毕业论文排版

3.5.1 任务描述

通过本任务的练习，用户可以掌握长文档的编辑操作，最终制作完成的毕业论文效果如图 3-98 所示。

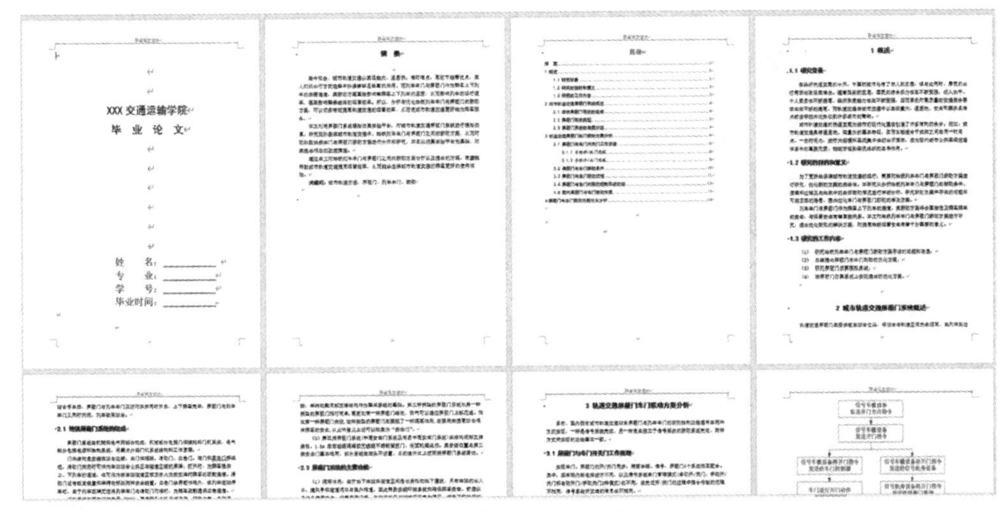

图 3-98 毕业论文效果图

3.5.2 任务分析

毕业论文是一种严谨的学术报告，目的在于考查学生整个学习阶段的成果，培养学生的基本科研写作能力，所以毕业论文排版的每一项工作都应该按照标准进行。毕业论文文档排版规则如下：

(1) 页面设置：毕业论文 (设计) 统一用 A4 纸打印。页边距设置为：上 2.5 cm，下 2.5 cm，左 3 cm，右 2 cm。

(2) 封面：题目使用“宋体、一号、加粗、居中”，题目是对毕业论文 (设计) 的高度概括，要求简明、易读，字数应在 20 以内；学生姓名、学号、专业等用“宋体、三号、左对齐、加下划线”，学号用“Times New Roman”字体。

(3) 摘要：字体为“黑体、居中”，字号为“三号”，段落要求段后 0.5 行，段前为 0 行。

(4) 目录：字体为“宋体、居中、加粗”，字号为“三号”，段后 0.5 行，段前为 0 行。

(5) 论文正文中的各级标题。

① 一级标题：字体为“黑体”，字号为“三号”，文字“加粗”，对齐方式为“居中”，段落要求段前为 1 行，段后 1 行，1.5 倍行距。

② 二级标题：字体为“黑体”，字号为“四号”，段落要求“左对齐”，段前为 0.5 行，段后 0.5 行，1.5 倍行距。

③ 三级标题：字体为“楷体”，字号为“小四”号。段落要求“左对齐”，段前为 0.5

行，段后 0.5 行，1.25 倍行距。

(6) 论文中各组成部分的正文：中文字体为“宋体”，西文字体为“Times New Roman”，字号为“小四”号，首行缩进 2 字符；除已说明的行距外，其他正文均采用 1.25 倍行距。

(7) 论文中的图片：插入图片后，选择环绕方式为“嵌入型”，对齐方式为“居中”；每张图片有图序和图名，并在图片正下方居中书写。图序采用“图 1-1”的格式，并在其后空两格书写图名；图名的中文字体为“宋体”，西文字体为“Times New Roman”，字号为“五号”。

(8) 论文中的表格 (如果有)：对齐方式为“居中”；单元格中的内容对齐方式为“居中”，中文字体为“宋体”，西文字体为“Times New Roman”，字号均为“五号”，标题行文字“加粗”；每张表格有表序和表题，并在表格正上居中。表序采用“表 1.1”的格式，并在其后空两格写标题；表名的中文字体为“宋体”，西文字体为“Times New Roman”，字号为“五号”。

(9) 参考文献：字体是“Times New Roman”，字号为“小四”，1.5 倍行距。

(10) 页眉、页脚设置。

① 页眉：中文字体为“宋体”，西文字体为“Times New Roman”，字号为“五号”；采用“单倍行距、居中对齐”。

② 页脚：中文字体为“宋体”，西文字体为“Times New Roman”，字号为“五号”；采用“单倍行距、居中对齐”；页脚中显示当前页的页码。

3.5.3 任务实现

(1) 新建一个 Word 文档，然后按照先后次序将论文所需的正文全部输入文档中，如图 3-99 所示。

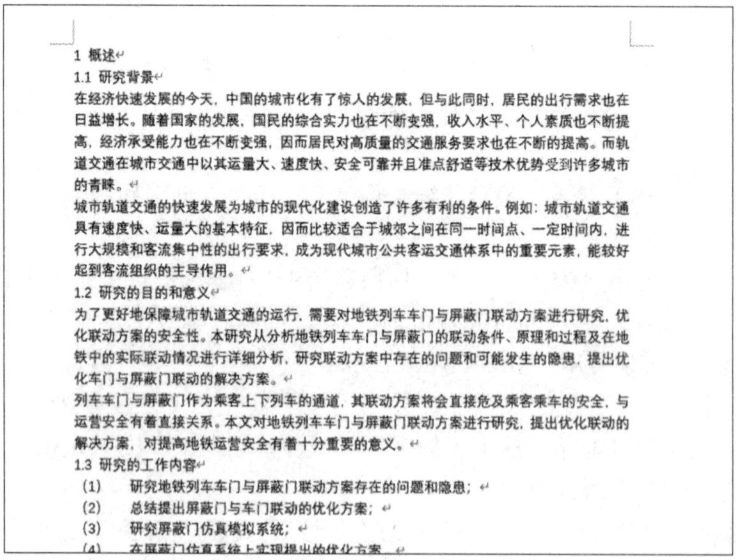

1 概述

1.1 研究背景

在经济快速发展的今天，中国的城市化有了惊人的发展，但与此同时，居民的出行需求也在日益增长。随着国家的发展，国民的综合实力也在不断变强，收入水平、个人素质也不断提高，经济承受能力也在不断变强，因而居民对高质量的交通服务要求也在不断的提高。而轨道交通在城市交通中以其运量大、速度快、安全可靠并且准点舒适等技术优势受到许多城市的青睐。

城市轨道交通的快速发展为城市的现代化建设创造了许多有利的条件。例如：城市轨道交通具有速度快、运量大的基本特征，因而比较适合于城郊之间在同一时间点、一定时间内，进行大规模和客流集中性的出行要求，成为现代城市公共客运交通体系中的重要元素，能较好起到客流组织的主导作用。

1.2 研究的目的和意义

为了更好地保障城市轨道交通的运行，需要对地铁列车车门与屏蔽门联动方案进行研究，优化联动方案的安全性。本研究从分析地铁列车车门与屏蔽门的联动条件、原理和过程及在地铁中的实际联动情况进行详细分析，研究联动方案中存在的问题和可能发生的隐患，提出优化车门与屏蔽门联动的解决方案。

列车车门与屏蔽门作为乘客上下列车的通道，其联动方案将会直接危及乘客乘车的安全，与运营安全有着直接关系。本文对地铁列车车门与屏蔽门联动方案进行研究，提出优化联动的解决方案，对提高地铁运营安全有着十分重要的意义。

1.3 研究的工作内容

(1) 研究地铁列车车门与屏蔽门联动方案存在的问题和隐患；

(2) 总结提出屏蔽门与车门联动的优化方案；

(3) 研究屏蔽门仿真模拟系统；

(4) 在屏蔽门仿真系统上实现提出的优化方案

图 3-99 正文输入示例图

(2) 按照论文的要求开始为正文进行版式设计。首先设置论文正文中的一级标题格式，按照要求，设置一级标题格式为“字体：黑体、三号、加粗、居中”“段落：段前为 1 行，段后 1 行，1.5 倍行距”，效果如图 3-100 所示。

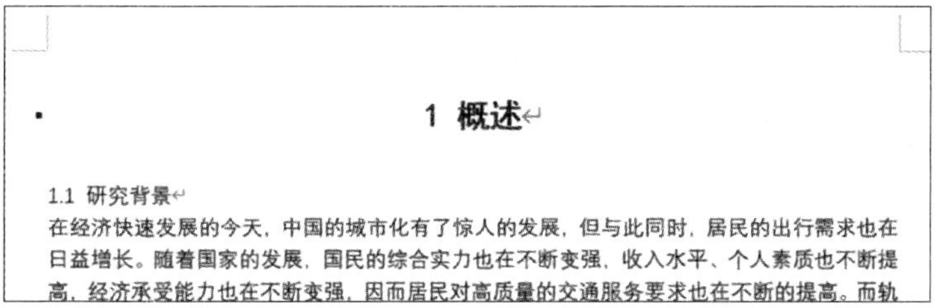

1 概述

1.1 研究背景

在经济快速发展的今天，中国的城市化有了惊人的发展，但与此同时，居民的出行需求也在日益增长。随着国家的发展，国民的综合实力也在不断变强，收入水平、个人素质也不断提高，经济承受能力也在不断变强，因而居民对高质量的交通服务要求也在不断的提高。而轨

图 3-100　一级标题设置效果图

小贴士：在设置一级标题以及后面的二级、三级标题时，需要选中相应的标题，单击“开始”选项卡的“样式”组中相应的标题级别，然后对各级标题的格式进行设置，否则在插入目录时将无法生成目录。

(3) 设置二级标题的格式为“字体：黑体、四号”“段落：左对齐，段前为 0.5 行，段后 0.5 行，1.5 倍行距”，效果如图 3-101 所示。

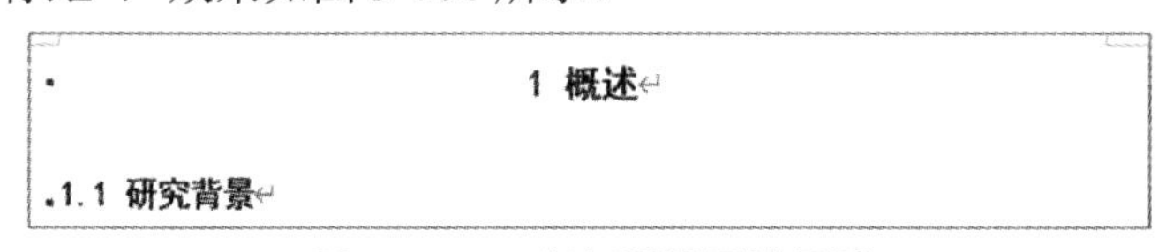

图 3-101　二级标题设置效果图

(4) 设置正文的格式。参照设计要求，正文格式为“中文字体为宋体，西文字体为 Times New Roman，字号为小四号，首行缩进 2 字符；除已说明的行距外，其他正文均采用 1.25 倍行距”。

小贴士：在设置正文样式的时候，为了让全篇内容快速地统一格式，并且后期方便更改，推荐通过在样式窗口中设置“正文”样式中的格式来整体设置正文内容的格式，包括字体和段落，操作界面如图 3-102 所示。

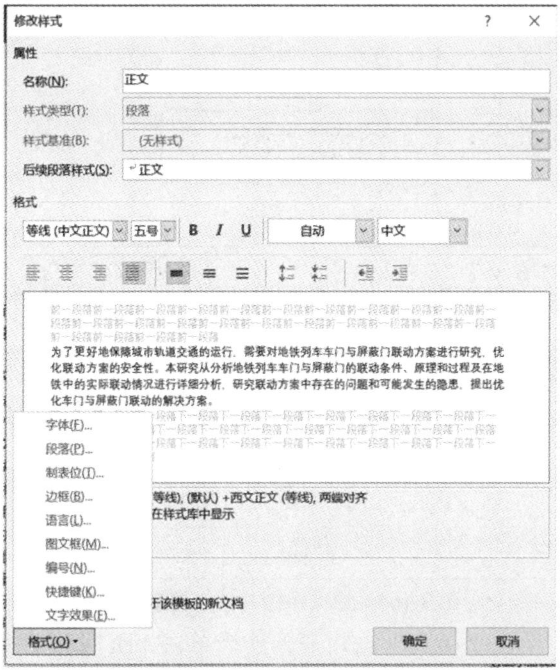

修改样式
属性
名称(N): 正文
样式类型(T): 段落
样式基准(B): (无样式)
后续段落样式(S): 正文
格式
等线 (中文正文)　五号　B　I　U　自动　中文
为了更好地保障城市轨道交通的运行，需要对地铁列车车门与屏蔽门联动方案进行研究，优化联动方案的安全性。本研究从分析地铁列车车门与屏蔽门的联动条件、原理和过程及在地铁中的实际联动情况进行详细分析，研究联动方案中存在的问题和可能发生的隐患，提出优化车门与屏蔽门联动的解决方案。
字体(F)...
段落(P)...
制表位(T)...
边框(B)...
语言(L)...
图文框(M)...
编号(N)...
快捷键(K)...
文字效果(E)...
等线), (默认) +西文正文 (等线), 两端对齐
在样式库中显示
于该模板的新文档
格式(O)
确定　取消

图 3-102　统一修改正文格式的操作界面

正文设置完成的效果如图 3-103 所示。

1 概述

1.1 研究背景

在经济快速发展的今天，中国的城市化有了惊人的发展，但与此同时，居民的出行需求也在日益增长。随着国家的发展，国民的综合实力也在不断变强，收入水平、个人素质也不断提高，经济承受能力也在不断变强，因而居民对高质量的交通服务要求也在不断的提高。而轨道交通在城市交通中以其运量大、速度快、安全可靠并且准点舒适等技术优势受到许多城市的青睐。

城市轨道交通的快速发展为城市的现代化建设创造了许多有利的条件。例如：城市轨道交通具有速度快、运量大的基本特征，因而比较适合于城郊之间在同一时间点、一定时间内，进行大规模和客流集中性的出行要求，成为现代城市公共客运交通体系中的重要元素，能较好起到客流组织的主导作用。

图 3-103　正文设置完成的效果图

(5) 设置论文中图片的格式。将光标插入点放在需要插入图片的位置，切换到“插入”选项卡，在“插图”组中单击“图片”按钮，在打开的“插入图片”对话框中选择相应的图片，单击“插入”按钮即可完成插入。

选中图片，切换到“格式”选项卡，在“排列”组中单击“环绕文字”下拉按钮，在弹出的下拉列表中选择“嵌入型”选项。然后在图片正下方输入图序和图题，注意图序和图题之间需要空两格，图题的中文字体为“宋体”，西文字体为“Times New Roman”，字号为“五号”，“居中对齐”，效果如图 3-104 所示。

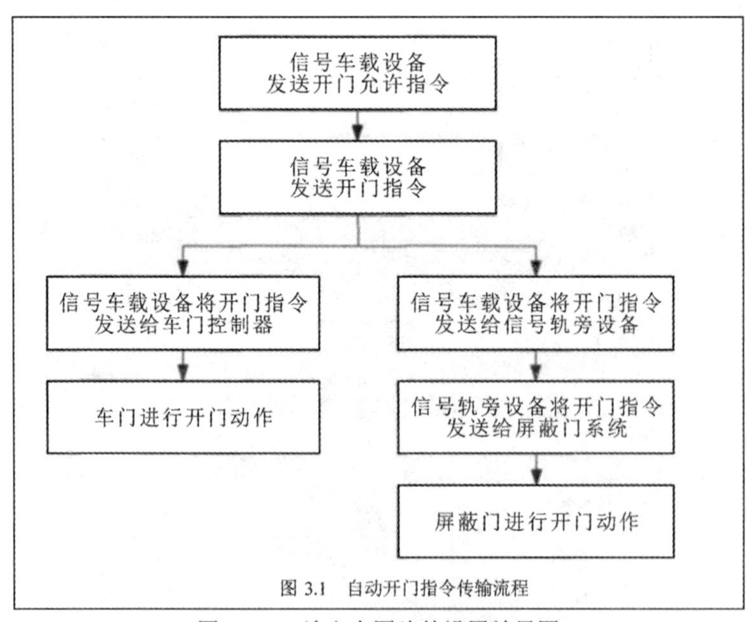

图 3-104　论文中图片的设置效果图

(6) 设置页眉。切换到“插入”选项卡，然后单击“页眉和页脚”组中的“页眉”下拉按钮，在弹出的下拉列表中选择“编辑页眉”选项，如图 3-105 所示。

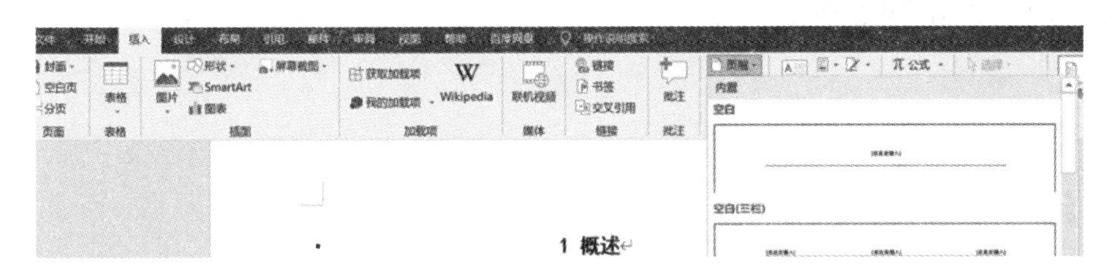

图 3-105 “页眉”下拉列表

在页眉中输入“毕业论文设计”，字号为“五号”，设置“单倍行距、居中对齐”，如图 3-106 所示。

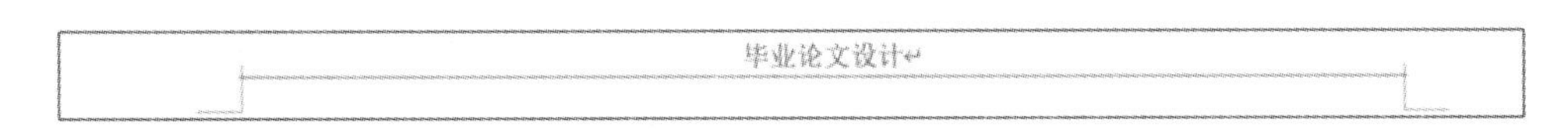

图 3-106 页眉设置效果图

(7) 设置页脚。参考步骤 6，在“页眉和页脚”组中单击“页码”下拉按钮，在弹出的下拉列表中选择“页面底端”→“普通数字 2”选项，设置完成的效果如图 3-107 所示。

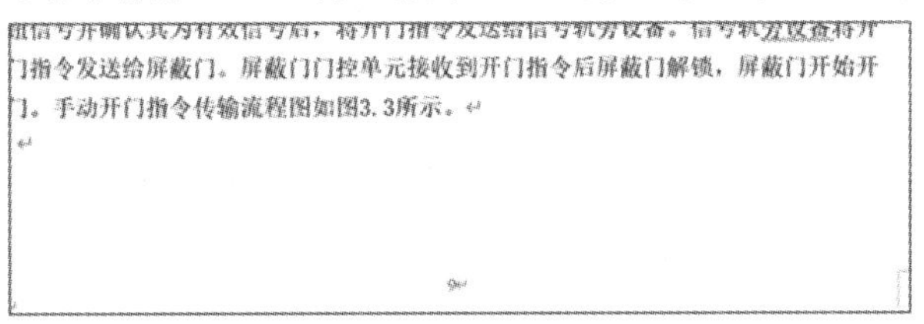

图 3-107 页脚设置效果图

(8) 在正文的前面插入“摘要”部分的内容，并按照摘要的格式要求进行设置，效果如图 3-108 所示。

摘　要

当今社会，城市轨道交通以其运能大、速度快、准时准点、高效节能等优点，在人们的出行方式选择中扮演着举足轻重的作用。而列车车门与屏蔽门作为乘客上下列车的主要通道，其联动方案直接影响着乘客上下列车的速度，从而影响列车的运行速率，甚至影响整条线路的运营效率。所以，分析与优化地铁列车车门与屏蔽门的联动方案，可以切实有效提高轨道交通的运营效率，从而使城市轨道交通更好地为乘客服务。

本文利用屏蔽门系统模拟仿真实验平台，对城市轨道交通屏蔽门系统进行模拟仿真，研究现阶段在城市轨道交通中，地铁列车车门与屏蔽门之间的联动方案，从而对现阶段地铁车门与屏蔽门联动方案进行分析和研究，并且以仿真实验平台为基础，对其提出相应的改进措施。

通过本文对地铁列车车门与屏蔽门之间的联动方案分析以及提出的方案，希望能帮助城市轨道交通提高运营效率，从而能给选择城市轨道交通的乘客更好的使用体验。

关键词：城市轨道交通，屏蔽门，列车车门，联动

图 3-108 摘要设置效果图

(9) 插入目录。将光标定位到相应的位置，在本文档中定位于“摘要”一页的后面，然后切换到“引用”选项卡，在“目录”组中单击“目录”下拉按钮，在弹出的下拉列表中选择“自动目录 1”选项，如图 3-109 所示。

插入的目录如图 3-110 所示。

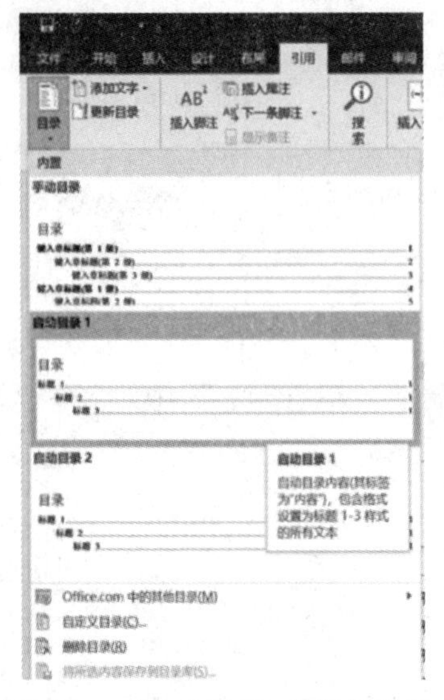

图 3-109 “自动目录 1”操作界面

毕业论文设计

目录

摘 要 2
1 概述 5
1.1 研究背景 5
1.2 研究的目的和意义 5
1.3 研究的工作内容 5
2 城市轨道交通屏蔽门系统概述 5
2.1 地铁屏蔽门系统的组成 6
2.2 屏蔽门系统类型 6
2.3 屏蔽门系统的主要功能 7
3 轨道交通屏蔽门车门联动方案分析 8
3.1 屏蔽门与车门开关门工作原理 8
3.1.1 自动开/关门流程 8
3.1.2 手动开/关门流程 10
3.2 屏蔽门与车门联动条件 12
3.3 屏蔽门与车门联动过程 13
3.4 屏蔽门与车门的联动控制系统功能 15
3.5 国内屏蔽门与车门联动方案 15
4 屏蔽门与车门联动方案优化分析 16

图 3-110 插入的目录效果图

(10) 按照格式要求设置目录格式，最终效果如图 3-111 所示。

(11) 在“摘要”前面插入封面，按照封面样式进行设置，设置完之后进行页面边距的设置。切换到“布局”选项卡，单击“页面设置”组的组按钮，弹出“页面设置”对话框，在“页边距”选项卡下设置页边距为上 2.5 cm、下 2.5 cm、左 3 cm、右 2 cm，如图 3-112 所示。

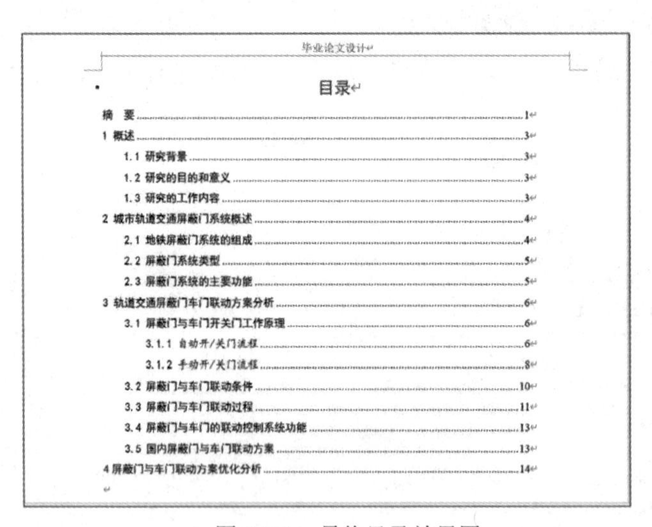

毕业论文设计

目录

摘 要 1
1 概述 3
1.1 研究背景 3
1.2 研究的目的和意义 3
1.3 研究的工作内容 3
2 城市轨道交通屏蔽门系统概述 4
2.1 地铁屏蔽门系统的组成 4
2.2 屏蔽门系统类型 5
2.3 屏蔽门系统的主要功能 5
3 轨道交通屏蔽门车门联动方案分析 6
3.1 屏蔽门与车门开关门工作原理 6
3.1.1 自动开/关门流程 6
3.1.2 手动开/关门流程 8
3.2 屏蔽门与车门联动条件 10
3.3 屏蔽门与车门联动过程 11
3.4 屏蔽门与车门的联动控制系统功能 13
3.5 国内屏蔽门与车门联动方案 13
4 屏蔽门与车门联动方案优化分析 14

图 3-111 最终目录效果图

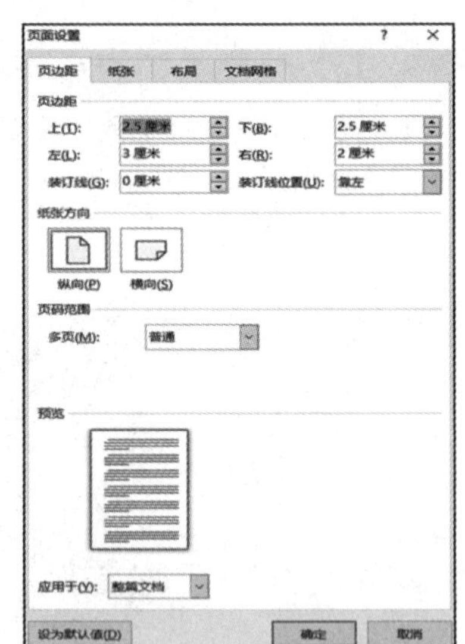

图 3-112 设置页边距操作界面

(12) 至此，毕业论文版式设计完成。

3.5.4 必备知识

1. 艺术字设置

(1) 插入艺术字。切换到“插入”选项卡，在“文本”组中单击“艺术字”下拉按钮，在弹出的下拉列表中选择艺术字样式，然后输入文字即可。

(2) 艺术字的选择、移动和艺术字大小的设置操作与图片的操作方法相同。

(3) 艺术字样式设置。

① 艺术字样式：选中艺术字，在“格式”选项卡的“形状样式”组中单击列表框右侧的滚动按钮，可在列表框中重新选择艺术字的样式，文字内容不变。

② 形状填充：选中艺术字，在“格式”选项卡的“形状样式”组中单击“形状填充”下拉按钮，在弹出的下拉列表中选择“颜色”“图片”“渐变”“纹理”等填充艺术字，如图3-113 所示。

③ 文本轮廓：选中艺术字，在“格式”选项卡的“艺术字样式”组中单击“文本轮廓”下拉按钮，在弹出的下拉列表中可以设置艺术字的主题颜色、轮廓线的粗细、轮廓线的虚实及图案，如图 3-114 所示。

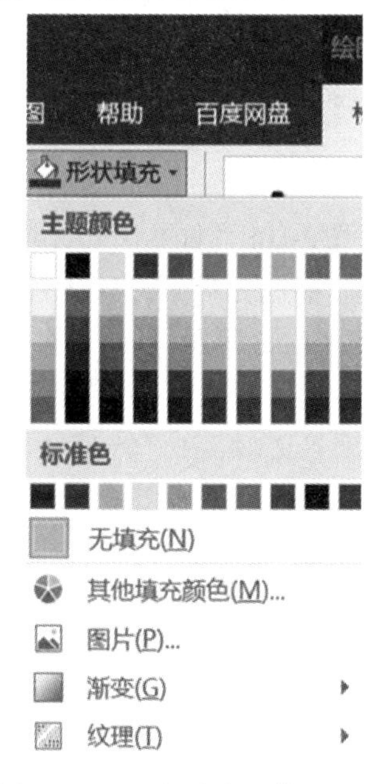

图 3-113　形状填充操作界面

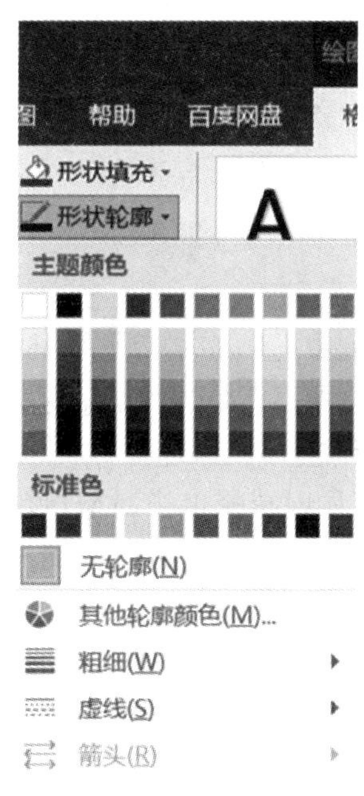

图 3-114　文本轮廓设置界面

(4) 阴影效果设置。在“绘图工具 - 格式”选项卡的“形状样式”组中设置阴影效果。

① 设置阴影效果：选中艺术字，单击“形状效果”下拉按钮，在弹出的下拉列表中选择需要的阴影样式。

② 设置阴影位置：选中艺术字，单击“阴影效果”按钮右侧的相关按钮，可以设置艺术字有无阴影及阴影的方向和位置。

(5) 三维效果设置。在“格式”选项卡的“艺术字样式”组中设置三维效果。

① 设置三维效果：选中艺术字，单击“文字效果”下拉按钮，在弹出的下拉列表中选择需要的三维效果。

② 设置三维位置：选中艺术字，单击按钮，可以设置艺术字有无三维效果及三维的方向。

2. 排列设置

选中图片、艺术字、文本框或自选图形等对象，在“格式”选项卡中的“排列”组中设置排列方式，如图 3-115 所示。

(1) 位置：设置对象与周围文字之间的环绕位置。选中对象，单击“位置”下拉按钮，在弹出的下拉列表中选择环绕方式，如图 3-116 所示。

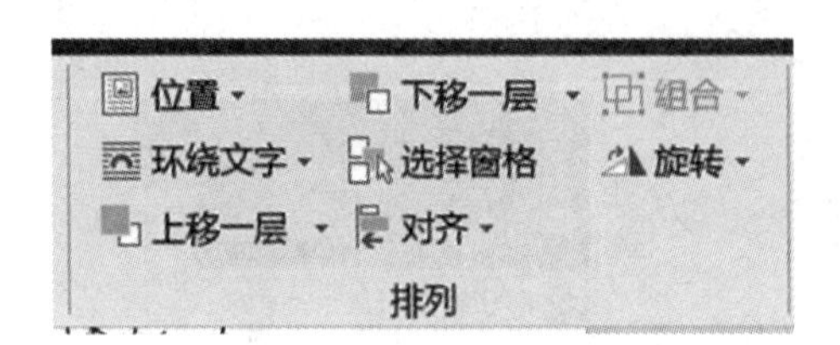

图 3-115 “排列”组界面

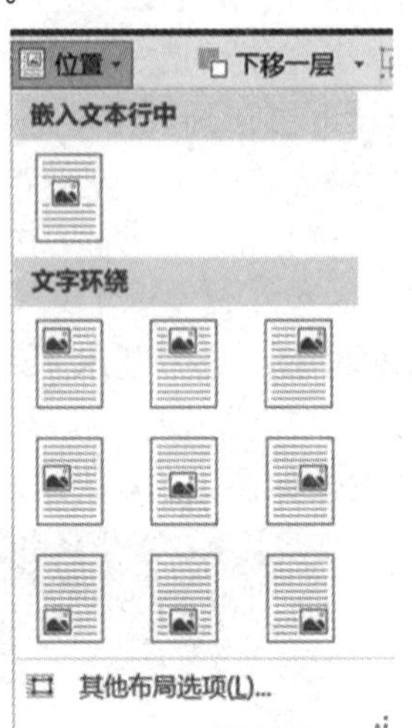

图 3-116 “位置”设置操作界面

(2) 上移一层和下移一层：在文档中插入对象时，根据先后顺序，图片在文档中显示的层次是由底到上的顺序，即最先插入的对象在最底层，之后插入的对象会把它遮盖上。调整方法是：选中要调整层次的对象，单击“下移一层”或“上移一层”下拉按钮，在弹出的下拉列表中选择对象放置的层次。

(3) 对齐：同时选择多个对象，单击“对齐”下拉按钮，在弹出的下拉列表中选择对齐方式。

(4) 组合：同时选择多个对象，单击“组合”下拉按钮，在弹出的下拉列表中选择“组合”命令完成组合。此操作是将多个对象组合成一个对象。

(5) 旋转：选中对象，单击“旋转”下拉按钮，在弹出的下拉列表中选择所需旋转的角度或翻转样式。

3. 样式及其使用

(1) 样式的概念。样式是指一组已经命名的字符格式和段落格式的集合。定义好的样式可以被多次应用，如果修改了样式，那么应用了样式的段落或文字会自动被修改。使用样式可以使文档的格式更容易统一，还可以构筑文档的大纲，使文档更有条理，编辑和修改文档更简单。

(2) 内置样式和自定义样式。Word 2016 本身自带了许多样式，称为内置样式。如果这些样式不能满足用户的全部要求，也可以创建新的样式，称为自定义样式。内置样式和自定义样式在使用和修改时没有任何区别，但是用户可以删除自定义样式，却不能删除内置样式。

(3) 字符样式和段落样式。字符样式仅适用于选定的字符，可以提供字符的字体、字号、字符间距和特殊效果等格式设置效果。段落样式可适用于一个段落，可以提供包括字体、制表位、边框、段落格式等设置效果。

(4) 应用现有的样式。将光标定位于文档中要应用样式的段落或选中相应字符，切换到“开始”选项卡，在“样式”组中单击快速样式列表框中的任意样式，即可将该样式应用于当前段落或所选字符。

(5) 修改样式。如果现有样式不符合要求，可以修改样式使之符合个性化要求。

(6) 删除样式。要删除已定义的样式，可以在“样式”任务窗格中右击样式名称，在弹出的快捷菜单中选择“删除”命令。需要注意的是，系统内建样式不能被删除。

(7) 清除样式。如果要清除已经应用的样式，可以选中要清除样式的文本，选择“开始”选项卡，单击“样式”组的组按钮，在打开的“样式”任务窗格中选择“全部清除”命令即可。

4. Word 2016 文档视图

在 Word 2016 中提供了 5 种视图：页面视图、阅读版式视图、Web 版式视图、大纲视图和草稿。用户可以在“视图”选项卡中自由切换文档视图，也可以在 Word 2016 窗口的右下方单击视图按钮切换视图。

(1) 页面视图。页面视图可以显示 Word 2016 文档的打印结果外观，主要包括页眉、页脚、图形对象、分栏设置、页面边距等元素，是最接近打印结果的页面视图。

(2) 阅读版式视图。阅读版式视图以图书的分栏样式显示 Word 2016 文档，功能区等窗口元素被隐藏起来。

(3) Web 版式视图。Web 版式视图以网页的形式显示 Word 2016 文档，适用于发送电子邮件和创建网页。

(4) 大纲视图。大纲视图主要用于 Word 2016 文档的设置和显示标题的层级结构，可以方便地折叠和展开各种层级的文档，广泛用于长文档的快速浏览和定位。

(5) 草稿。草稿即 Word 2016 中的普通视图，它取消了页面边距、分栏、页眉页脚和图片等元素，仅显示标题和正文，是最节省计算机系统硬件资源的视图方式。

5. 自动生成目录

要实现目录的自动生成功能，必须首先完成对全文档各级标题的样式设置工作，确定插入目录的位置，进行目录的生成。

如果文档的内容在目录生成后又进行了调整，如部分页码发生了改变，此时要更新目录，使之与正文相匹配，那么只需在目录区域中右击，在弹出的快捷菜单中选择“更新域”命令，在弹出的“更新目录”对话框中选中“更新整个目录”单选按钮即可，如图 3-117 所示。

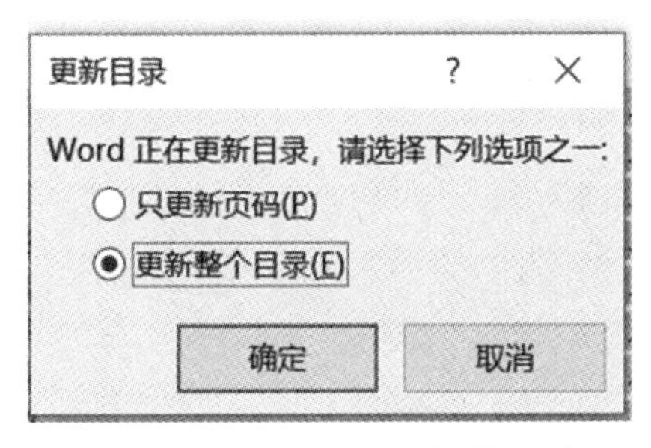

图 3-117　“更新目录”操作界面

目录生成后，可以利用目录和正文的关联对文档进行跟踪和跳转，按住 Ctrl 键单击目录中的某个标题，就能跳转到正文相应的位置。

6. 分页和分节

(1) 插入分页符。一般情况下，Word 会根据一页中能容纳的行数对文档进行自动分页。但有时一页没写满，就希望从下一页重新开始，这时就需要人工插入分页符进行强制分页。其具体操作方法是：将光标定位在需要分页的位置，切换到“插入”选项卡，在“页”组中单击“分页”按钮，就在当前位置插入了一个分页符，后面的文档内容另起一页。如果单击“空白页”按钮，将在光标处插入一个新的空白页。

在草稿中，自动分页符显示为一条横穿页面的单虚线，而人工分页符显示为标有“分页符”字样的单虚线。

如果要删除人工分页符，可以按 Delete 键或 Backspace 键。

分页符不能实现对不同的页面、页眉、页脚、页码的设置。

(2) 插入分节符。节是 Word 用来划分文档的一种方式，能实现在同一文档中设置不同的页面格式的功能。插入分节符的操作方法为：将光标定位在需要分节的位置，切换到“布局”选项卡，在“页面设置”组中单击“分隔符”下拉按钮，在弹出的下拉列表中选择需要的分节方式：

① 下一页：分节符后的文档从下一页开始显示，即分节同时分页。

② 连续：分节符后的文档与分节符前的文档在同一页显示，即分节不分页。

③ 偶数页：分节符后的文档从下一个偶数页开始显示。

④ 奇数页：分节符后的文档从下一个奇数页开始显示。

删除分节符很简单，只需像删除字符那样删除即可。

3.5.5 训练任务

制作一份产品宣传手册，根据产品的特性，要求宣传手册要符合以下要求：

(1) 封面要包含产品的名称、产品图片等，能突出产品特性的内容；

(2) 正文部分内容包括产品的属性、与其他同类产品的对比、产品的维保信息；

(3) 宣传手册制作要求实事求是，表达方式多样化，版式美观，具有感染力，文字、图片、版式等设计合理。

邮件合并

评价反馈

学生自评表

任　　务		完成情况记录
课前	通过预习概括本节知识要点	
	预习过程中提出疑难点	
课中	对自己整堂课的状态评价是否满意？学习过程中是否能跟上老师的节奏？	
	课前预习过程中的疑难点是否弄懂解决？	
	是否能按时独立完成课堂相关任务？过程中的难点在哪里？	
课后	课后训练任务完成情况	
收获		
对自己本堂课学习效果总体评价		

学生互评表

序号	评价项目	小 组 互 评
1	任务是否按时完成	
2	任务完成上交情况	
3	作品质量	
4	小组成员合作面貌	
5	创新点	

教师评价表

序号	评价项目	自我评价	互相评价	教师评价	综合评价
1	学生课前预习				
2	规范操作				
3	完成质量				
4	关键操作要领掌握				
5	完成速度				
6	沟通协作				

注：评价档次统一采用 A(优秀)、B(良好)、C(合格)、D(努力) 4 个等级。

习 题

一、选择题

1. 在 Word 文本中复制一选定的文本后，可以粘贴 (　　)。

A. 1 次　　B. 2 次　　C. 10 次　　D. 任意次

2. 在 Word 的编辑状态中，“粘贴”操作的组合键是 (　　)。

A. Ctrl+A　　B. Ctrl+C　　C. Ctrl+V　　D. Ctrl+X

3. 在 Word 中，可以用来很直观地改变段落缩进、调整左右边界和改变表格列宽的是 (　　)。

A. 工具栏　　B. 标尺　　C. 状态栏　　D. 滚动条

4. 在 Word 的编辑状态，要想为当前文档中的文字设定行间距，应当单击“开始”选项卡 → (　　)。

A.“字体”命令　　B.“段落”命令　　C.“分栏”命令　　D.“样式”命令

5.“页眉”和“页脚”命令在 (　　) 功能区中。

A.“页面布局”　　B.“视图”　　C.“插入”　　D.“引用”

6. 如果要查看或删除分节符，最好的方法是在 (　　) 视图中进行。

A. 大纲　　B. 页面　　C. Web 版式　　D. 普通

7. 在 Word 2016 中，若想将表格中的连续的 3 列的列宽调整为 1 cm，应该先选择这 3 列，然后再单击 (　　)。

A.“表格工具”中的“布局”下的操作

B.“表格工具”中的“设计”下的操作

C.“插入”选项卡的“表格”操作

D.“视图”选项卡的“拆分”按钮

8. 在 Word 中，选择了整个表格，执行了“表格工具”中的“布局”下的“删除行”，则 (　　)。

A. 整个表格被删除　　B. 表格中的一行被删除

C. 表格中的一列被删除　　D. 表格中的文字内容被删除

模块 4 Excel 2016 表格处理软件

思政园地——工匠精神

没有强大的制造业，就没有国家和民族的强盛，打造具有国际竞争力的制造业，是我国提升综合国力、保障国家安全、建设世界强国的必由之路。中国实现从“制造大国”向“制造强国”、从“中国制造”向“中国创造”的转变，一个重要方面是把更多的创新、资金转向实体经济，走出一条更多依靠人力资本集约投入、科技创新拉动的发展路子；同时，要努力培养一支宏大的高素质劳动者大军，涵养劳模精神、劳动精神、工匠精神。

知识导读

Excel 2016 是 Office 2016 办公套装软件的另一个重要成员，它是一款优秀的电子表格制作软件，利用它可以快速制作出各种美观、实用的电子表格，可以对数据进行计算、统计、分析和预测等，并可按需要将表格打印出来。本项目通过利用 Excel 2016 制作学生成绩表、职称统计表，学习在 Excel 2016 中输入数据并编辑，调整工作表结构，以及对工作表进行基本操作等的方法。

学习目标

◆ 掌握在工作表中输入和编辑数据的方法和技巧，如选择单元格、自动填充数据等；掌握编辑工作的方法，如调整行高和列宽、合并单元格等。

◆ 掌握美化工作表的方法，如设置字符格式、数字格式，设置表格边框和底纹等。

◆ 掌握公式和函数的使用方法，了解常用函数的作用，了解单元格引用的类型。

◆ 掌握对数据进行处理与分析的方法，如对数据进行排序、筛选和分类汇总，使用图标和透视表分析数据等。

任务1 创建和修饰百货公司进货报表

4.1.1 任务描述

青龙百货公司需要对 2020 年 9 月份 3 个批发部的进货情况进行整体分析统计，所以需要创建百货公司进货表，同时为了使表格更加易于观看，需要对该表格进行美化修饰处理。制作完成的 2020 年 9 月青龙百货进货表如图 4-1 所示。

2020年9月青龙百货进货表

编号	进货日期	进货地点	货物名称	单位	单价	数量	金额	经手人
1	2020-9-1	甲批发部	星期六靴子	双	560	100	¥56,000.00	吴小姐
2	2020-9-1	甲批发部	百丽靴子	双	710	150	¥106,500.00	吴小姐
3	2020-9-1	甲批发部	红蜻蜓靴子	双	680	80	¥54,400.00	吴小姐
4	2020-9-1	甲批发部	森达靴子	双	450	200	¥90,000.00	吴小姐
5	2020-9-5	乙批发部	鹿睡衣（男款）	件	80	100	¥8,000.00	李先生
6	2020-9-5	乙批发部	鹿睡衣（女款）	件	100	90	¥9,000.00	李先生
7	2020-9-5	乙批发部	鄂尔多斯羊毛衫	件	300	150	¥45,000.00	李先生
8	2020-9-5	乙批发部	达芙妮单鞋	双	150	80	¥12,000.00	李先生
9	2020-9-5	乙批发部	曼可妮单鞋	双	160	80	¥12,800.00	吴小姐
10	2020-9-5	乙批发部	361° 运动鞋	双	180	50	¥9,000.00	吴小姐
11	2020-9-5	乙批发部	红蜻蜓靴子	双	680	50	¥34,000.00	吴小姐
12	2020-9-12	丙批发部	夏先露斯	件	200	50	¥10,000.00	李先生
13	2020-9-12	丙批发部	Voca外套	件	450	50	¥22,500.00	李先生
14	2020-9-12	丙批发部	太美了外套	件	350	50	¥17,500.00	李先生
15	2020-9-12	丙批发部	圣诺兰外套	件	520	50	¥26,000.00	吴小姐
16	2020-9-15	丙批发部	爱神外套	件	450	50	¥22,500.00	吴小姐
17	2020-9-15	乙批发部	秋水伊人外套	件	120	100	¥12,000.00	吴小姐
18	2020-9-15	乙批发部	红袖坊外套	件	260	80	¥20,800.00	吴小姐
19	2020-9-15	乙批发部	蒂曼纳外套	件	220	100	¥22,000.00	李先生
20	2020-9-23	甲批发部	达芙妮单鞋	双	150	100	¥15,000.00	李先生
21	2020-9-23	甲批发部	曼可妮单鞋	双	160	80	¥12,800.00	李先生
22	2020-9-23	甲批发部	361运动鞋	双	180	50	¥9,000.00	吴小姐
23	2020-9-23	乙批发部	李宁运动鞋	双	240	120	¥28,800.00	吴小姐
24	2020-9-23	乙批发部	运动外套	件	150	100	¥15,000.00	吴小姐

2020年9月青龙百货进货表 | Sheet2 | Sheet3

图 4-1 青龙百货进货表

4.1.2 任务分析

本任务的工作重点是实现各种不同类型数据的输入，并能够实现对工作表的操作和查看，同时能够对单元格格式进行设置。完成本任务的操作步骤如下：

(1) 新建工作簿文件，命名为“2020 年 9 月青龙百货进货表 .xlsx”；

(2) 在 Sheet1 工作表中输入相关信息；

(3) 将 Sheet1 工作表标签改为“2020 年 9 月青龙百货进货表”；

(4) 设置进货表标题的格式；

(5) 编辑进货表中数据的格式，以便能直观地查看和分析数据。

4.1.3 任务实现

1. 创建新工作簿文件并保存

启动 Excel 2016 后，系统将默认新建一个空白工作簿，单击快速访问工具栏中的“保存”按钮，以“2020 年 9 月青龙百货进货表.xlsx”为文件名保存在“桌面”上。

2. 输入报表标题及数据报表的标题行

(1) 单击 A1 单元格，直接输入数据报表的标题内容“2020 年 9 月青龙百货进货表”，输入完毕后按 Enter 键即可。

(2) 在数据报表中，“标题行”指由报表数据的列标题构成的一行信息。参照图 4-1 所示，在 A2 至 I2 单元格中依次输入“编号”“进货日期”“进货地点”“货物名称”“单位”“单价”“数量”“金额”“经手人”。

3. 输入报表中的各项数据

(1)“编号”列数据的输入。该列数据为文本数据。首先选择 A3 单元格，输入“1”；然后将鼠标指针移到 A3 单元格的右下角，直至鼠标指针变成黑色的十字形状，按住鼠标左键并拖动鼠标至 A26 单元格，释放鼠标，这时所有数据会被默认填充为数字“1”，点击右下角的“自动填充选项”，选择“填充序列”，即可填充完成，如图 4-2 所示。

	A	B	C	D	E	F	G	H	I
1	2020年9月青龙百货进货表								
2	编号	进货日期	进货地点	货物名称	单位	单价	数量	金额	经手人
3	1								
4	2								
5	3								
6	4								
7	5								
8	6								
9	7								
10	8								
11	9								
12	10								
13	11								
14	12								
15	13								
16	14								
17	15								
18	16								
19	17								
20	18								
21	19								
22	20								
23	21								
24	22								
25	23								
26	24								

图 4-2　自动填充

(2)“进货日期”列数据的输入。该列数据为日期类型数据。首先选择 B3 单元格，输入“2020-9-1”，然后将鼠标指针移到 B3 单元格的右下角，直至鼠标指针变成黑色的十字形状，按住鼠标左键并拖动鼠标至 B6 单元格，释放鼠标，这时单元格数据会被默认填充为数字“2020-9-1”“2020-9-2”“2020-9-3”……序列格式，点击右下角的“自动填充选项”，选择“复制单元格”，后续日期同上操作，如图 4-3 所示。

	A	B	C	D	E	F	G	H	I
1	2020年9月青龙百货进货表								
2	编号	进货日期	进货地点	货物名称	单位	单价	数量	金额	经手人
3	1	2020-9-1							
4	2	2020-9-1							
5	3	2020-9-1							
6	4	2020-9-1							
7	5	2020-9-5							
8	6	2020-9-5							
9	7	2020-9-5							
10	8	2020-9-5							
11	9	2020-9-5							
12	10	2020-9-5							
13	11	2020-9-5							
14	12	2020-9-12							
15	13	2020-9-12							
16	14	2020-9-12							
17	15	2020-9-12							
18	16	2020-9-15							
19	17	2020-9-15							
20	18	2020-9-15							
21	19	2020-9-15							
22	20	2020-9-23							
23	21	2020-9-23							
24	22	2020-9-23							
25	23	2020-9-23							
26	24	2020-9-23							

图 4-3　填充选项填充

(3)“进货地点”“货物名称”和“单位”列数据均为文本型数据，可参考前两列数据，输入数据后，使用自动填充的“复制单元格”的方式完成输入。

(4)“单价”和“数量”列数据均为数值类型数据，输入数值型数据时，Excel 自动将其沿单元格右侧对齐。

(5)“金额”列数据为货币型数据，故需要注意格式且数值的小数点后保留两位小数。在输入数据之后可设置其单元格的格式。

选中 H3 至 H26 单元格区域，右击，在弹出的快捷菜单中选择“设置单元格格式”命令，弹出“设置单元格格式”对话框。在“数字”选项卡中的“分类”列表框中选择“货币”选项，在“小数位数”数值框中设置数值为“2”，如图 4-4 所示。

图 4-4　设置单元格格式

(6)“经手人”列数据为重复型文本数据，单元格的取值为“吴小姐”和“李先生”，这里我们可以借助数据选项卡的数据验证来完成。

选中 I3 到 I26 范围，点击功能区上方那个“数据”选项卡，选择“数据验证”，在“数据验证”对话框的“设置”选项卡中，选择“验证条件”→“允许”→“序列”，在下方的“来源”处填写“吴小姐，李先生”，注意中间的逗号为英文半角字符，如图 4-5 所示。

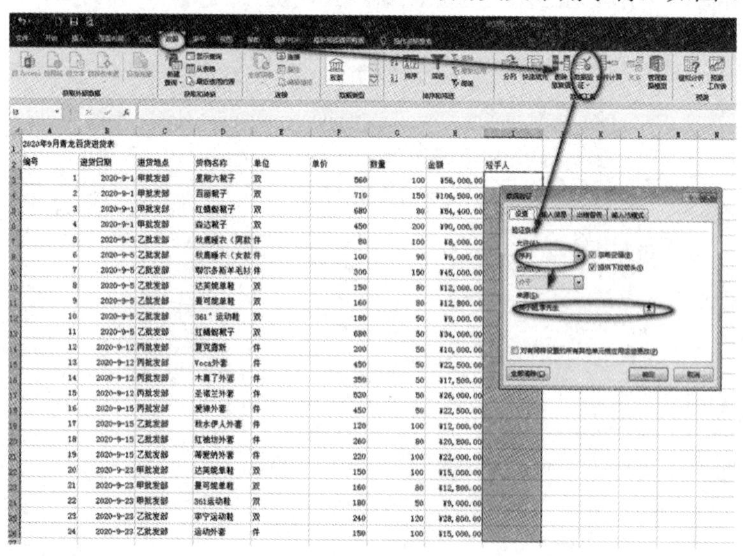

图 4-5　数据验证

这样输入数据时就可以通过单元格下方的下拉菜单来选择，对于重复数据可以采用这种输入方式。

(7) 输入完毕后的效果如图 4-6 所示。

2020年9月青龙百货进货表

编号	进货日期	进货地点	货物名称	单位	单价	数量	金额	经手人
1	2020-9-1	甲批发部	星期六靴子	双	560	100	¥56,000.00	吴小姐
2	2020-9-1	甲批发部	百丽靴子	双	710	150	¥106,500.00	吴小姐
3	2020-9-1	甲批发部	红蜻蜓靴子	双	680	80	¥54,400.00	吴小姐
4	2020-9-1	甲批发部	森达靴子	双	450	200	¥90,000.00	吴小姐
5	2020-9-5	乙批发部	秋鹿睡衣（男款	件	80	100	¥8,000.00	李先生
6	2020-9-5	乙批发部	秋鹿睡衣（女款	件	100	90	¥9,000.00	李先生
7	2020-9-5	乙批发部	鄂尔多斯羊毛衫	件	300	150	¥45,000.00	李先生
8	2020-9-5	乙批发部	达芙妮单鞋	双	150	80	¥12,000.00	李先生
9	2020-9-5	乙批发部	曼可妮单鞋	双	160	80	¥12,800.00	吴小姐
10	2020-9-5	乙批发部	361°运动鞋	双	180	50	¥9,000.00	吴小姐
11	2020-9-5	乙批发部	红蜻蜓靴子	双	680	50	¥34,000.00	吴小姐
12	2020-9-12	丙批发部	夏克露斯	件	200	50	¥10,000.00	李先生
13	2020-9-12	丙批发部	Voca外套	件	450	50	¥22,500.00	李先生
14	2020-9-12	丙批发部	木真了外套	件	350	50	¥17,500.00	李先生
15	2020-9-12	丙批发部	圣诺兰外套	件	520	50	¥26,000.00	吴小姐
16	2020-9-15	丙批发部	爱神外套	件	450	50	¥22,500.00	吴小姐
17	2020-9-15	乙批发部	秋水伊人外套	件	120	100	¥12,000.00	吴小姐
18	2020-9-15	乙批发部	红袖坊外套	件	260	80	¥20,800.00	吴小姐
19	2020-9-15	乙批发部	蒂爱纳外套	件	220	100	¥22,000.00	李先生
20	2020-9-23	甲批发部	达芙妮单鞋	双	150	100	¥15,000.00	李先生
21	2020-9-23	甲批发部	曼可妮单鞋	双	160	80	¥12,800.00	李先生
22	2020-9-23	甲批发部	361运动鞋	双	180	50	¥9,000.00	吴小姐
23	2020-9-23	乙批发部	李宁运动鞋	双	240	120	¥28,800.00	吴小姐
24	2020-9-23	乙批发部	运动外套	件	150	100	¥15,000.00	吴小姐

图 4-6　输入完毕的报表

4. 将工作表标签修改为“2020 年 9 月青龙百货进货表”

右击 Sheet1 工作表标签，在弹出的快捷菜单中选择“重命名”命令，如图 4-7 所示。

图 4-7　工作表标签

选择“重命名”命令后，可以看到 Sheet1 工作表标签变成反色显示，编辑输入“2020 年 9 月青龙百货进货表”，并按 Enter 键，更改后的效果图如图 4-8 所示。

2020年9月青龙百货进货表								
编号	进货日期	进货地点	货物名称	单位	单价	数量	金额	经手人
1	2020-9-1	甲批发部	星期六靴子	双	560	100	¥56,000.00	吴小姐
2	2020-9-1	甲批发部	百丽靴子	双	710	150	¥106,500.00	吴小姐
3	2020-9-1	甲批发部	红蜻蜓靴子	双	680	80	¥54,400.00	吴小姐
4	2020-9-1	甲批发部	森达靴子	双	450	200	¥90,000.00	吴小姐
5	2020-9-5	乙批发部	秋鹿睡衣（男款	件	80	100	¥8,000.00	李先生
6	2020-9-5	乙批发部	秋鹿睡衣（女款	件	100	90	¥9,000.00	李先生
7	2020-9-5	乙批发部	鄂尔多斯羊毛衫	件	300	150	¥45,000.00	李先生
8	2020-9-5	乙批发部	达芙妮单鞋	双	150	80	¥12,000.00	李先生
9	2020-9-5	乙批发部	曼可妮单鞋	双	160	80	¥12,800.00	吴小姐
10	2020-9-5	乙批发部	361° 运动鞋	双	180	50	¥9,000.00	吴小姐
11	2020-9-5	乙批发部	红蜻蜓靴子	双	680	50	¥34,000.00	吴小姐
12	2020-9-12	丙批发部	夏克露斯	件	200	50	¥10,000.00	李先生
13	2020-9-12	丙批发部	Voca外套	件	450	50	¥22,500.00	李先生
14	2020-9-12	丙批发部	木真了外套	件	350	50	¥17,500.00	李先生
15	2020-9-12	丙批发部	圣诺兰外套	件	520	50	¥26,000.00	吴小姐
16	2020-9-15	丙批发部	爱神外套	件	450	50	¥22,500.00	吴小姐
17	2020-9-15	乙批发部	秋水伊人外套	件	120	100	¥12,000.00	吴小姐
18	2020-9-15	乙批发部	红袖坊外套	件	260	80	¥20,800.00	吴小姐
19	2020-9-15	乙批发部	蒂爱纳外套	件	220	100	¥22,000.00	李先生
20	2020-9-23	甲批发部	达芙妮单鞋	双	150	100	¥15,000.00	李先生
21	2020-9-23	甲批发部	曼可妮单鞋	双	160	80	¥12,800.00	李先生
22	2020-9-23	甲批发部	361运动鞋	双	180	50	¥9,000.00	吴小姐
23	2020-9-23	乙批发部	李宁运动鞋	双	240	120	¥28,800.00	吴小姐
24	2020-9-23	乙批发部	运动外套	件	150	100	¥15,000.00	吴小姐

2020年9月青龙百货进货表 Sheet2 Sheet3

图 4-8 青龙百货进货表

5. 修饰、美化工作表

(1) 合并单元格。选择 A1:I1 单元格区域，然后在“开始”选项卡的“对齐方式”组中选择“合并后居中”，如图 4-9 所示。

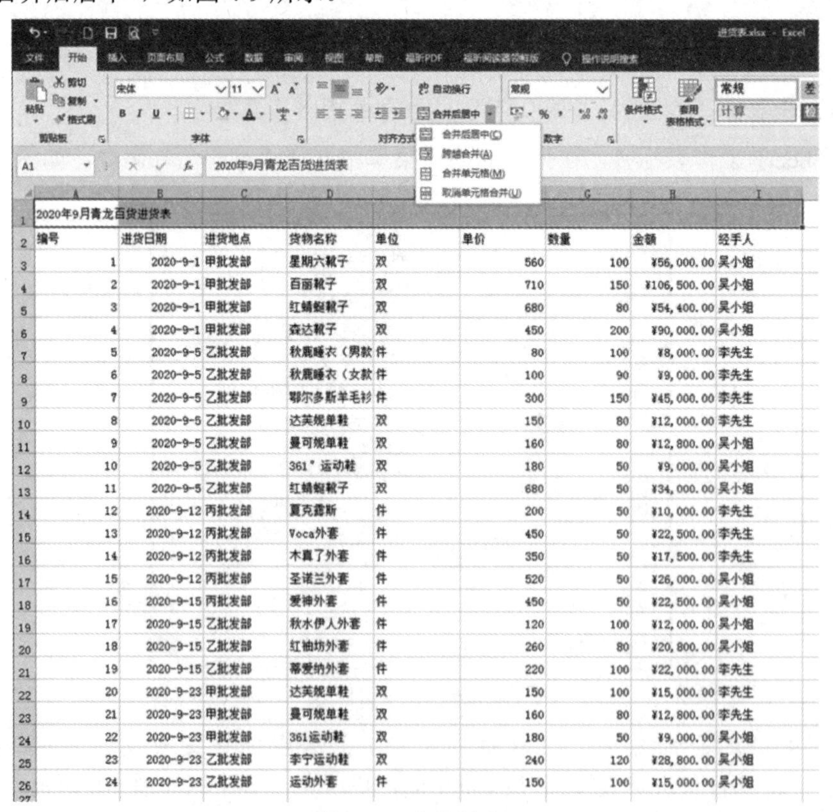

2020年9月青龙百货进货表								
编号	进货日期	进货地点	货物名称	单位	单价	数量	金额	经手人
1	2020-9-1	甲批发部	星期六靴子	双	560	100	¥56,000.00	吴小姐
2	2020-9-1	甲批发部	百丽靴子	双	710	150	¥106,500.00	吴小姐
3	2020-9-1	甲批发部	红蜻蜓靴子	双	680	80	¥54,400.00	吴小姐
4	2020-9-1	甲批发部	森达靴子	双	450	200	¥90,000.00	吴小姐
5	2020-9-5	乙批发部	秋鹿睡衣（男款	件	80	100	¥8,000.00	李先生
6	2020-9-5	乙批发部	秋鹿睡衣（女款	件	100	90	¥9,000.00	李先生
7	2020-9-5	乙批发部	鄂尔多斯羊毛衫	件	300	150	¥45,000.00	李先生
8	2020-9-5	乙批发部	达芙妮单鞋	双	150	80	¥12,000.00	李先生
9	2020-9-5	乙批发部	曼可妮单鞋	双	160	80	¥12,800.00	吴小姐
10	2020-9-5	乙批发部	361° 运动鞋	双	180	50	¥9,000.00	吴小姐
11	2020-9-5	乙批发部	红蜻蜓靴子	双	680	50	¥34,000.00	吴小姐
12	2020-9-12	丙批发部	夏克露斯	件	200	50	¥10,000.00	李先生
13	2020-9-12	丙批发部	Voca外套	件	450	50	¥22,500.00	李先生
14	2020-9-12	丙批发部	木真了外套	件	350	50	¥17,500.00	李先生
15	2020-9-12	丙批发部	圣诺兰外套	件	520	50	¥26,000.00	吴小姐
16	2020-9-15	丙批发部	爱神外套	件	450	50	¥22,500.00	吴小姐
17	2020-9-15	乙批发部	秋水伊人外套	件	120	100	¥12,000.00	吴小姐
18	2020-9-15	乙批发部	红袖坊外套	件	260	80	¥20,800.00	吴小姐
19	2020-9-15	乙批发部	蒂爱纳外套	件	220	100	¥22,000.00	李先生
20	2020-9-23	甲批发部	达芙妮单鞋	双	150	100	¥15,000.00	李先生
21	2020-9-23	甲批发部	曼可妮单鞋	双	160	80	¥12,800.00	李先生
22	2020-9-23	甲批发部	361运动鞋	双	180	50	¥9,000.00	吴小姐
23	2020-9-23	乙批发部	李宁运动鞋	双	240	120	¥28,800.00	吴小姐
24	2020-9-23	乙批发部	运动外套	件	150	100	¥15,000.00	吴小姐

图 4-9 合并居中

(2) 设置字体格式。选中合并居中后的 A1 单元格，切换到“开始”选项卡，在“字体”组中设置字体为“黑体”“加粗”，字号为“20”；选中 A2 到 I2 的范围，设置字体为“宋体”，字号为“11”；选中 A3 到 I26 的范围，设置字体为“楷体”，字号为“11”，结果如图 4-10 所示。

	A	B	C	D	E	F	G	H	I
1	2020年9月青龙百货进货表								
2	编号	进货日期	进货地点	货物名称	单位	单价	数量	金额	经手人
3	1	2020-9-1	甲批发部	星期六靴子	双	560	100	¥56,000.00	吴小姐
4	2	2020-9-1	甲批发部	百丽靴子	双	710	150	¥106,500.00	吴小姐
5	3	2020-9-1	甲批发部	红蜻蜓靴子	双	680	80	¥54,400.00	吴小姐
6	4	2020-9-1	甲批发部	森达靴子	双	450	200	¥90,000.00	吴小姐
7	5	2020-9-5	乙批发部	秋鹿睡衣（男者	件	80	100	¥8,000.00	李先生
8	6	2020-9-5	乙批发部	秋鹿睡衣（女者	件	100	90	¥9,000.00	李先生
9	7	2020-9-5	乙批发部	鄂尔多斯羊毛衫	件	300	150	¥45,000.00	李先生
10	8	2020-9-5	乙批发部	达芙妮单鞋	双	150	80	¥12,000.00	李先生
11	9	2020-9-5	乙批发部	曼可妮单鞋	双	160	80	¥12,800.00	吴小姐
12	10	2020-9-5	乙批发部	361° 运动鞋	双	180	50	¥9,000.00	吴小姐
13	11	2020-9-5	乙批发部	红蜻蜓靴子	双	680	50	¥34,000.00	吴小姐
14	12	2020-9-12	丙批发部	夏克露斯	件	200	50	¥10,000.00	李先生
15	13	2020-9-12	丙批发部	Voca外套	件	450	50	¥22,500.00	李先生
16	14	2020-9-12	丙批发部	木真了外套	件	350	50	¥17,500.00	李先生
17	15	2020-9-12	丙批发部	圣诺兰外套	件	520	50	¥26,000.00	吴小姐
18	16	2020-9-15	丙批发部	爱神外套	件	450	50	¥22,500.00	吴小姐
19	17	2020-9-15	乙批发部	秋水伊人外套	件	120	100	¥12,000.00	吴小姐
20	18	2020-9-15	乙批发部	红袖坊外套	件	260	80	¥20,800.00	吴小姐
21	19	2020-9-15	乙批发部	蒂爱纳外套	件	220	100	¥22,000.00	李先生
22	20	2020-9-23	甲批发部	达芙妮单鞋	双	150	100	¥15,000.00	李先生
23	21	2020-9-23	甲批发部	曼可妮单鞋	双	160	80	¥12,800.00	李先生
24	22	2020-9-23	甲批发部	361运动鞋	双	180	50	¥9,000.00	吴小姐
25	23	2020-9-23	乙批发部	李宁运动鞋	双	240	120	¥28,800.00	吴小姐
26	24	2020-9-23	乙批发部	运动外套	件	150	100	¥15,000.00	吴小姐
27									

图 4-10　设置字体格式

(3) 设置行高。选中 A1 单元格所在的行并右击，在弹出的快捷菜单中选择“行高”命令，在弹出的“行高”对话框的“行高”文本框中输入“35”，如图 4-11 所示，单击“确定”按钮。

	A	B	C	D	E	F	G	H	I
1	2020年9月青龙百货进货表								
2	编号	进货日期	进货地点	货物名称	单位	单价	数量	金额	经手人
3	1	2020-9-1	甲批发部	星期六靴子	双	560	100		
4	2	2020-9-1	甲批发部	百丽靴子	双	710	150		
5	3	2020-9-1	甲批发部	红蜻蜓靴子	双	680	80		
6	4	2020-9-1	甲批发部	森达靴子	双	450	200		
7	5	2020-9-5	乙批发部	秋鹿睡衣（男者	件	80	100	¥8,000.00	李先生
8	6	2020-9-5	乙批发部	秋鹿睡衣（女者	件	100	90	¥9,000.00	李先生
9	7	2020-9-5	乙批发部	鄂尔多斯羊毛衫	件	300	150	¥45,000.00	李先生
10	8	2020-9-5	乙批发部	达芙妮单鞋	双	150	80	¥12,000.00	李先生
11	9	2020-9-5	乙批发部	曼可妮单鞋	双	160	80	¥12,800.00	吴小姐

行高
行高(R): 35
确定　取消

图 4-11　设置行高

(4) 设置 A2:I2 单元格区域的背景色及字体颜色。选择 A2:I2 单元格区域，在“开始”选项卡的“样式”区选择“检查单元格”样式，再单击“对齐方式”中的“居中”按钮，如图 4-12 所示。

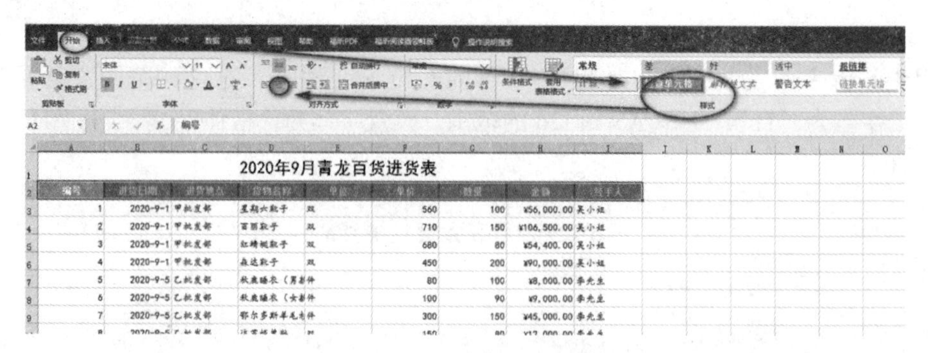

图 4-12　设置背景

(5) 设置 A3:I26 单元格区域的边框样式。选择 A3:I26 单元格区域，右击，在弹出的快捷菜单中选择“设置单元格格式”命令，打开“设置单元格格式”对话框，在“边框”选项卡中选择“直线”样式和“边框”范围，如图 4-13 所示。

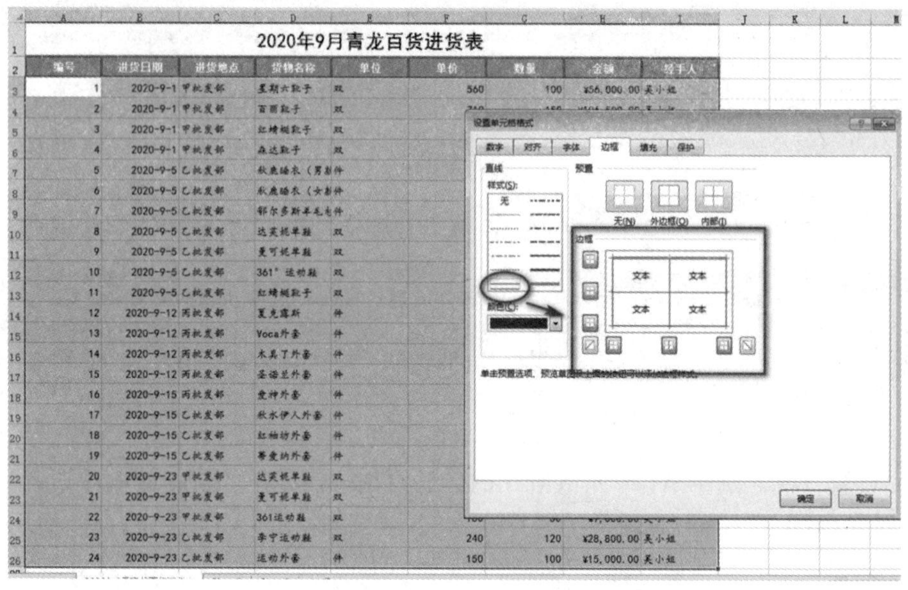

图 4-13　设置边框样式

(6) 设置 A3:I26 单元格区域的行高及对齐方式。参考上述方法，将第 2 行至第 26 行的行高设置为 19，将文本类型单元格中文字的对齐方式设置为“居中对齐”，数值和货币类型的单元格对齐方式设置为“右对齐”，最终效果如图 4-1 所示。

4.1.4　必备知识

工作表的基本操作

工作簿与工作表

1. 工作表的基本操作

(1) 工作表的新建和插入。只有选定了工作表才能对工作表进行操作。一般情况下，打开一个工作簿，可以有 3 个工作表，分别显示为“Sheet1”“Sheet2”和“Sheet3”，默认停留在 Sheet1 工作表。如果 3 个工作表不够使用，需要新建工作表，则可以单击工作簿下方的“⊕”按钮插入工作表，如图 4-14 所示。

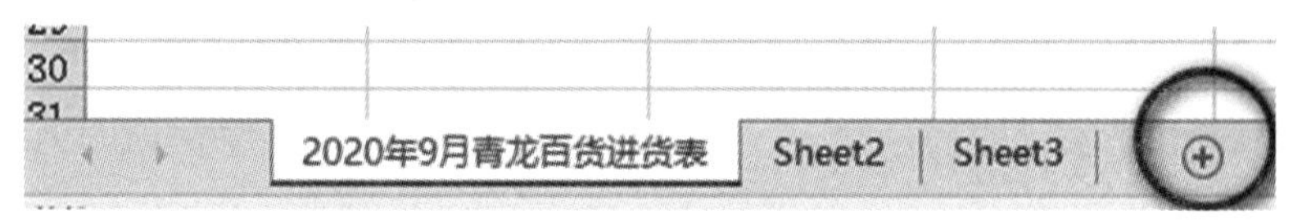

图 4-14　插入工作表

(2) 工作表的移动、删除和重命名。在工作簿中可以随意地移动工作表的位置，或者将不需要的工作表删除。例如，将 Sheet2 移动至 Sheet3 之后，则仅需选中 Sheet2 的标签并向右拖动，拖到 Sheet3 的右侧释放鼠标左键即可。

右击 Sheet3 标签，在弹出的快捷菜单中选择“删除”命令，即可将 Sheet3 工作表删除，如图 4-15 所示。

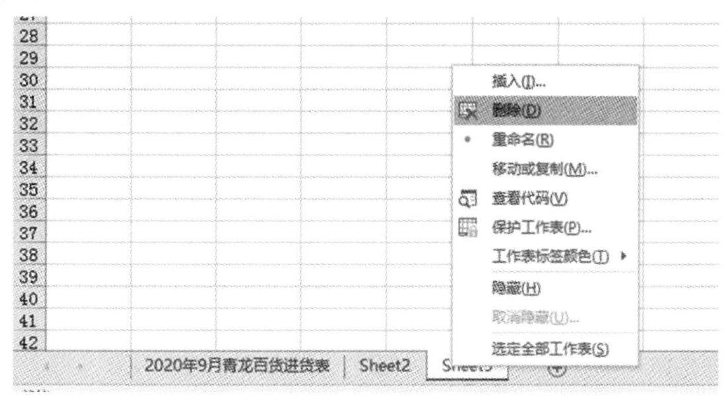

图 4-15　删除工作表

(3) 工作表的复制。工作表的复制是通过选择“移动或复制”命令打开相应的对话框来实现的，如图 4-16 所示。

图 4-16　复制工作表

(4) 工作表的保护。为了保护工作表不被其他用户随意修改，可以对工作表进行密码设置。例如，右击“2020 年 9 月青龙百货进货表”标签，在弹出的快捷菜单中选择“保护工作表”命令，如图 4-17 所示。打开“保护工作表”对话框，如图 4-18 所示，在“取消工作表保护时使用的密码”文本框中输入密码，在“允许此工作表的所有用户进行”列表框中进行保护设置，单击“确定”按钮，打开“确定密码”对话框，在“重新输入密码”文本框中再次输入相同的密码，单击“确定”按钮即可。此后若要修改工作表，需要输入设置的密码，否则不能修改，达到了保护工作表的目的。

图 4-17 工作表保护

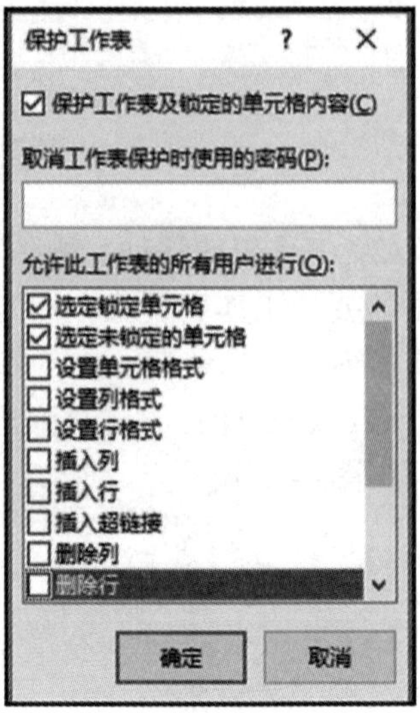

图 4-18 设置选项

2. 单元格的基本操作

1) 选择单元格、行、列

单元格的基本操作

(1) 单元格的选择。单击某个单元格，即可选中该单元格。

(2) 单元格区域的选择。单击要选择区域的左上角单元格，按住鼠标左键不放并拖曳至想选择区域的右下角单元格，然后释放鼠标即可选择单元格区域。如果按住 Ctrl 键不放，逐个选择欲选的单元格或单元格区域，就可以选择多个非相邻的单元格或单元格区域。

(3) 整行或整列的选择。单击某行的行号，该行的所有单元格均被选中；单击某列的列标名，该列的所有单元格均被选中。

(4) 选中整张工作表。选中工作表中的一个单元格，使用快捷键 Ctrl + A，整张工作表都会被选中。

2) 插入单元格、行或列

(1) 插入单元格。选择需要插入单元格位置处的单元格并右击，在弹出的快捷菜单中选择“插入”命令，打开图 4-19 所示的“插入”对话框，在此进行插入单元格的选项设置。

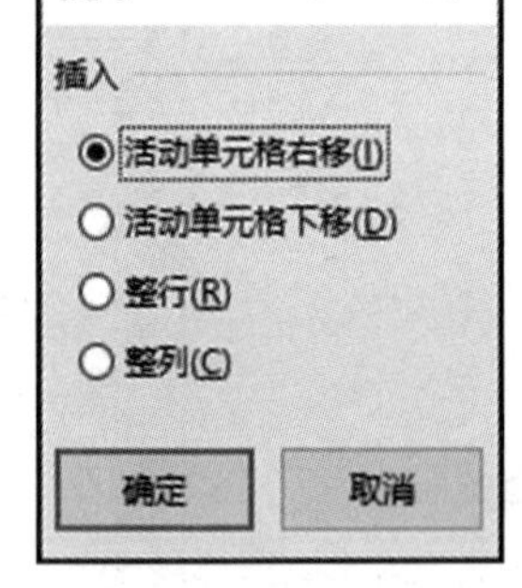

图 4-19 插入单元格

(2) 插入行和列。

方法一：将光标定位在待插入位置的任意一个单元格内，切换到“开始”选项卡，单击“单元格”组中的“插入”按钮，如图 4-20 所示，即可在指定位置插入相应的行或列。

图 4-20 插入行和列

方法二：将光标定位在待插入位置的任意一个单元格内，右击，在弹出的快捷菜单中选择“插入”命令，打开图 4-19 所示的“插入”对话框，在其中进行插入行或列的选项设置。

3) 删除行或列

将光标定位在待删除位置的任意一个单元格内，右击，在弹出的快捷菜单中选择“删除”命令，在弹出的“删除”对话框中进行行或列的删除操作，如图 4-21 所示。

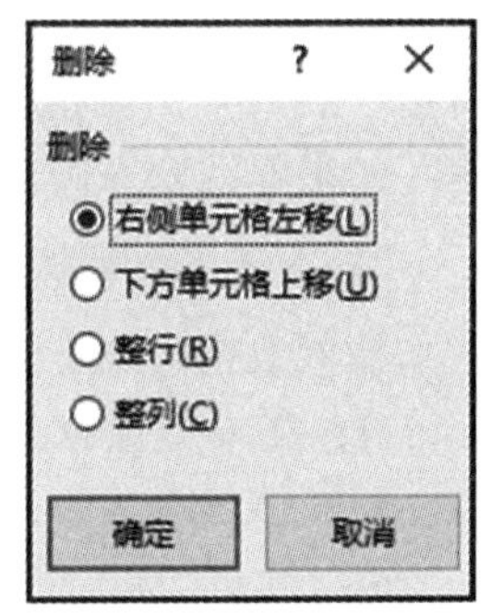

图 4-21　删除行或列

4) 清除单元格

选中单元格或单元格区域，在“开始”选项卡的“编辑”组中单击“清除”下拉按钮，在弹出的下拉菜单中选择想要的命令，即可实现单元格内容、格式等的清除，如图 4-22 所示。

G16　50

2020年9月青龙百货进货表

编号	进货日期	进货地点	货物名称	单位	单价	数量	金额	经手人
1	2020-9-1	甲批发部	星期六鞋子	双	560	100	¥56,000.00	吴小姐
2	2020-9-1	甲批发部	百丽鞋子	双	710	150	¥106,500.00	吴小姐
3	2020-9-1	甲批发部	红蜻蜓鞋子	双	680	80	¥54,400.00	吴小姐
4	2020-9-1	甲批发部	森达鞋子	双	450	200	¥90,000.00	吴小姐
5	2020-9-5	乙批发部	[illegible]（男款）	件	80	100	¥8,000.00	李先生

全部清除(A)
清除格式(F)
清除内容(C)
清除批注(M)
清除超链接(不含格式)(L)
删除超链接(R)

图 4-22　清除单元格

3. 行和列的操作

1) 行高或列宽的调整

(1) 拖曳调整。将鼠标指针移至某列标右侧的分隔线时，鼠标指针变为双向箭头，按住鼠标左键拖曳至需要的宽度，然后释放鼠标左键即可调整列宽。用同样的方法也可以调整行高 (拖曳行号的下分隔线)。

(2) 利用命令调整。

① 行高调整：选中需要调整的行并右击，在弹出的快捷菜单中选择“行高”选项，在“行高”文本框中输入行高数值后单击“确定”按钮。

② 列宽调整：选中需要调整的列并右击，在弹出的快捷菜单中选择“列宽”选项，在“列宽”文本框中输入列宽数值后单击“确定”按钮。

2) 行或列的隐藏

右击需要隐藏的列或行，在弹出的快捷菜单中选择“隐藏”命令，如图 4-23 所示。

图 4-23　隐藏行或列

4. 数据输入与编辑

1) 单元格数据的输入

数据类型

单击某个单元格使其成为活动单元格，直接在单元格或编辑栏中输入内容，然后单击编辑栏中的“输入”按钮，或者在输入内容后直接按 Enter 键。如果取消输入操作，则单击编辑栏中的“取消”按钮。

2) 各种类型数据的输入方法

输入数据时，不同类型的数据在输入过程中的操作方法是不同的。

(1) 文本型数据的输入。文本是指汉字、英文，或由汉字、英文、数字组成的字符串。默认情况下，输入的文本会沿单元格左侧对齐。

(2) 日期型和时间型数据的输入。在工作表中可以输入各种形式的日期型和时间型的数据，这需要进行特殊的格式设置。例如，在本例中，“进货日期”列数据，可以通过选中单元格，单击鼠标右键，打开“设置单元格格式”对话框，在“数字”选项卡的“分类”列表中选择“日期”选项，在右侧的“类型”列表框中选择所需的日期格式，如“2012 年 3 月 14 日”，单击“确定”按钮，效果如图 4-24 所示。

图 4-24　单元格格式

(3) 数值型数据的输入。在 Excel 中，数值型数据是使用最多，也是最为复杂的数据类型。数值型数据由数字 0 ～ 9、正号、负号、小数点、分数号“/”、百分号“%”、指数符号“E”或“e”、货币符号“￥”或“$”、千位分隔号“,”等组成。输入数值型数据时，Excel 自动将其沿单元格右侧对齐。

(4) 自动填充数据。在 Excel 工作表的活动单元格的右下角有一个小黑方块，称为填充柄，通过拖动填充柄可以自动在其他单元格填充与活动单元格内容相关的数据，如序列数据或相同数据。其中，序列数据是指有规律地变化的数据，如日期、时间、月份、等差或等比数列。

自动填充与填充柄

5. 单元格的格式设置

要设置工作表的格式，可先选中要进行格式设置的单元格或单元格区域，然后进行相关操作，主要包括以下几个方面：

单元格的“对齐”及“文本控制”

(1) 设置单元格格式包括设置单元格内容的字符格式、数字格式和对齐方式，以及设置单元格的边框和底纹等。可利用“开始”选项卡的“字体”“对齐方式”和“数字”组中的按钮，或利用“设置单元格格式”对话框进行设置。

条件格式

(2) 设置条件格式。在 Excel 中应用条件格式，可以让符合特定条件的单元格数据以醒目的方式突出显示，可以直观地查看和分析数据，如突出显示所关注的单元格或单元格区域，强调异常值等，使用数据条、色阶和图标集可以直观地显示数据。条件格式的详细操作可以参考《计算机应用基础》在线开放课程的视频解析。

(3) 套用表格样式。Excel 2016 为用户提供了许多预定义的表格样式，套用这些样式，可以迅速建立适合不同专业需求、外观精美的工作表。用户可利用“开始”选项卡的“样式”组来设置条件格式或套用表格样式。

6. 数据表的查看

工作表的拆分与冻结

1) 拆分窗口

为了便于对工作表中的数据进行比较和分析，可以将工作表窗口进行拆分，最多可以拆分成 4 个窗格，操作步骤如下：

(1) 将鼠标指针指向垂直滚动条顶端的拆分框或水平滚动条右端的拆分框；

(2) 当鼠标指针变为拆分指针时，将拆分框向下或向左拖至所需的位置；

(3) 要取消拆分，双击分隔窗格的拆分条的任何部分即可。

2) 冻结窗口

(1) 在当前工作表中选中 A3 单元格，在“视图”选项卡的“窗口”组中单击“冻结窗格”下拉按钮，在弹出的下拉列表中选择“冻结窗格”命令。

(2) 此时，工作表的第 1 行和第 2 行被冻结，拖动垂直滚动条和水平滚动条浏览数据时，被冻结的行和列将不被移动，如图 4-25 所示。

图 4-25　冻结工作表

(3) 要取消冻结，在“视图”选项卡的“窗口”组中单击“冻结窗口”下拉按钮，在弹出的下拉列表中选择“取消冻结窗格”命令即可。

(4) 若要冻结工作表的首行或首列，可以在“冻结窗格”下拉列表中选择“冻结首行”或“冻结首列”命令。

3) 调整工作表显示比例

在“视图”选项卡的“缩放”组中单击“缩放”按钮，打开“缩放”对话框，如图 4-26 所示，在该对话框中可以选择工作表的缩放比例。

图 4-26 调整工作表显示比例

7. 页面设置

(1) 设置纸张方向。在“页面布局”选项卡的“页面设置”组中单击“纸张方向”下拉按钮，在弹出的下拉列表中可以设置纸张方向。

(2) 设置纸张大小。在“页面布局”选项卡的“页面设置”组中单击“纸张大小”下拉按钮，在弹出的下拉列表中可以设置纸张的大小。

(3) 调整页边距。在“页眉布局”选项卡的“页面设置”组中单击“页边距”下拉按钮，在弹出的下拉列表中有 3 个内置页边距选项可供选择，也可选择“自定义边距”命令，打开“页面设置”对话框，在其“页边距”选项卡中自定义页边距，如图 4-27 所示。

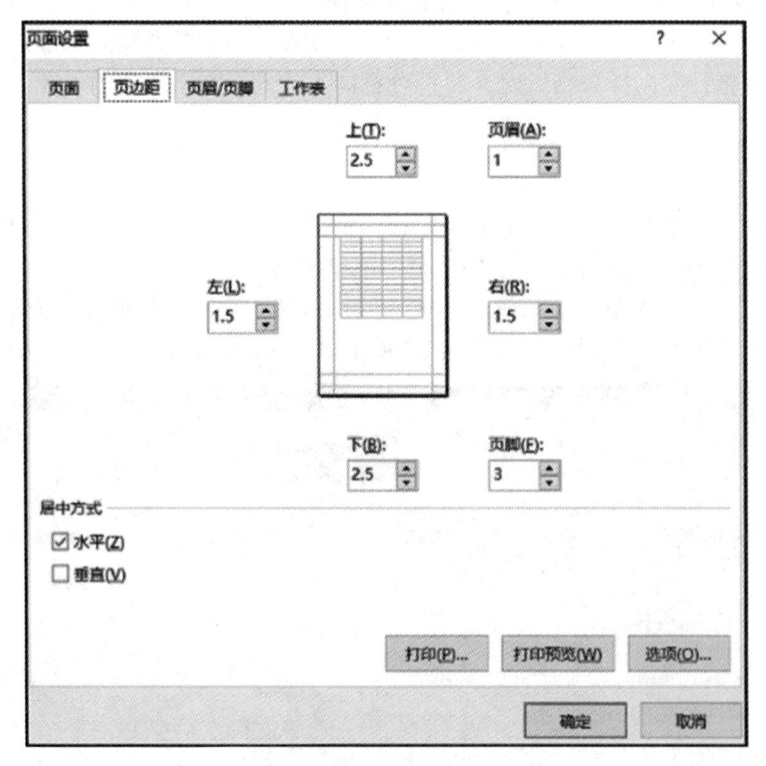

图 4-27 调整页边距

8. 打印设置

(1) 设置打印区域和取消打印区域。单击“页面布局”选项卡的“页面设置”组中的“打印区域”下拉按钮，在弹出的下拉列表中选择“设置打印区域”命令即可设置打印区域。要取消打印区域，选择“取消打印区域”命令即可。

(2) 设置打印标题。要打印的表格占多页时，通常只有第 1 页能打印出表格的标题，这样不利于表格数据的查看，通过设置打印标题，可以使打印的每一页表格都在顶端显示相同的标题。

单击“页面布局”选项卡的“页面设置”组中的“打印标题”按钮，打开“页面设置”对话框，默认打开“工作表”选项卡，在“打印标题”选项组的“顶端标题行”文本框中设置表格标题的单元格区域 (本工作任务的表格标题区域为“$1:$2”)，此时还可以在“打印区域”文本框中设置打印区域，如图 4-28 所示。

图 4-28　设置打印区域

4.1.5　训练任务

在 Excel 2016 中完成“华杰电器家电销售情况表”的美化操作，参考效果如图 4-29 所示。

序号	销售部门	产品名称	产品型号	折扣	销售单价	销售数量	销售额
JH0001	A部	彩电	SM-5EGT	95%	¥2,180.00	158	
JH0002	C部	彩电	HR-OKK1-5	98%	¥2,298.00	175	
JH0003	B部	彩电	SM-5EGT	98%	¥1,280.00	225	
JH0004	A部	空调	HV-1100S1.0	97%	¥1,680.50	136	
JH0005	B部	空调	HV-1100S1.0	95%	¥1,680.50	248	
JH0006	A部	空调	HV-1100S1.0	97%	¥2,300.00	119	
JH0007	C部	空调	HV-1100S1.0	95%	¥2,300.00	234	
JH0008	A部	冰箱	HR-OKK1-5	97%	¥2,080.00	228	
JH0009	B部	冰箱	SM-5EGT	98%	¥2,100.50	124	
JH0010	A部	冰箱	HR-OKK1-5	97%	¥2,100.50	201	
JH0011	B部	彩电	SM-5EGT	95%	¥1,680.00	215	
JH0012	B部	彩电	SM-5EGT	98%	¥1,680.00	228	
JH0013	C部	彩电	SM-5EGT	95%	¥1,680.00	145	
JH0014	B部	空调	HV-1100S1.0	98%	¥2,300.00	162	
JH0015	B部	空调	HV-1100S1.0	98%	¥2,300.00	148	
JH0016	B部	空调	HV-1100S1.0	97%	¥2,300.00	241	
JH0017	A部	冰箱	HR-OKK1-5	95%	¥2,280.00	301	
JH0018	B部	冰箱	HR-OKK1-5	95%	¥2,080.00	157	
JH0019	B部	彩电	SM-5EGT	95%	¥2,298.00	186	

图 4-29　华杰电器家电销售情况表

(1) 设置表格标题行。

① 设置表格标题“合并居中”，字符格式为“宋体、18 号、加粗”，颜色为“红色，个性色 2”。

② 设置标题行高为 25。

③ 标题水平居中。

④ 标题所在单元格底纹为蓝色。

(2) 设置列标题行。

① 设置表格列标题的字符格式为“宋体、16 号、加粗、黑色”。

② 设置表格列标题对齐方式为“水平居中”。

③ 设置行高为 20，列宽为 16。

(3) 设置表格数据的格式。

① 为销售单价和销售额列设置货币格式。

② 将销售数量大于 200 的数据突出显示。

③ 设置纸张方向为“横向”，页边距上、下均为 2.5 cm，左、右均为 1.5 cm，页眉为 1 cm，页脚为 3 cm，报表水平方向居中。

④ 将“华杰电器家电销售情况表”设置为打印区域，并设置打印顶端标题为第 1 行和第 2 行。

评价反馈

学生自评表

任　　务		完成情况记录
课前	通过预习概括本节知识要点	
	预习过程中提出疑难点	
课中	对自己整堂课的状态评价是否满意？学习过程中是否能跟上老师的节奏？	
	课前预习过程中的疑难点是否弄懂解决？	
	是否能按时独立完成课堂相关任务？过程中的难点在哪里？	
课后	课后训练任务完成情况	
收获		
对自己本堂课学习效果总体评价		

学生互评表

序号	评价项目	小 组 互 评
1	任务是否按时完成	
2	任务完成上交情况	
3	作品质量	
4	小组成员合作面貌	
5	创新点	

教师评价表

序号	评价项目	自我评价	互相评价	教师评价	综合评价
1	学生课前预习				
2	规范操作				
3	完成质量				
4	关键操作要领掌握				
5	完成速度				
6	沟通协作				

注：评价档次统一采用 A(优秀)、B(良好)、C(合格)、D(努力) 4 个等级。

任务2 进货表的数据统计与分析

4.2.1 任务描述

青龙百货需要对 2020 年 9 月份 3 个批发部的进货情况进行数据统计和分析，需要计算整个公司 9 月份的进货总额，然后分别计算各个批发部 9 月份的进货总额和平均进货额，并推出下列进货激励政策：

(1) 进货数量大于等于 150 的，总结算金额打 9.5 折；

(2) 进货数量大于等于 100 小于 150 的，总结算金额打 9.8 折；

(3) 进货数量小于 100 的，无折扣。

根据上述规则，首先计算出各个批发部的折扣金额，然后找出获得折扣最大的批发部和获得折扣最少的批发部。

4.2.2 任务分析

完成这个任务需要熟练掌握 Excel 的公式和函数功能：

(1) 使用 SUM 函数：计算整个公司 9 月份的进货总额，然后分别计算各个批发部 9 月份的进货总额。

(2) 使用 AVERAGE 函数：计算各批发部 9 月份的平均进货额。

(3) 使用 IF 函数：进货数量大于等于 150、大于等于 100 小于 150、小于 100 的折扣金额。

(4) 使用 MAX 函数和 MIN 函数：找出获得折扣最大的批发部和获得折扣最少的批发部。

(5) 使用 RANK 函数：对“金额”数据列，进行从低到高的排名。

4.2.3 任务实现

1. 使用 SUM 函数

(1) 打开“2020 年 9 月青龙百货进货表”，按照图 4-30 所示依次在表格内输入“青龙百货 9 月的进货总额”等内容，并设置为“居中对齐”。

(2) 选中 L5 单元格，然后在编辑栏中输入公式“=SUM(H3:H26)”并按 Enter 键，即可计算出整个公司 9 月的进货总额，如图 4-31 所示。

(3) 按照步骤 1 和步骤 2 的方法，在 L6、L7、L8 分别输入公式“=SUM(H3:H6，H22:H24)”“=SUM(H7:H13，H19:H21，H25:H26)”“=SUM(H14:H18)”，分别计算出甲批发部、乙批发部、丙批发部的进货总额，结果如图 4-32 所示。

编号	进货日期	进货地点	货物名称	单位	单价	数量	金额	经手人
1	2020年9月1日	甲批发部	星期六靴子	双	560	100	¥56,000.00	吴小姐
2	2020年9月1日	甲批发部	百丽靴子	双	710	150	¥106,500.00	吴小姐
3	2020年9月1日	甲批发部	红蜻蜓靴子	双	680	80	¥54,400.00	吴小姐
4	2020年9月1日	甲批发部	森达靴子	双	450	200	¥90,000.00	吴小姐
5	2020年9月5日	乙批发部	秋鹿睡衣（男款）	件	80	100	¥8,000.00	李先生
6	2020年9月5日	乙批发部	秋鹿睡衣（女款）	件	100	90	¥9,000.00	李先生
7	2020年9月5日	乙批发部	鄂尔多斯羊毛衫	件	300	150	¥45,000.00	李先生
8	2020年9月5日	乙批发部	达芙妮单鞋	双	150	80	¥12,000.00	李先生
9	2020年9月5日	乙批发部	曼可妮单鞋	双	160	80	¥12,800.00	吴小姐
10	2020年9月5日	乙批发部	361°运动鞋	双	180	50	¥9,000.00	吴小姐
11	2020年9月5日	乙批发部	红蜻蜓靴子	双	680	50	¥34,000.00	吴小姐
12	2020年9月12日	丙批发部	夏克露斯	件	200	50	¥10,000.00	李先生
13	2020年9月12日	丙批发部	Voca外套	件	450	50	¥22,500.00	李先生
14	2020年9月12日	丙批发部	木真了外套	件	350	50	¥17,500.00	李先生
15	2020年9月12日	丙批发部	圣诺兰外套	件	520	50	¥26,000.00	吴小姐
16	2020年9月15日	丙批发部	爱神外套	件	450	50	¥22,500.00	吴小姐
17	2020年9月15日	乙批发部	秋水伊人外套	件	120	100	¥12,000.00	吴小姐
18	2020年9月15日	乙批发部	红袖坊外套	件	260	80	¥20,800.00	吴小姐
19	2020年9月15日	乙批发部	蒂爱纳外套	件	220	100	¥22,000.00	李先生
20	2020年9月23日	甲批发部	达芙妮单鞋	双	150	100	¥15,000.00	李先生
21	2020年9月23日	甲批发部	曼可妮单鞋	双	160	80	¥12,800.00	李先生
22	2020年9月23日	甲批发部	361运动鞋	双	180	50	¥9,000.00	吴小姐
23	2020年9月23日	乙批发部	李宁运动鞋	双	240	120	¥28,800.00	吴小姐
24	2020年9月23日	乙批发部	运动外套	件	150	100	¥15,000.00	吴小姐

项目	金额
青龙百货9月的进货总额：	
甲批发部进货总额：	
乙批发部进货总额：	
丙批发部进货总额：	
青龙百货9月平均进货总额：	
甲批发部折扣金额：	
乙批发部折扣金额：	
丙批发部折扣金额：	

图 4-30　2020 年 9 月青龙百货进货表

2020年9月青龙百货进货表

编号	进货日期	进货地点	货物名称	单位	单价	数量	金额	经手人
1	2020年9月1日	甲批发部	星期六靴子	双	560	100	¥56,000.00	吴小姐
2	2020年9月1日	甲批发部	百丽靴子	双	710	150	¥106,500.00	吴小姐
3	2020年9月1日	甲批发部	红蜻蜓靴子	双	680	80	¥54,400.00	吴小姐
4	2020年9月1日	甲批发部	森达靴子	双	450	200	¥90,000.00	吴小姐
5	2020年9月5日	乙批发部	秋鹿睡衣（男款）	件	80	100	¥8,000.00	李先生
6	2020年9月5日	乙批发部	秋鹿睡衣（女款）	件	100	90	¥9,000.00	李先生
7	2020年9月5日	乙批发部	鄂尔多斯羊毛衫	件	300	150	¥45,000.00	李先生
8	2020年9月5日	乙批发部	达芙妮单鞋	双	150	80	¥12,000.00	李先生
9	2020年9月5日	乙批发部	曼可妮单鞋	双	160	80	¥12,800.00	吴小姐
10	2020年9月5日	乙批发部	361°运动鞋	双	180	50	¥9,000.00	吴小姐
11	2020年9月5日	乙批发部	红蜻蜓靴子	双	680	50	¥34,000.00	吴小姐
12	2020年9月12日	丙批发部	夏克露斯	件	200	50	¥10,000.00	李先生
13	2020年9月12日	丙批发部	Voca外套	件	450	50	¥22,500.00	李先生
14	2020年9月12日	丙批发部	木真了外套	件	350	50	¥17,500.00	李先生
15	2020年9月12日	丙批发部	圣诺兰外套	件	520	50	¥26,000.00	吴小姐
16	2020年9月15日	丙批发部	爱神外套	件	450	50	¥22,500.00	吴小姐
17	2020年9月15日	乙批发部	秋水伊人外套	件	120	100	¥12,000.00	吴小姐
18	2020年9月15日	乙批发部	红袖坊外套	件	260	80	¥20,800.00	吴小姐
19	2020年9月15日	乙批发部	蒂爱纳外套	件	220	100	¥22,000.00	李先生
20	2020年9月23日	甲批发部	达芙妮单鞋	双	150	100	¥15,000.00	李先生
21	2020年9月23日	甲批发部	曼可妮单鞋	双	160	80	¥12,800.00	李先生
22	2020年9月23日	甲批发部	361运动鞋	双	180	50	¥9,000.00	吴小姐
23	2020年9月23日	乙批发部	李宁运动鞋	双	240	120	¥28,800.00	吴小姐
24	2020年9月23日	乙批发部	运动外套	件	150	100	¥15,000.00	吴小姐

项目	金额
青龙百货9月的进货总额：	¥670,600.00
甲批发部进货总额：	
乙批发部进货总额：	
丙批发部进货总额：	
青龙百货9月平均进货总额：	
甲批发部折扣金额：	
乙批发部折扣金额：	
丙批发部折扣金额：	

图 4-31　计算青龙百货 9 月的进货总额

2020年9月青龙百货进货表

编号	进货日期	进货地点	货物名称	单位	单价	数量	金额	经手人
1	2020年9月1日	甲批发部	星期六靴子	双	560	100	¥56,000.00	吴小姐
2	2020年9月1日	甲批发部	百丽靴子	双	710	150	¥106,500.00	吴小姐
3	2020年9月1日	甲批发部	红蜻蜓靴子	双	680	80	¥54,400.00	吴小姐
4	2020年9月1日	甲批发部	森达靴子	双	450	200	¥90,000.00	吴小姐
5	2020年9月5日	乙批发部	秋鹿睡衣（男款）	件	80	100	¥8,000.00	李先生
6	2020年9月5日	乙批发部	秋鹿睡衣（女款）	件	100	90	¥9,000.00	李先生
7	2020年9月5日	乙批发部	鄂尔多斯羊毛衫	件	300	150	¥45,000.00	李先生
8	2020年9月5日	乙批发部	达芙妮单鞋	双	150	80	¥12,000.00	李先生
9	2020年9月5日	乙批发部	曼可妮单鞋	双	160	80	¥12,800.00	吴小姐
10	2020年9月5日	乙批发部	361°运动鞋	双	180	50	¥9,000.00	吴小姐
11	2020年9月5日	乙批发部	红蜻蜓靴子	双	680	50	¥34,000.00	吴小姐
12	2020年9月12日	丙批发部	夏克露斯	件	200	50	¥10,000.00	李先生
13	2020年9月12日	丙批发部	Voca外套	件	450	50	¥22,500.00	李先生
14	2020年9月12日	丙批发部	木真了外套	件	350	50	¥17,500.00	李先生
15	2020年9月12日	丙批发部	圣诺兰外套	件	520	50	¥26,000.00	吴小姐
16	2020年9月15日	丙批发部	爱神外套	件	450	50	¥22,500.00	吴小姐
17	2020年9月15日	乙批发部	秋水伊人外套	件	120	100	¥12,000.00	吴小姐
18	2020年9月15日	乙批发部	红袖坊外套	件	260	80	¥20,800.00	吴小姐
19	2020年9月15日	乙批发部	蒂爱纳外套	件	220	100	¥22,000.00	李先生
20	2020年9月23日	甲批发部	达芙妮单鞋	双	150	100	¥15,000.00	李先生
21	2020年9月23日	甲批发部	曼可妮单鞋	双	160	80	¥12,800.00	李先生
22	2020年9月23日	甲批发部	361运动鞋	双	180	50	¥9,000.00	吴小姐
23	2020年9月23日	乙批发部	李宁运动鞋	双	240	120	¥28,800.00	吴小姐
24	2020年9月23日	乙批发部	运动外套	件	150	100	¥15,000.00	吴小姐

项目	金额
青龙百货9月的进货总额：	¥670,600.00
甲批发部进货总额：	¥343,700.00
乙批发部进货总额：	¥228,400.00
丙批发部进货总额：	¥98,500.00
青龙百货9月平均进货总额：	
甲批发部折扣金额：	
乙批发部折扣金额：	
丙批发部折扣金额：	

图 4-32　分别计算 3 个批发部进货总额

2. 使用 AVERAGE 函数

AVERAGE 函数是用来求平均值的，选中 L9 单元格，在编辑栏中输入公式“=AVERAGE(H3:H26)”，然后按 Enter 键，求出青龙百货 9 月平均进货总额，如图 4-33 所示。

2020年9月青龙百货进货表

编号	进货日期	进货地点	货物名称	单位	单价	数量	金额	经手人
1	2020年9月1日	甲批发部	星期六鞋子	双	560	100	¥56, 000. 00	吴小姐
2	2020年9月1日	甲批发部	百丽鞋子	双	710	150	¥106, 500. 00	吴小姐
3	2020年9月1日	甲批发部	红蜻蜓鞋子	双	680	80	¥54, 400. 00	吴小姐
4	2020年9月1日	甲批发部	森达鞋子	双	450	200	¥90, 000. 00	吴小姐
5	2020年9月5日	乙批发部	秋鹿睡衣（男款）	件	80	100	¥8, 000. 00	李先生
6	2020年9月5日	乙批发部	秋鹿睡衣（女款）	件	100	90	¥9, 000. 00	李先生
7	2020年9月5日	乙批发部	鄂尔多斯羊毛衫	件	300	150	¥45, 000. 00	李先生
8	2020年9月5日	乙批发部	达芙妮单鞋	双	150	80	¥12, 000. 00	李先生
9	2020年9月5日	乙批发部	曼可妮单鞋	双	160	80	¥12, 800. 00	吴小姐
10	2020年9月5日	乙批发部	361° 运动鞋	双	180	50	¥9, 000. 00	吴小姐
11	2020年9月5日	乙批发部	红蜻蜓鞋子	双	680	50	¥34, 000. 00	吴小姐
12	2020年9月12日	丙批发部	戛克露斯	件	200	50	¥10, 000. 00	李先生
13	2020年9月12日	丙批发部	Voca外套	件	450	50	¥22, 500. 00	李先生
14	2020年9月12日	丙批发部	木真了外套	件	350	50	¥17, 500. 00	李先生
15	2020年9月12日	丙批发部	圣诺兰外套	件	520	50	¥26, 000. 00	吴小姐
16	2020年9月15日	丙批发部	爱神外套	件	450	50	¥22, 500. 00	吴小姐
17	2020年9月15日	乙批发部	秋水伊人外套	件	120	100	¥12, 000. 00	吴小姐
18	2020年9月15日	乙批发部	红袖坊外套	件	260	80	¥20, 800. 00	吴小姐
19	2020年9月15日	乙批发部	蒂爱纳外套	件	220	100	¥22, 000. 00	李先生
20	2020年9月23日	甲批发部	达芙妮单鞋	双	150	100	¥15, 000. 00	李先生
21	2020年9月23日	甲批发部	曼可妮单鞋	双	160	80	¥12, 800. 00	李先生
22	2020年9月23日	甲批发部	361运动鞋	双	180	50	¥9, 000. 00	吴小姐
23	2020年9月23日	乙批发部	李宁运动鞋	双	240	120	¥28, 800. 00	吴小姐
24	2020年9月23日	乙批发部	运动外套	件	150	100	¥15, 000. 00	吴小姐

K	L
青龙百货9月的进货总额：	¥670,600.00
甲批发部进货总额：	¥343,700.00
乙批发部进货总额：	¥228,400.00
丙批发部进货总额：	¥98,500.00
青龙百货9月平均进货总额：	¥27,941.67
甲批发部折扣金额：	
乙批发部折扣金额：	
丙批发部折扣金额：	

图 4-33　求出青龙百货 9 月平均进货总额

3. 使用 IF 函数

(1) 根据任务要求，计算折扣金额。在“金额”列的右侧插入一个新列，然后输入“折扣金额”，建立一个新的数据列。

(2) 选中 I3 单元格，然后切换到“公式”选项卡，在“函数库”组中单击“插入函数”按钮，弹出“插入函数”对话框。

(3) 在该对话框的“选择函数”列表框中选择“IF”函数，单击“确定”按钮，弹出“函数参数”对话框，如图 4-34 所示。

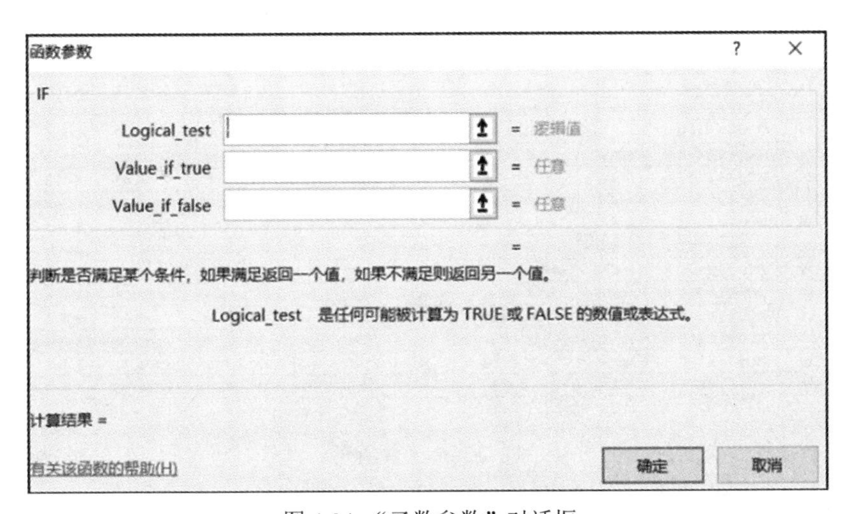

图 4-34 “函数参数”对话框

(4) 单击“Logical_test”文本框，在其内输入“G3>=150”。

(5) 再在“Value_if_true”文本框中输入“H3*0.05”，将光标放置于“Value_if_false”文本框中，在文本框中输入“IF(G3>=100, H3*0.02, 0)”，即再插入一个 IF 函数，如图 4-35 所示。

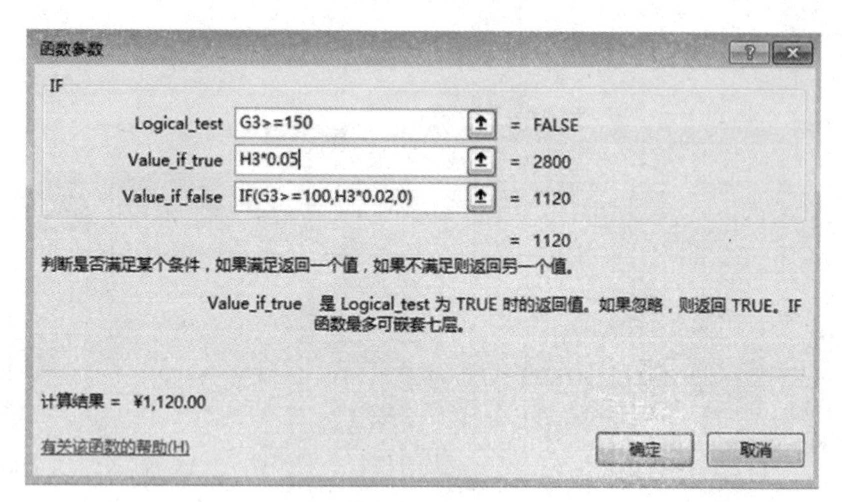

图 4-35 IF 函数

(6) 选中 I3 单元格，鼠标移至单元格的右下角，在出现“十”字形状图标时，按下鼠标左键用自动填充方式向下拖动至 I26 单元格后释放鼠标，结果如图 4-36 所示。

2020年9月青龙百货进货表

编号	进货日期	进货地点	货物名称	单位	单价	数量	金额	折扣金额	经手人
1	2020年9月1日	甲批发部	星期六靴子	双	560	100	¥56,000.00	¥1,120.00	吴小姐
2	2020年9月1日	甲批发部	百丽靴子	双	710	150	¥106,500.00	¥5,325.00	吴小姐
3	2020年9月1日	甲批发部	红蜻蜓靴子	双	680	80	¥54,400.00	¥0.00	吴小姐
4	2020年9月1日	甲批发部	森达靴子	双	450	200	¥90,000.00	¥4,500.00	吴小姐
5	2020年9月5日	乙批发部	秋鹿睡衣（男款）	件	80	100	¥8,000.00	¥160.00	李先生
6	2020年9月5日	乙批发部	秋鹿睡衣（女款）	件	100	90	¥9,000.00	¥0.00	李先生
7	2020年9月5日	乙批发部	鄂尔多斯羊毛衫	件	300	150	¥45,000.00	¥2,250.00	李先生
8	2020年9月5日	乙批发部	达芙妮单鞋	双	150	80	¥12,000.00	¥0.00	李先生
9	2020年9月5日	乙批发部	曼可妮单鞋	双	160	80	¥12,800.00	¥0.00	吴小姐
10	2020年9月5日	乙批发部	361°运动鞋	双	180	50	¥9,000.00	¥0.00	吴小姐
11	2020年9月5日	乙批发部	红蜻蜓靴子	双	680	50	¥34,000.00	¥0.00	吴小姐
12	2020年9月12日	丙批发部	夏克露斯	件	200	50	¥10,000.00	¥0.00	李先生
13	2020年9月12日	丙批发部	Voca外套	件	450	50	¥22,500.00	¥0.00	李先生
14	2020年9月12日	丙批发部	木真了外套	件	350	50	¥17,500.00	¥0.00	李先生
15	2020年9月12日	丙批发部	圣诺兰外套	件	520	50	¥26,000.00	¥0.00	吴小姐
16	2020年9月15日	丙批发部	爱神外套	件	450	50	¥22,500.00	¥0.00	吴小姐
17	2020年9月15日	乙批发部	秋水伊人外套	件	120	100	¥12,000.00	¥240.00	吴小姐
18	2020年9月15日	乙批发部	红袖坊外套	件	260	80	¥20,800.00	¥0.00	吴小姐
19	2020年9月15日	乙批发部	蒂爱纳外套	件	220	100	¥22,000.00	¥440.00	李先生
20	2020年9月23日	甲批发部	达芙妮单鞋	双	150	100	¥15,000.00	¥300.00	李先生
21	2020年9月23日	甲批发部	曼可妮单鞋	双	160	80	¥12,800.00	¥0.00	李先生
22	2020年9月23日	甲批发部	361运动鞋	双	180	50	¥9,000.00	¥0.00	吴小姐
23	2020年9月23日	乙批发部	李宁运动鞋	双	240	120	¥28,800.00	¥576.00	吴小姐
24	2020年9月23日	乙批发部	运动外套	件	150	100	¥15,000.00	¥300.00	吴小姐

图 4-36 函数填充

(7) 计算“甲批发部折扣金额”。将鼠标光标定位于 M10(插入列前的 L10) 单元格中，然后使用 SUM 函数计算出甲批发部的折扣金额。用同样的方法计算出乙批发部的折扣金额和丙批发部的折扣金额，结果如图 4-37 所示。

编号	进货日期	进货地点	货物名称	单位	单价	数量	金额	折扣金额	经手人
1	2020年9月1日	甲批发部	星期六鞋子	双	560	100	¥56,000.00	¥1,120.00	吴小姐
2	2020年9月1日	甲批发部	百丽鞋子	双	710	150	¥106,500.00	¥5,325.00	吴小姐
3	2020年9月1日	甲批发部	红蜻蜓鞋子	双	680	80	¥54,400.00	¥0.00	吴小姐
4	2020年9月1日	甲批发部	森达鞋子	双	450	200	¥90,000.00	¥4,500.00	吴小姐
5	2020年9月5日	乙批发部	秋鹿睡衣（男款）	件	80	100	¥8,000.00	¥160.00	李先生
6	2020年9月5日	乙批发部	秋鹿睡衣（女款）	件	100	90	¥9,000.00	¥0.00	李先生
7	2020年9月5日	乙批发部	鄂尔多斯羊毛衫	件	300	150	¥45,000.00	¥2,250.00	李先生
8	2020年9月5日	乙批发部	达芙妮单鞋	双	150	80	¥12,000.00	¥0.00	李先生
9	2020年9月5日	乙批发部	曼可妮单鞋	双	160	80	¥12,800.00	¥0.00	吴小姐
10	2020年9月5日	乙批发部	361°运动鞋	双	180	50	¥9,000.00	¥0.00	吴小姐
11	2020年9月5日	乙批发部	红蜻蜓鞋子	双	680	50	¥34,000.00	¥0.00	吴小姐
12	2020年9月12日	丙批发部	夏克露斯	件	200	50	¥10,000.00	¥0.00	李先生
13	2020年9月12日	丙批发部	Voca外套	件	450	50	¥22,500.00	¥0.00	李先生
14	2020年9月12日	丙批发部	木真了外套	件	350	50	¥17,500.00	¥0.00	李先生
15	2020年9月12日	丙批发部	圣诺兰外套	件	520	50	¥26,000.00	¥0.00	吴小姐
16	2020年9月15日	丙批发部	爱神外套	件	450	50	¥22,500.00	¥0.00	吴小姐
17	2020年9月15日	乙批发部	秋水伊人外套	件	120	100	¥12,000.00	¥240.00	吴小姐
18	2020年9月15日	乙批发部	红袖坊外套	件	260	80	¥20,800.00	¥0.00	吴小姐
19	2020年9月15日	乙批发部	蒂爱纳外套	件	220	100	¥22,000.00	¥440.00	李先生
20	2020年9月23日	甲批发部	达芙妮单鞋	双	150	100	¥15,000.00	¥300.00	李先生
21	2020年9月23日	甲批发部	曼可妮单鞋	双	160	80	¥12,800.00	¥0.00	李先生
22	2020年9月23日	甲批发部	361运动鞋	双	180	50	¥9,000.00	¥0.00	吴小姐
23	2020年9月23日	乙批发部	李宁运动鞋	双	240	120	¥28,800.00	¥576.00	吴小姐
24	2020年9月23日	乙批发部	运动外套	件	150	100	¥15,000.00	¥300.00	吴小姐

项目	金额
青龙百货9月的进货总额：	¥670,600.00
甲批发部进货总额：	¥343,700.00
乙批发部进货总额：	¥228,400.00
丙批发部进货总额：	¥98,500.00
青龙百货9月平均进货总额：	¥27,941.67
甲批发部折扣金额：	¥11,245.00
乙批发部折扣金额：	¥3,966.00
丙批发部折扣金额：	¥0.00

图 4-37　计算折扣金额

4. 使用 MAX 函数和 MIN 函数

使用 MAX 函数和 MIN 函数可以分别计算出获得折扣金额最多和折扣金额最少的批发部。

在单元格 L13 中输入“折扣金额最多”，在单元格 L14 中输入“折扣金额最少”。接着选中 L13 单元格，单击“公式”选项卡“函数库”中的“插入函数”按钮，在弹出的对话框中选择“MAX”函数，如图 4-38 所示。

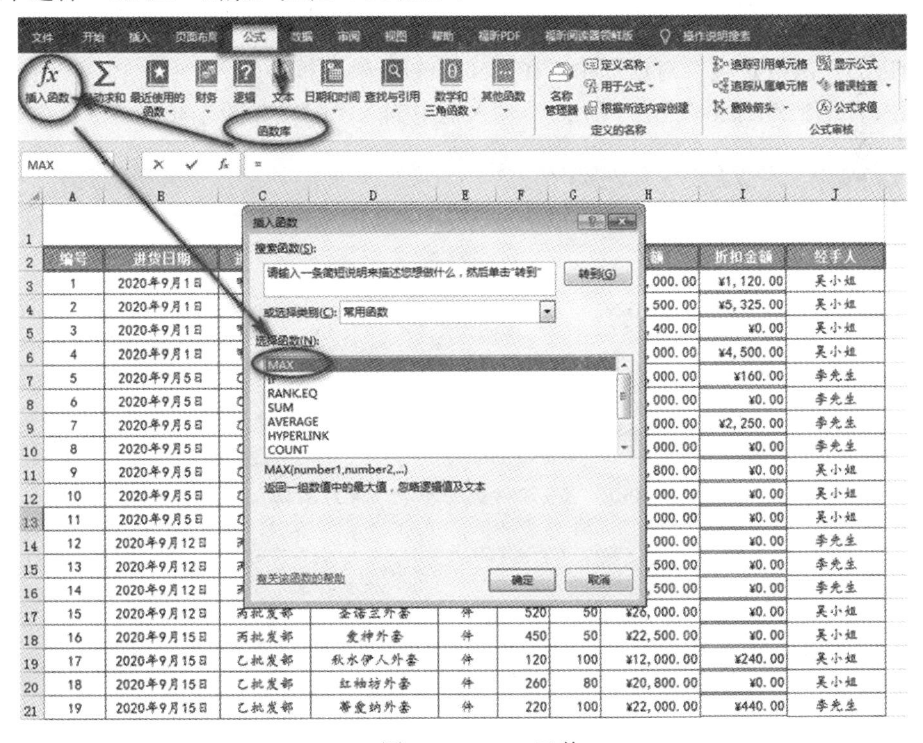

图 4-38　MAX 函数

将光标放置在弹出的“函数参数”对话框中的“Number1”输入框中，然后按住鼠标左键不放，选择M10至M12单元格，单击“确定”按钮即可得到最大值。

使用类似的方法可以用MIN函数计算出最小值，最终结果如图4-39所示。

青龙百货9月的进货总额：	¥670,600.00
甲批发部进货总额：	¥343,700.00
乙批发部进货总额：	¥228,400.00
丙批发部进货总额：	¥98,500.00
青龙百货9月平均进货总额：	¥27,941.67
甲批发部折扣金额：	¥11,245.00
乙批发部折扣金额：	¥3,966.00
丙批发部折扣金额：	¥0.00
折扣金额最多	¥11,245.00
折扣金额最少	¥0.00

图4-39　函数计算结果

5. 使用RANK函数

利用RANK函数可以对表格内的数据进行排名。在“折扣金额”左侧再插入一列，输入“排名”，然后选中I3单元格，单击“插入函数”按钮，在弹出的“插入函数”对话框中的“选择函数”列表框中选择“RANK”函数。

在弹出的“函数参数”对话框中，在“Number”输入框中输入“H”3，在“Ref”输入框中输入“$H$3:$H$26”，在“Order”输入框中输入“0”，如图4-40所示。

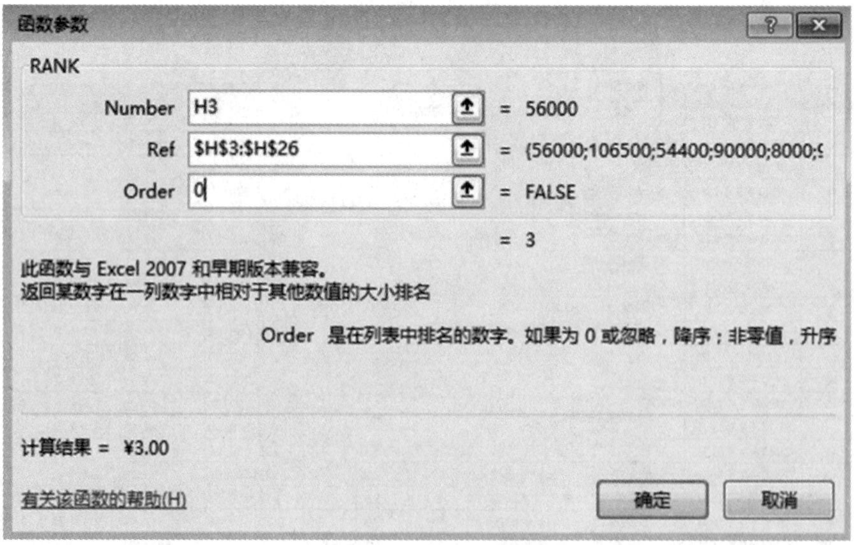

函数参数

RANK

Number　H3　= 56000

Ref　$H$3:$H$26　= {56000;106500;54400;90000;8000;

Order　0　= FALSE

= 3

此函数与Excel 2007和早期版本兼容。

返回某数字在一列数字中相对于其他数值的大小排名

Order　是在列表中排名的数字。如果为0或忽略，降序；非零值，升序

计算结果 =　¥3.00

有关该函数的帮助(H)　　确定　　取消

图4-40　RANK函数

单击“确定”按钮，选中 I3 单元格，同样自动填充至 I26 单元格后释放鼠标，结果如图 4-41 所示。

	B	C	D	E	F	G	H	I	J	K
1	2020年9月青龙百货进货表									
2	进货日期	进货地点	货物名称	单位	单价	数量	金额	排名	折扣金额	经手人
3	2020年9月1日	甲批发部	星期六靴子	双	560	100	¥56, 000. 00	3	¥1, 120. 00	吴小姐
4	2020年9月1日	甲批发部	百丽靴子	双	710	150	¥106, 500. 00	1	¥5, 325. 00	吴小姐
5	2020年9月1日	甲批发部	红蜻蜓靴子	双	680	80	¥54, 400. 00	4	¥0. 00	吴小姐
6	2020年9月1日	甲批发部	森达靴子	双	450	200	¥90, 000. 00	2	¥4, 500. 00	吴小姐
7	2020年9月5日	乙批发部	秋鹿睡衣（男款）	件	80	100	¥8, 000. 00	24	¥160. 00	李先生
8	2020年9月5日	乙批发部	秋鹿睡衣（女款）	件	100	90	¥9, 000. 00	21	¥0. 00	李先生
9	2020年9月5日	乙批发部	鄂尔多斯羊毛衫	件	300	150	¥45, 000. 00	5	¥2, 250. 00	李先生
10	2020年9月5日	乙批发部	达芙妮单鞋	双	150	80	¥12, 000. 00	18	¥0. 00	李先生
11	2020年9月5日	乙批发部	曼可妮单鞋	双	160	80	¥12, 800. 00	16	¥0. 00	吴小姐
12	2020年9月5日	乙批发部	361° 运动鞋	双	180	50	¥9, 000. 00	21	¥0. 00	吴小姐
13	2020年9月5日	乙批发部	红蜻蜓靴子	双	680	50	¥34, 000. 00	6	¥0. 00	吴小姐
14	2020年9月12日	丙批发部	夏克露斯	件	200	50	¥10, 000. 00	20	¥0. 00	李先生
15	2020年9月12日	丙批发部	Voca外套	件	450	50	¥22, 500. 00	9	¥0. 00	李先生
16	2020年9月12日	丙批发部	木真了外套	件	350	50	¥17, 500. 00	13	¥0. 00	李先生
17	2020年9月12日	丙批发部	圣诺兰外套	件	520	50	¥26, 000. 00	8	¥0. 00	吴小姐
18	2020年9月15日	丙批发部	爱神外套	件	450	50	¥22, 500. 00	9	¥0. 00	吴小姐
19	2020年9月15日	乙批发部	秋水伊人外套	件	120	100	¥12, 000. 00	18	¥240. 00	吴小姐
20	2020年9月15日	乙批发部	红袖坊外套	件	260	80	¥20, 800. 00	12	¥0. 00	吴小姐
21	2020年9月15日	乙批发部	希爱纳外套	件	220	100	¥22, 000. 00	11	¥440. 00	李先生
22	2020年9月23日	甲批发部	达芙妮单鞋	双	150	100	¥15, 000. 00	14	¥300. 00	李先生
23	2020年9月23日	甲批发部	曼可妮单鞋	双	160	80	¥12, 800. 00	16	¥0. 00	李先生
24	2020年9月23日	甲批发部	361运动鞋	双	180	50	¥9, 000. 00	21	¥0. 00	吴小姐
25	2020年9月23日	乙批发部	李宁运动鞋	双	240	120	¥28, 800. 00	7	¥576. 00	吴小姐
26	2020年9月23日	乙批发部	运动外套	件	150	100	¥15, 000. 00	14	¥300. 00	吴小姐
27										

图 4-41 计算结果

4.2.4 必备知识

名称框与编辑栏

1. 单元格地址、名称和引用

1) 单元格地址

工作簿中的基本元素是单元格，单元格中包含文字、数字或公式。单元格在工作簿中的位置用地址标识，由列号和行号组成。例如，A3 表示 A 列第 3 行。

一个完整的单元格地址除了列号和行号以外，还要指定工作簿名和工作表名。其中，工作簿名用方括号“[ ] ”括起来，工作表名与列号、行号之间用叹号“!”隔开。例如，“[员工工资 .xlsx] Sheet1!A1”表示员工工资工作簿中的 Sheet1 工作表的 A1 单元格。

2) 单元格名称

在 Excel 数据处理过程中，经常要对多个单元格进行相同或类似的操作，此时可以利用单元格区域或单元格名称来简化操作。当一个单元格或单元格区域被命名后，该名称会出现在“名称框”的下拉列表中，若选中所需的名称，则与该名称相关联的单元格或单元格区域会被选中。

例如，在“进货表”工作表中为甲批发部的进货金额命名，操作方法如下：

方法一：选中所有甲批发部“金额”单元格区域，在“编辑栏”左侧的“名称框”中输入名称“甲批发部的进货金额”，按 Enter 键完成命名。

方法二：在“公式”选项卡的“定义的名称”组中单击“定义名称”下拉按钮，在其下拉列表中选择“定义名称”命令，打开“新建名称”对话框，如图 4-42 所示。在“名称”文本框中输入命名的名称，在“引用位置”文本框中对要命名的单元格区域进行正确引用，单击“确定”按钮完成命名。

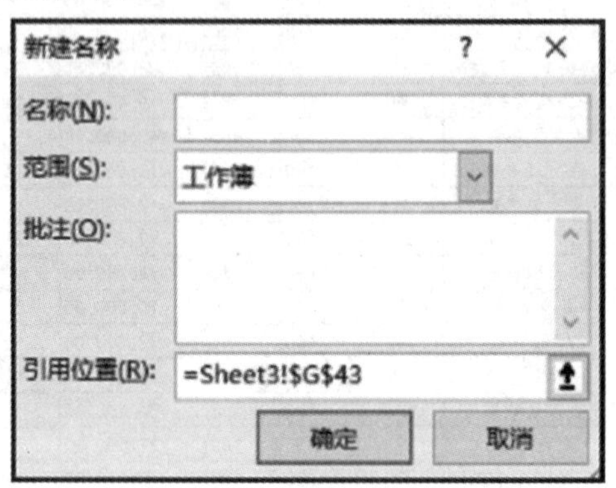

图 4-42　定义名称

要删除已定义的单元格名称，可在“公式”选项卡的“定义的名称”组中单击“名称管理器”按钮，打开“名称管理器”对话框，如图 4-43 所示，选中名称“甲批发部的…”，单击“删除”按钮即可删除已定义的单元格名称。

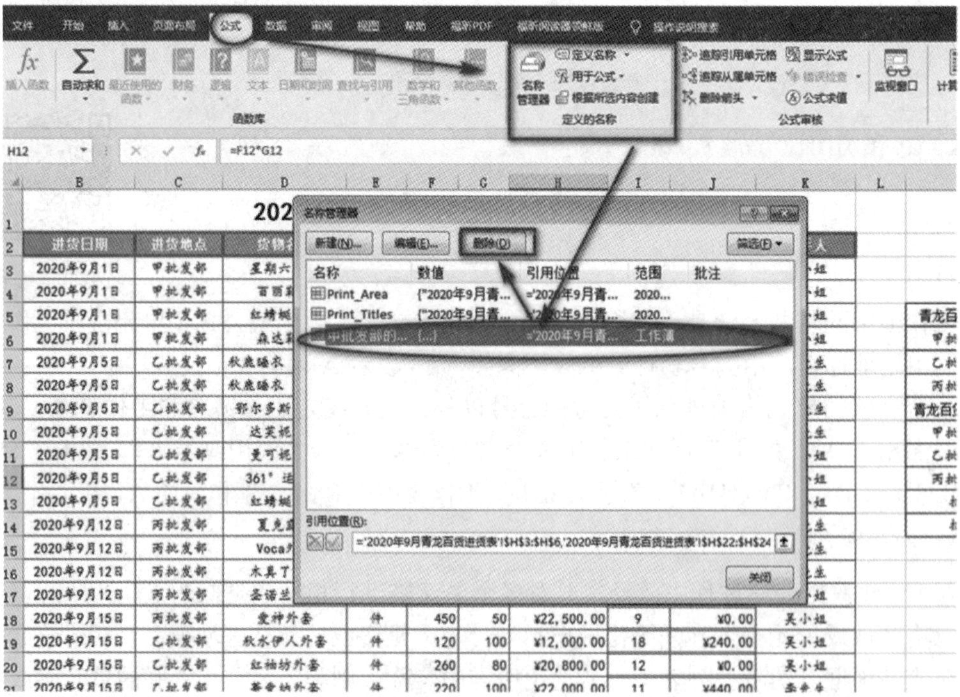

图 4-43　删除名称

3) 单元格引用

相对引用和绝对引用

单元格引用的作用是标识工作表中的一个单元格或一组单元格，以便说明要使用哪些单元格中的数据。Excel 2016 中提供了如下 3 种单元格引用：

(1) 相对引用。相对引用是以某个单元格的地址为基准来决定其他单元格地址的方式。在公式中如果有对单元格的相对引用，则当公式移动或复制时，将根据移动或复制的位置自动调整公式中引用的单元格的地址。Excel 2016 默认的单元格引用为相对引用，如 A1。

(2) 绝对引用。绝对引用指向使用工作表中位置固定的单元格，公式的移动或复制不影响它所引用的单元格位置。使用绝对引用时，要在行号和列号前加“$”符号，如 $A$1。

(3) 混合引用。混合引用是指相对引用与绝对引用混合使用，如 A$1、$A1。

2. 公式

认识公式

公式是对工作表中的数值执行计算的等式，公式以等号“=”开头。公式一般包括函数、引用、运算符和常量。

(1) 输入公式。Excel 中的公式是由数字、运算符、单元格引用、名称和内置函数构成的。具体操作方法是：选中要输入公式的单元格，在编辑栏中输入“=”后，再输入具体的公式，单击编辑栏左侧的输入按钮或按 Enter 键完成公式的输入。

(2) 复制公式。

方法一：选中包含公式的单元格，可利用复制、粘贴命令完成公式的复制。

方法二：选中包含公式的单元格，拖动填充柄选中所有需要运用此公式的单元格，释放鼠标后，公式即被复制。

3. 函数

认识函数

函数将具有特定功能的一组公式组合在一起作为预定义的内置公式，可以进行数学、文本、逻辑的运算或查找工作表的信息。与直接使用公式进行计算相比，使用函数进行计算的速度更快，同时可减少错误的发生。

1) 函数组成结构

函数一般包含等号、函数名和参数 3 个部分，结构为：

= 函数名 (参数 1, 参数 2,…)

其中，函数名是函数的名称，每个函数由函数名唯一标识；参数是函数的输入值，用来计算所需数据，可以是常量、单元格引用、数组、逻辑值或其他函数，如“=SUM(A4:F9)”表示对 A4:F9 单元格区域内的所有数据求和。

2) 常用函数举例

(1) SUM 函数。SUM 函数用于计算单个或多个参数的总和，通过引用进行求和，其中空白单元格、文本或错误值将被忽略。其语法格式为：=SUM(number1, number2,…)。

(2) AVERAGE 函数。AVERAGE 函数可以对所有参数计算平均值，参数应该是数字或包含数字的单元格引用。其语法格式为：=AVERAGE(number1, number2, …)

(3) MAX 函数和 MIN 函数。MAX 函数和 MIN 函数用于计算一组值中的最大值和最小值。可以将参数指定为数字、空白单元格、逻辑值或数字的文本表达式，如果参数为错误值或不能转换成数字的文本，将产生错误，如果参数为数组或引用，则只有数组或引用中的数字被计算，其中的空白单元格、逻辑值或文本将被忽略，如果参数不包含数字，函数 MAX 将返回 0。其语法格式分别为：=MAX(number1, number2, …)，=MIN(number1, number2, …)。

3) 函数的输入

(1) 手动输入。输入函数最直接的方法就是选中要输入函数的单元格，在单元格或其编辑栏中输入“=”，然后输入函数表达式，最后按 Enter 键确定。

(2) 通过“插入函数”按钮输入。选择要输入函数的单元格，单击编辑栏左侧的“插入函数”按钮或在“公式”选项卡的“函数库”组中单击“插入函数”按钮，打开“插入函数”对话框，从中选择需要的函数，单击“确定”按钮，打开“函数参数”对话框，设置需要的函数参数，单击“确定”按钮即可完成函数的输入。

(3) 使用工具栏按钮输入。选择需要输入函数的单元格，在“公式”选项卡的“函数库”组中单击“自动求和”下拉按钮，在弹出的下拉菜单中选择相应函数，按 Enter 键即可。

4. 自动求和

在 Excel 2016 中，“自动求和”按钮被赋予了更多的功能，借助这个功能更强大的自动求和函数，可以快速计算选中单元格的平均值、最小值和最大值等。

具体的使用方法如下：

选中某列要计算的单元格，或者选中某行要计算的单元格，在“公式”选项卡的“函数库”组中单击“自动求和”下拉按钮，在其下拉列表中选择要使用的函数即可。

如果要进行求和的是 m 行 × n 列的连续区域，且此区域的右边一列和下面一行是空白，用于存放每行之和及每列之和。此时，选中该区域及其右边一列或下面一行，也可以两者同时选中，单击“自动求和”按钮，则在选中区域的右边一列或下面一行自动生成求和公式，得到计算结果。

5. 保护工作簿

工作簿的保护包括以下两个方面。

1) 访问工作簿的权限保护

(1) 限制打开工作簿。要限制打开工作簿，可进行如下操作：

① 打开工作簿，执行“文件”→“另存为”命令，弹出“另存为”对话框。

② 单击“工具”下拉按钮，在其下拉列表中选择“常规选项”选项，打开“常规选项”对话框设置打开权限密码，如图 4-44 所示。

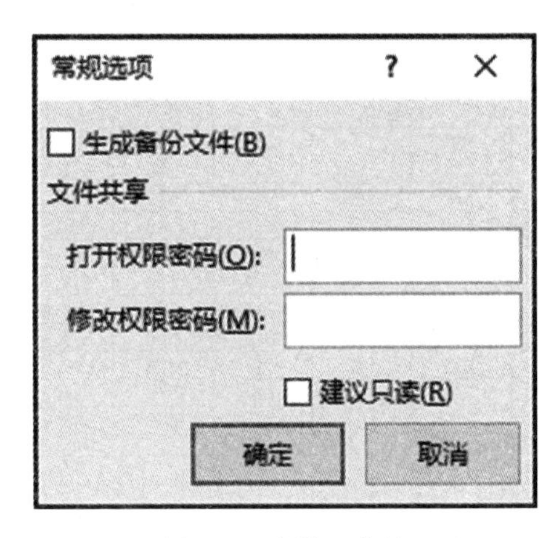

图 4-44　保护工作簿

(2) 限制修改工作簿。打开“常规选项”对话框，在“修改权限密码”文本框中输入密码。打开工作簿时将出现“密码”对话框，输入正确的修改权限的密码后才能对该工作簿进行修改操作。

(3) 修改或取消密码。打开“常规选项”对话框，如果要更改密码，在“打开权限密码”文本框中输入新密码并单击“确定”按钮即可；如果要取消密码，按 Delete 键删除打开权限密码，然后单击“确定”按钮。

2) 对工作簿中的工作表和窗口的保护

如果不允许对工作簿中的工作表进行移动、删除、插入、隐藏、取消隐藏、重新命名等操作或禁止对工作簿窗口进行移动、缩放、隐藏、取消隐藏等操作，可进行如下设置：

(1) 在“审阅”选项卡的“更改”组中单击“保护工作簿”按钮，打开“保护结构和窗口”对话框。

(2) 选中“结构”复选框，表示保护工作簿的结构，工作簿中的工作表将不能进行移动、删除、插入等操作。

(3) 如果选中“窗口”复选框，则每次打开工作簿时将保持窗口的固定位置和大小，工作簿的窗口不能被移动、缩放、隐藏和取消隐藏。

(4) 输入密码。输入密码可以防止他人取消工作簿保护，最后单击“确定”按钮。

6. 隐藏工作表

对工作表除了上述密码保护外，还可以赋予“隐藏”特性，使之可以使用，但其内容不可见，从而得到一定程度的保护。

右击工作表标签，在弹出的快捷菜单中选择“隐藏”命令，可以隐藏工作表的窗口，隐藏工作表后，屏幕上不再出现该工作表，但可以引用该工作表中的数据。若对工作簿实施“结构”保护，则不能隐藏其中的工作表。

4.2.5　训练任务

按要求完成“一年级成绩表”的编制，效果如图 4-45 所示。

	A	B	C	D	E	F	G	H	I	J
1	一年级成绩表									
2	学号	姓名	语文	数学	英语	综合	总分	平均分	名次	等级
3	A0001	苏明发	112	136	119	240	607	151.75	9	B
4	A0002	林平生	135	128	136	219	618	154.50	7	B
5	A0003	董一敏	126	140	126	225	617	154.25	8	B
6	A0004	李玉婷	109	121	141	271	642	160.50	2	A
7	A0005	谭晓婷	137	107	124	236	604	151.00	10	B
8	A0006	金海莉	118	123	138	259	638	159.50	3	B
9	A0007	肖友海	120	119	140	249	628	157.00	6	B
10	A0008	邓同智	105	117	139	273	634	158.50	4	B
11	A0009	朱仙明	118	106	142	268	634	158.50	4	B
12	A0010	朱兆祥	113	134	101	229	577	144.25	11	C
13	A0011	王晓芬	124	131	107	281	643	160.75	1	A
14										
15		最高分	137	140	142	281	643	160.75		
16		最低分	105	106	101	219	577	144.25		
17										
18										

图 4-45　一年级成绩表

具体编制要求如下：

(1) 计算每名学生的总分、平均分、名次和等级。

(2) 统计各门课程、总分列、平均分列的最高分和最低分。

(3) 总评等级，具体规定如下：

A：平均分≥ 160。

B：150 ≤平均分< 160。

C：平均分< 150。

评价反馈

学生自评表

任　　务		完成情况记录
课前	通过预习概括本节知识要点	
	预习过程中提出疑难点	
课中	对自己整堂课的状态评价是否满意？学习过程中是否能跟上老师的节奏？	
	课前预习过程中的疑难点是否弄懂解决？	
	是否能按时独立完成课堂相关任务？过程中的难点在哪里？	
课后	课后训练任务完成情况	
收获		
对自己本堂课学习效果总体评价		

学生互评表

序号	评价项目	小 组 互 评
1	任务是否按时完成	
2	任务完成上交情况	
3	作品质量	
4	小组成员合作面貌	
5	创新点	

教师评价表

序号	评价项目	自我评价	互相评价	教师评价	综合评价
1	学生课前预习				
2	规范操作				
3	完成质量				
4	关键操作要领掌握				
5	完成速度				
6	沟通协作				

注：评价档次统一采用 A(优秀)、B(良好)、C(合格)、D(努力) 4 个等级。

任务3 进货表的数据分析与处理

4.3.1 任务描述

青龙百货需要对 2020 年 9 月 3 个批发部的进货情况进行分析，结合工作效率考核员工的工作成效，具体的分析工作如下：

(1) 对每个进货地点按商品金额进行升序排列；

(2) 对交易金额较大的进货部门及特定日期的交易情况进行列表显示；

(3) 统计各经手人的平均交易额，同时汇总各进货地点的 9 月进货总额；

(4) 对 3 大进货地点的进货数量和进货金额进行合并计算。

4.3.2 任务分析

使用 Excel 2016 可以实现数据排序、数据筛选和数据分类汇总的功能。

利用排序功能实现以下目的：

(1) 通过“排序”对话框，对每个进货地点按交易金额进行降序排列；

(2) 通过“排序”对话框中自定义序列，将结果按照“甲批发部”“乙批发部”“丙批发部”的顺序重新排列。

使用筛选功能实现以下目的：

(1) 使用自动筛选方式对 9 月上半月的进货情况进行列表显示；

(2) 使用自定义筛选对甲批发部单价在 600 元以上的交易情况进行列表显示；

(3) 通过高级筛选功能对甲批发部金额超过 50 000 元的交易情况，以及在“2020-9-23”的日期下“吴小姐”的经手情况进行列表显示。

利用分类汇总功能实现：各经手人的平均交易额，同时汇总各进货地点的 9 月进货总额。

4.3.3 任务实现

1. 数据的排列

(1) 按进货地点对商品金额进行升序排列。

① 打开“通联公司商品销售情况表”，选中进货表的数据区域，在“数据”选项卡的“排序和筛选”组中单击“排序”按钮，弹出如图 4-46 所示的对话框。

② 在“主要关键字”下拉列表框中选择“进货地点”选项，在“次序”下拉列表框中选择“升序”选项，该动作表示首先按照进货地点升序排列。

③ 在“排序”对话框中单击“添加条件”按钮，添加次要关键字。

④ 在“次要关键字”下拉列表框中选择“金额”选项，在“次序”下拉列表框中选择“降序”选项，如图 4-47 所示。排序后的结果如图 4-48 所示。

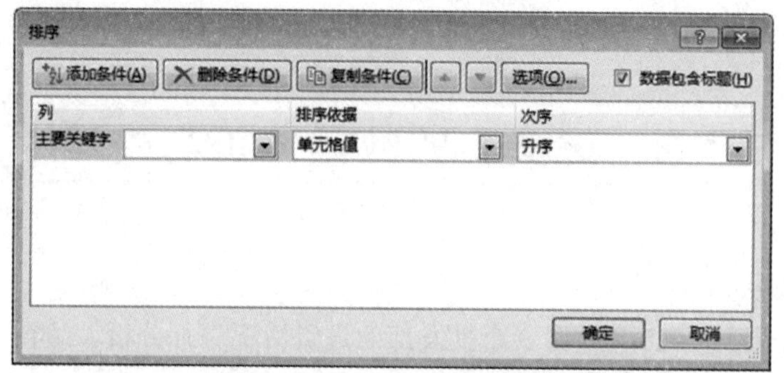

图 4-46 “排序”对话框

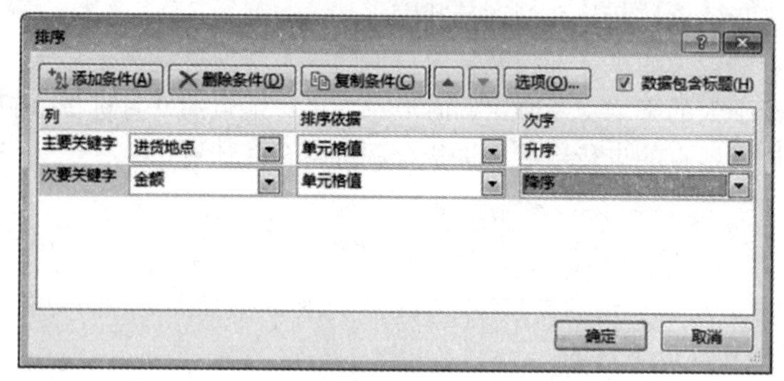

图 4-47 添加关键字

2020年9月青龙百货进货表

	B	C	D	E	F	G	H	I	J	K
2	进货日期	进货地点	货物名称	单位	单价	数量	金额	排名	折扣金额	经手人
3	2020年9月12日	丙批发部	圣诺兰外套	件	520	50	¥26,000.00	8	¥0.00	吴小姐
4	2020年9月12日	丙批发部	Voca外套	件	450	50	¥22,500.00	9	¥0.00	李先生
5	2020年9月15日	丙批发部	爱神外套	件	450	50	¥22,500.00	9	¥0.00	吴小姐
6	2020年9月12日	丙批发部	木真了外套	件	350	50	¥17,500.00	13	¥0.00	李先生
7	2020年9月12日	丙批发部	夏克露斯	件	200	50	¥10,000.00	20	¥0.00	李先生
8	2020年9月1日	甲批发部	百丽靴子	双	710	150	¥106,500.00	1	¥5,325.00	吴小姐
9	2020年9月1日	甲批发部	森达靴子	双	450	200	¥90,000.00	2	¥4,500.00	吴小姐
10	2020年9月1日	甲批发部	星期六靴子	双	560	100	¥56,000.00	3	¥1,120.00	吴小姐
11	2020年9月1日	甲批发部	红蜻蜓靴子	双	680	80	¥54,400.00	4	¥0.00	吴小姐
12	2020年9月23日	甲批发部	达芙妮单鞋	双	150	100	¥15,000.00	14	¥300.00	李先生
13	2020年9月23日	甲批发部	曼可妮单鞋	双	160	80	¥12,800.00	16	¥0.00	李先生
14	2020年9月23日	甲批发部	361运动鞋	双	180	50	¥9,000.00	21	¥0.00	吴小姐
15	2020年9月5日	乙批发部	鄂尔多斯羊毛衫	件	300	150	¥45,000.00	5	¥2,250.00	李先生
16	2020年9月5日	乙批发部	红蜻蜓靴子	双	680	50	¥34,000.00	6	¥0.00	吴小姐
17	2020年9月23日	乙批发部	李宁运动鞋	双	240	120	¥28,800.00	7	¥576.00	吴小姐
18	2020年9月15日	乙批发部	蒂爱纳外套	件	220	100	¥22,000.00	11	¥440.00	李先生
19	2020年9月15日	乙批发部	红袖坊外套	件	260	80	¥20,800.00	12	¥0.00	吴小姐
20	2020年9月23日	乙批发部	运动外套	件	150	100	¥15,000.00	14	¥300.00	吴小姐
21	2020年9月5日	乙批发部	曼可妮单鞋	双	160	80	¥12,800.00	16	¥0.00	吴小姐
22	2020年9月5日	乙批发部	达芙妮单鞋	双	150	80	¥12,000.00	18	¥0.00	李先生
23	2020年9月15日	乙批发部	秋水伊人外套	件	120	100	¥12,000.00	18	¥240.00	吴小姐
24	2020年9月5日	乙批发部	秋鹿睡衣（女款）	件	100	90	¥9,000.00	21	¥0.00	李先生
25	2020年9月5日	乙批发部	361°运动鞋	双	180	50	¥9,000.00	21	¥0.00	吴小姐
26	2020年9月5日	乙批发部	秋鹿睡衣（男款）	件	80	100	¥8,000.00	24	¥160.00	李先生

图 4-48 自定义排序

(2) 通过“排序”对话框中自定义序列，将结果按照“甲批发部”“乙批发部”“丙批发部”的顺序重新排列。

在 Excel 2016 中，系统默认的汉字排序方式是以汉字拼音的字母顺序进行排列的，所以依次出现的“进货地点”为“丙批发部”“甲批发部”“乙批发部”，如图 4-48 所示。为了使依次出现的顺序为“甲批发部”“乙批发部”“丙批发部”，则需要采用“自定义排序”重新进行排序。

① 重新选中进货表的数据区域，在“数据”选项卡的“排序和筛选”组中单击“排序”按钮，打开“排序”对话框。

② 在主要关键字“进货地点”的“次序”下拉列表框中选择“自定义序列”选项，打开“自定义序列”对话框，在“输入序列”列表框中输入“甲批发部，乙批发部，丙批发部”，然后单击“添加”按钮，再单击“确定”按钮返回到“排序”对话框，如图 4-49 所示。

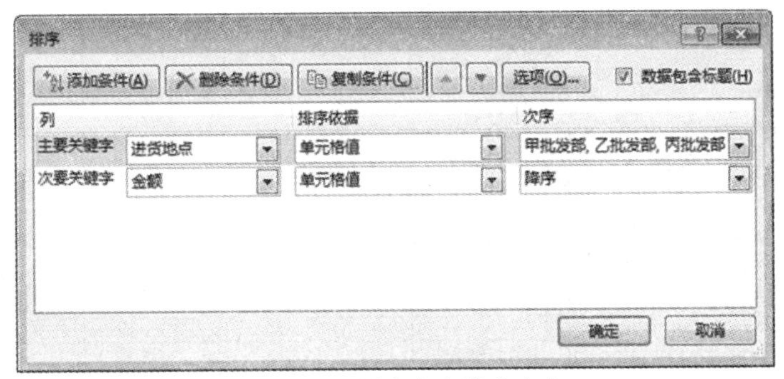

图 4-49　设置自定义排序内容

③ 继续单击“确定”按钮，则完成数据的重新排列，结果如图 4-50 所示。

2020年9月青龙百货进货表

进货日期	进货地点	货物名称	单位	单价	数量	金额	排名	折扣金额	经手人
2020年9月1日	甲批发部	百丽鞋子	双	710	150	¥106,500.00	1	¥5,325.00	吴小姐
2020年9月1日	甲批发部	森达鞋子	双	450	200	¥90,000.00	2	¥4,500.00	吴小姐
2020年9月1日	甲批发部	星期六鞋子	双	560	100	¥56,000.00	3	¥1,120.00	吴小姐
2020年9月1日	甲批发部	红蜻蜓鞋子	双	680	80	¥54,400.00	4	¥0.00	吴小姐
2020年9月23日	甲批发部	达芙妮单鞋	双	150	100	¥15,000.00	14	¥300.00	李先生
2020年9月23日	甲批发部	曼可妮单鞋	双	160	80	¥12,800.00	16	¥0.00	李先生
2020年9月23日	甲批发部	361运动鞋	双	180	50	¥9,000.00	21	¥0.00	吴小姐
2020年9月5日	乙批发部	鄂尔多斯羊毛衫	件	300	150	¥45,000.00	5	¥2,250.00	李先生
2020年9月5日	乙批发部	红蜻蜓鞋子	双	680	50	¥34,000.00	6	¥0.00	吴小姐
2020年9月23日	乙批发部	李宁运动鞋	双	240	120	¥28,800.00	7	¥576.00	吴小姐
2020年9月15日	乙批发部	蒂斐纳外套	件	220	100	¥22,000.00	11	¥440.00	李先生
2020年9月15日	乙批发部	红袖坊外套	件	260	80	¥20,800.00	12	¥0.00	吴小姐
2020年9月23日	乙批发部	运动外套	件	150	100	¥15,000.00	14	¥300.00	吴小姐
2020年9月5日	乙批发部	曼可妮单鞋	双	160	80	¥12,800.00	16	¥0.00	吴小姐
2020年9月5日	乙批发部	达芙妮单鞋	双	150	80	¥12,000.00	18	¥0.00	李先生
2020年9月15日	乙批发部	秋水伊人外套	件	120	100	¥12,000.00	18	¥240.00	吴小姐
2020年9月5日	乙批发部	秋鹿睡衣（女款）	件	100	90	¥9,000.00	21	¥0.00	李先生
2020年9月5日	乙批发部	361°运动鞋	双	180	50	¥9,000.00	21	¥0.00	吴小姐
2020年9月5日	乙批发部	秋鹿睡衣（男款）	件	80	100	¥8,000.00	24	¥160.00	李先生
2020年9月12日	丙批发部	圣诺兰外套	件	520	50	¥26,000.00	8	¥0.00	吴小姐
2020年9月12日	丙批发部	Voca外套	件	450	50	¥22,500.00	9	¥0.00	李先生
2020年9月15日	丙批发部	爱神外套	件	450	50	¥22,500.00	9	¥0.00	吴小姐
2020年9月12日	丙批发部	木真了外套	件	350	50	¥17,500.00	13	¥0.00	李先生
2020年9月12日	丙批发部	夏先露斯	件	200	50	¥10,000.00	20	¥0.00	李先生

图 4-50　重新排列

2. 数据筛选

(1) 对金额在 20 000 元以上的进货情况进行列表显示。

打开图 4-50 所示的工作表，按 Ctrl + A 组合键选中工作表内的所有单元格，再按 Ctrl + C 组合键对刚刚选中的单元格进行复制。

切换到 Sheet2 工作表，将光标放置在 A1 单元格中，按 Ctrl + V 组合键即可完成粘贴。将 Sheet2 工作表重命名为“筛选”工作表。

在工作表中选中任意单元格，在“数据”选项卡的“排序和筛选”组中单击“筛选”按钮。此时在各列标题后出现了下拉按钮，单击“进货日期”后的下拉按钮打开筛选器，取消选中“23”的复选框，如图 4-51 所示，单击“确定”按钮，此时工作表中将只显示 9

月上半月的相关数据。

			2020年9月青龙百货进货表					
编号	进货日期	进货地	货物名称	单位	单价	数量	金额	经手人
		发部	星期六鞋子	双	560	100	¥56,000.00	吴小姐
		发部	百丽鞋子	双	710	150	¥106,500.00	吴小姐
		发部	红蜻蜓鞋子	双	680	80	¥54,400.00	吴小姐
		发部	森达鞋子	双	450	200	¥90,000.00	吴小姐
		发部	秋鹿睡衣（男款）	件	80	100	¥8,000.00	李先生
		发部	秋鹿睡衣（女款）	件	100	90	¥9,000.00	李先生
		发部	鄂尔多斯羊毛衫	件	300	150	¥45,000.00	李先生
		发部	达芙妮单鞋	双	150	80	¥12,000.00	李先生
		发部	曼可妮单鞋	双	160	80	¥12,800.00	吴小姐
		发部	361°运动鞋	双	180	50	¥9,000.00	吴小姐
		发部	红蜻蜓鞋子	双	680	50	¥34,000.00	吴小姐
		发部	夏克露斯	件	200	50	¥10,000.00	李先生
		发部	Voca外套	件	450	50	¥22,500.00	李先生
		发部	木真了外套	件	350	50	¥17,500.00	李先生
		发部	圣瑺兰外套	件	520	50	¥26,000.00	吴小姐
		发部	爱神外套	件	450	50	¥22,500.00	吴小姐
		发部	秋水伊人外套	件	120	100	¥12,000.00	吴小姐
		发部	红袖坊外套	件	260	80	¥20,800.00	吴小姐
		发部	蒂爱纳外套	件	220	100	¥22,000.00	李先生
		发部	达芙妮单鞋	双	150	100	¥15,000.00	李先生
21	2020-9-23	甲批发部	曼可妮单鞋	双	160	80	¥12,800.00	李先生
22	2020-9-23	甲批发部	361运动鞋	双	180	50	¥9,000.00	吴小姐
23	2020-9-23	乙批发部	李宁运动鞋	双	240	120	¥28,800.00	吴小姐
24	2020-9-23	乙批发部	运动外套	件	150	100	¥15,000.00	吴小姐

图 4-51 数据筛选

(2) 使用自定义筛选对甲批发部单价在 600 元以上的交易情况进行列表显示。

完成此项任务，需要进行两轮筛选，即筛选出“甲批发部”以及“单价在 600 元以上”，具体的操作步骤如下：

① 对“甲批发部”的商品销售情况进行筛选。单击“进货地点”右侧的下拉按钮，在筛选器中选择“甲批发部”。

② 单击“数量”右侧的下拉按钮，在列筛选器中选择“数字筛选”命令，弹出如图 4-52 所示的子菜单，选择“自定义筛选”命令，打开“自定义自动筛选方式”对话框，如图 4-53 所示。在其中设置“单价”“大于或等于”“600”，单击“确定”按钮即可，结果如图 4-54 所示。

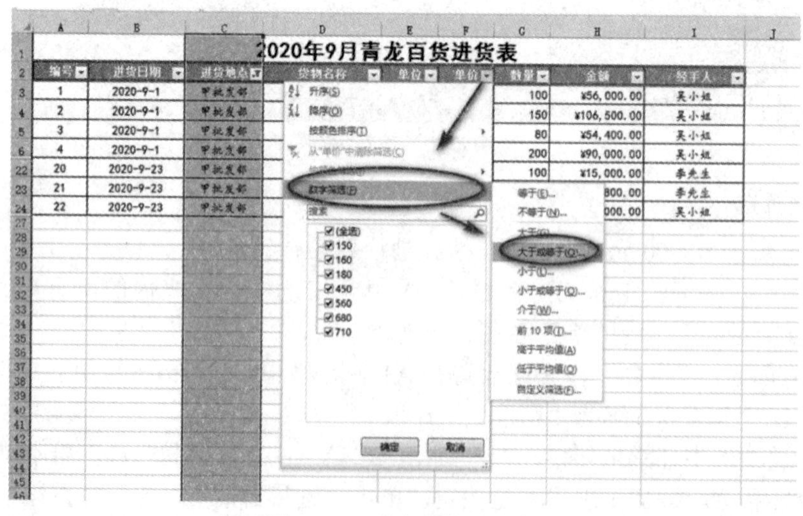

图 4-52 “数字筛选”命令

图 4-53　自定义筛选

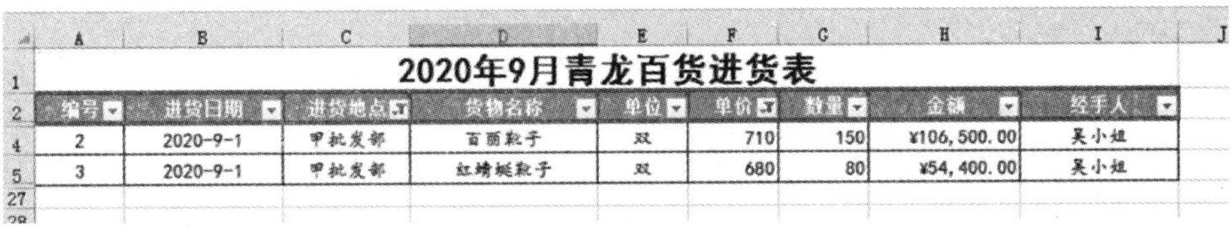

	A	B	C	D	E	F	G	H	I
1	2020年9月青龙百货进货表								
2	编号	进货日期	进货地点	货物名称	单位	单价	数量	金额	经手人
4	2	2020-9-1	甲批发部	百丽靴子	双	710	150	¥106,500.00	吴小姐
5	3	2020-9-1	甲批发部	红蜻蜓靴子	双	680	80	¥54,400.00	吴小姐
27									

图 4-54　筛选结果

(3) 通过高级筛选功能对甲批发部金额超过 50 000 元的交易情况，以及在“2020-9-23”日期下“吴小姐”的经手情况进行列表显示。

利用上述同样的操作方法，将相应的单元格复制到 Sheet3 工作表中，并对其重命名为“高级筛选”。

完成此项任务，需要进行两轮筛选：

第一轮：“进货地点”为“甲批发部”，“金额”大于“50 000”。

第二轮：“进货日期”为“2020-9-23”，且“经手人”为“吴小姐”。

具体操作步骤如下：

① 设置条件区域并输入筛选条件。在数据区域的下方设置条件区域，其中条件区域必须输入列标签，同时确保条件区域与数据区域之间至少保留一个空白行，在该工作表中，我们从第 28 行开始输入，如图 4-55 所示。

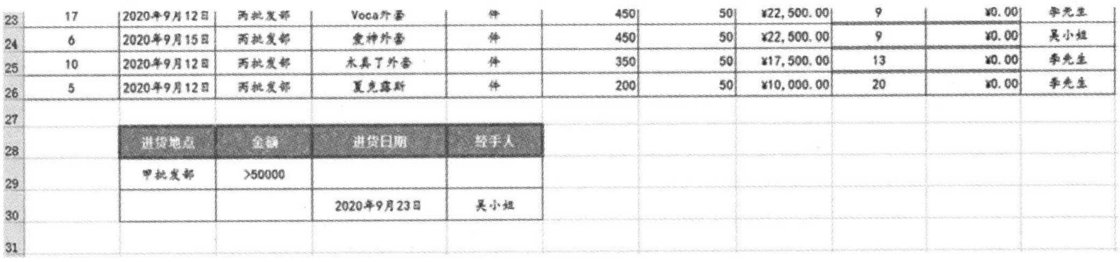

23	17	2020年9月12日	丙批发部	Voca外套	件	450	50	¥22,500.00	9	¥0.00	李先生
24	6	2020年9月15日	丙批发部	爱神外套	件	450	50	¥22,500.00	9	¥0.00	吴小姐
25	10	2020年9月12日	丙批发部	木真了外套	件	350	50	¥17,500.00	13	¥0.00	李先生
26	5	2020年9月12日	丙批发部	夏克露斯	件	200	50	¥10,000.00	20	¥0.00	李先生
27											
28		进货地点	金额	进货日期	经手人						
29		甲批发部	>50000								
30				2020年9月23日	吴小姐						
31											

图 4-55　高级筛选结果

② 选择数据列表数据、条件区域和目标区域。选中数据区域中的任意单元格，在“数据”选项卡的“排序和筛选”组中单击“高级”按钮，打开“高级筛选”对话框，如图 4-56 所示。

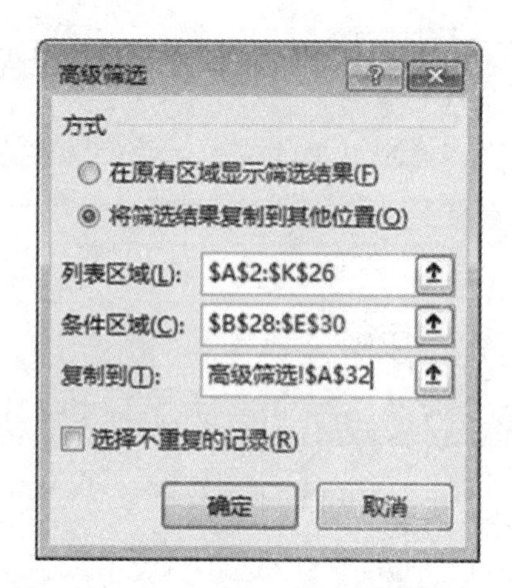

图 4-56 “高级筛选”对话框

单击“条件区域”文本框右侧的选择单元格按钮，选中工作表中的 B28 至 E30 区域，在“方式”选项组中选中“将筛选结果复制到其他位置”单选按钮，再单击“复制到”文本框右侧的选择显示筛选结果的目标位置，单击“确定”按钮即可将所需要的筛选结果进行列表显示，结果如图 4-57 所示。

进货地点	金额	进货日期	经手人
甲批发部	>50000		
		2020年9月23日	吴小姐

编号	进货日期	进货地点	货物名称	单位	单价	数量	金额	排名	折扣金额	经手人
15	2020年9月1日	甲批发部	百丽靴子	双	710	150	¥106,500.00	1	¥5,325.00	吴小姐
13	2020年9月1日	甲批发部	森达靴子	双	450	200	¥90,000.00	2	¥4,500.00	吴小姐
16	2020年9月1日	甲批发部	星期六靴子	双	560	100	¥56,000.00	3	¥1,120.00	吴小姐
14	2020年9月1日	甲批发部	红蜻蜓靴子	双	680	80	¥54,400.00	4	¥0.00	吴小姐
4	2020年9月23日	甲批发部	361运动鞋	双	180	50	¥9,000.00	21	¥0.00	吴小姐
20	2020年9月23日	乙批发部	李宁运动鞋	双	240	120	¥28,800.00	7	¥576.00	吴小姐
7	2020年9月23日	乙批发部	运动外套	件	150	100	¥15,000.00	14	¥300.00	吴小姐

图 4-57 筛选结果

3. 分类汇总

统计各经手人的平均交易额，同时汇总各进货地点的 9 月进货总额。

新建一个工作表，命名为“分类汇总”，并按照上述方法将相关的单元格复制到“分类汇总”工作表中。

(1) 将“经手人”作为主关键字、“进货地点”作为次关键字进行排序。

(2) 选中数据区域的任意单元格，在“数据”选项卡的“分级显示”组中单击“分类汇总”按钮，打开“分类汇总”对话框，如图 4-58 所示。

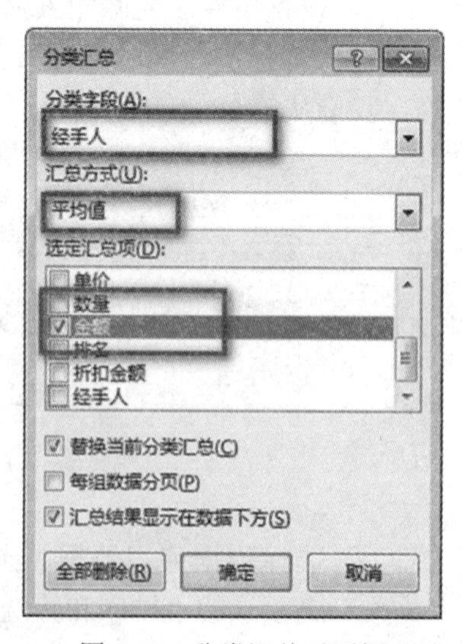

图 4-58 分类汇总对话框

设置“分类字段”为“经手人”，“汇总方式”为“平均值”，“选定汇总项”为“金额”，同时选中“替换当前分类汇总”“汇总结果显示在数据下方”复选框，然后单击“确定”按钮，分类效果如图 4-59 所示。

2020年9月青龙百货进货表

编号	进货日期	进货地点	货物名称	单位	单价	数量	金额	排名	折扣金额	经手人
12	2020年9月23日	甲批发部	达芙妮单鞋	双	150	100	¥15,000.00	15	¥300.00	李先生
2	2020年9月23日	甲批发部	曼可妮单鞋	双	160	80	¥12,800.00	17	¥0.00	李先生
1	2020年9月5日	乙批发部	鄂尔多斯羊毛衫	件	300	150	¥45,000.00	5	¥2,250.00	李先生
21	2020年9月15日	乙批发部	蒂曼纳外套	件	220	100	¥22,000.00	11	¥440.00	李先生
23	2020年9月5日	乙批发部	达芙妮单鞋	双	150	80	¥12,000.00	19	¥0.00	李先生
18	2020年9月5日	乙批发部	秋鹿睡衣（女款）	件	100	90	¥9,000.00	22	¥0.00	李先生
9	2020年9月5日	乙批发部	秋鹿睡衣（男款）	件	80	100	¥8,000.00	25	¥160.00	李先生
17	2020年9月12日	丙批发部	Voca外套	件	450	50	¥22,500.00	9	¥0.00	李先生
10	2020年9月12日	丙批发部	木真了外套	件	350	50	¥17,500.00	13	¥0.00	李先生
5	2020年9月12日	丙批发部	夏先露斯	件	200	50	¥10,000.00	21	¥0.00	李先生
							¥17,380.00			李先生 平均值
15	2020年9月1日	甲批发部	百丽靴子	双	710	150	¥106,500.00	1	¥5,325.00	吴小姐
13	2020年9月1日	甲批发部	森达靴子	双	450	200	¥90,000.00	2	¥4,500.00	吴小姐
16	2020年9月1日	甲批发部	星期六靴子	双	560	100	¥56,000.00	3	¥1,120.00	吴小姐
14	2020年9月1日	甲批发部	红蜻蜓靴子	双	680	80	¥54,400.00	4	¥0.00	吴小姐
4	2020年9月23日	甲批发部	361运动鞋	双	180	50	¥9,000.00	22	¥0.00	吴小姐
3	2020年9月5日	乙批发部	红蜻蜓靴子	双	680	50	¥34,000.00	6	¥0.00	吴小姐
20	2020年9月23日	乙批发部	李宁运动鞋	双	240	120	¥28,800.00	7	¥576.00	吴小姐
22	2020年9月15日	乙批发部	红袖纺外套	件	260	80	¥20,800.00	12	¥0.00	吴小姐
7	2020年9月23日	乙批发部	运动外套	件	150	100	¥15,000.00	15	¥300.00	吴小姐
11	2020年9月5日	乙批发部	曼可妮单鞋	双	160	80	¥12,800.00	17	¥0.00	吴小姐
19	2020年9月15日	乙批发部	秋水伊人外套	件	120	100	¥12,000.00	19	¥240.00	吴小姐
24	2020年9月5日	乙批发部	361°运动鞋	双	180	50	¥9,000.00	22	¥0.00	吴小姐
8	2020年9月12日	丙批发部	圣德兰外套	件	520	50	¥26,000.00	8	¥0.00	吴小姐
6	2020年9月15日	丙批发部	爱神外套	件	450	50	¥22,500.00	9	¥0.00	吴小姐
							¥35,485.71			吴小姐 平均值
							¥27,941.67			总计平均值

图 4-59　分类汇总结果

(3) 在步骤 2 的基础上再次执行分类汇总。在“分类汇总”对话框中设置“分类字段”为“进货地点”,“汇总方式”为“求和”,“选定汇总项”为“金额”, 同时取消选中“替换当前分类汇总”复选框，单击“确定”按钮即实现了二级分类汇总。两次分类汇总后的结果如图 4-60 所示。

2020年9月青龙百货进货表

编号	进货日期	进货地点	货物名称	单位	单价	数量	金额	排名	折扣金额	经手人
12	2020年9月23日	甲批发部	达芙妮单鞋	双	150	100	¥15,000.00	20	¥300.00	李先生
2	2020年9月23日	甲批发部	曼可妮单鞋	双	160	80	¥12,800.00	22	¥0.00	李先生
		甲批发部 汇总					¥27,800.00			
1	2020年9月5日	乙批发部	鄂尔多斯羊毛衫	件	300	150	¥45,000.00	9	¥2,250.00	李先生
21	2020年9月15日	乙批发部	蒂曼纳外套	件	220	100	¥22,000.00	16	¥440.00	李先生
23	2020年9月5日	乙批发部	达芙妮单鞋	双	150	80	¥12,000.00	24	¥0.00	李先生
18	2020年9月5日	乙批发部	秋鹿睡衣（女款）	件	100	90	¥9,000.00	27	¥0.00	李先生
9	2020年9月5日	乙批发部	秋鹿睡衣（男款）	件	80	100	¥8,000.00	30	¥160.00	李先生
		乙批发部 汇总					¥96,000.00			
17	2020年9月12日	丙批发部	Voca外套	件	450	50	¥22,500.00	14	¥0.00	李先生
10	2020年9月12日	丙批发部	木真了外套	件	350	50	¥17,500.00	18	¥0.00	李先生
5	2020年9月12日	丙批发部	夏先露斯	件	200	50	¥10,000.00	26	¥0.00	李先生
		丙批发部 汇总					¥50,000.00			
							¥17,380.00			李先生 平均值
15	2020年9月1日	甲批发部	百丽靴子	双	710	150	¥106,500.00	3	¥5,325.00	吴小姐
13	2020年9月1日	甲批发部	森达靴子	双	450	200	¥90,000.00	5	¥4,500.00	吴小姐
16	2020年9月1日	甲批发部	星期六靴子	双	560	100	¥56,000.00	6	¥1,120.00	吴小姐
14	2020年9月1日	甲批发部	红蜻蜓靴子	双	680	80	¥54,400.00	7	¥0.00	吴小姐
4	2020年9月23日	甲批发部	361运动鞋	双	180	50	¥9,000.00	27	¥0.00	吴小姐
		甲批发部 汇总					¥315,900.00			
3	2020年9月5日	乙批发部	红蜻蜓靴子	双	680	50	¥34,000.00	10	¥0.00	吴小姐
20	2020年9月23日	乙批发部	李宁运动鞋	双	240	120	¥28,800.00	11	¥576.00	吴小姐
22	2020年9月15日	乙批发部	红袖纺外套	件	260	80	¥20,800.00	17	¥0.00	吴小姐
7	2020年9月23日	乙批发部	运动外套	件	150	100	¥15,000.00	20	¥300.00	吴小姐
11	2020年9月5日	乙批发部	曼可妮单鞋	双	160	80	¥12,800.00	22	¥0.00	吴小姐
19	2020年9月15日	乙批发部	秋水伊人外套	件	120	100	¥12,000.00	24	¥240.00	吴小姐
24	2020年9月5日	乙批发部	361°运动鞋	双	180	50	¥9,000.00	27	¥0.00	吴小姐
		乙批发部 汇总					¥132,400.00			
8	2020年9月12日	丙批发部	圣德兰外套	件	520	50	¥26,000.00	13	¥0.00	吴小姐
6	2020年9月15日	丙批发部	爱神外套	件	450	50	¥22,500.00	14	¥0.00	吴小姐
		丙批发部 汇总					¥48,500.00			
							¥35,485.71			吴小姐 平均值
		总计					¥670,600.00			
							¥27,941.67			总计平均值

图 4-60　二级分类汇总

4.3.4　必备知识

1. 数据排序

数据排序

Excel 2016 可以对一列或多列中的数据按文本 (升序或降序)、数字 (升序或降序) 以及日期和时间 (升序或降序) 进行排序，还可以按自定义序列或格式 (包括单元格颜色、字体颜色或图标集) 进行排序。大多数排序操作都是针对列进行的。数据排序一般分为简单排序、复杂排序和自定义排序。

2. 数据筛选

数据筛选

筛选是指找出符合条件的数据记录，即显示符合条件的记录，隐藏不符合条件的记录。

分类汇总

3. 分类汇总

分类汇总是指对某个字段的数据进行分类，并对各类数据进行快速的汇总统计。汇总的类型有求和、计数、平均值、最大值、最小值等，默认的汇总方式是求和。

创建分类汇总时，首先要对分类的字段进行排序。创建数据分类汇总后，Excel 会自动按汇总时的分类对数据清单进行分级显示，并自动生成数字分级显示按钮，用于查看各级别的分级数据。

如果需要在一个已经建立了分类汇总的工作表中再进行另一种分类汇总，两次分类汇总时使用不同的关键字，即实现嵌套分类汇总，则需要在进行分类汇总操作前对主关键字和次关键字进行排序。进行分类汇总时，将主关键字作为第一级分类汇总关键字，将次关键字作为第二级分类汇总关键字。

若要删除分类汇总，只需在“分类汇总”对话框中单击“全部删除”按钮即可。

4.3.5 训练任务

根据“华凯电器一季度销售情况统计表”工作簿文件，对华凯公司一季度电器销售情况进行分析、排序、汇总，工作表如图 4-61 所示。

华凯电器一季度销售情况统计表

销售员	品牌	型号	销售价格	销售数量	销售额
张平	海尔	FCD-JTHQA	938	18	16884
李玉	美的	KFR-26GM	6980	26	181480
胡婷	惠而浦	ASC-80M	1499	30	44970
张平	奥克斯	KFR-35GW	2499	20	49980
吴玲	创维	37L01HM	2990	35	104650
胡婷	海尔	FCD-JTHQA	938	45	42210
李玉	美的	KFR-30GM	2360	55	129800
张平	奥克斯	KFR-40GW	3500	47	164500
李玉	海尔	FCD-JTHQA	938	56	52528
吴玲	美的	KFR-26GM	6980	19	132620
吴玲	惠而浦	ASC-80M	1499	30	44970
胡婷	创维	37L01HM	2990	28	83720

图 4-61　华凯电器一季度销售情况统计表

具体操作要求如下：

(1) 选择“华凯电器一季度销售情况统计表”并为其建立多个副本，分别命名为“销售排序”“销售筛选”和“销售汇总”。

(2) 在“销售排序”工作表中，按“品牌 (降序)+ 销售员 (自定义序列张平，胡婷，李玉，吴玲)”进行排列。

(3) 在“销售筛选”工作表中，将销售数量在 40 台以上或销售额在 10 万元以上的销售情况列表显示。

(4) 在“销售筛选”工作表中，使用高级筛选，将美的和海尔的销售数量在 30 台以上销售情况列表显示。

(5) 在“销售汇总”工作表中，统计出每个品牌、每个销售员的销售总额情况。

评价反馈

学生自评表

任务		完成情况记录
课前	通过预习概括本节知识要点	
	预习过程中提出疑难点	
课中	对自己整堂课的状态评价是否满意？学习过程中是否能跟上老师的节奏？	
	课前预习过程中的疑难点是否弄懂解决？	
	是否能按时独立完成课堂相关任务？过程中的难点在哪里？	
课后	课后训练任务完成情况	
收获		
对自己本堂课学习效果总体评价		

学生互评表

序号	评价项目	小 组 互 评
1	任务是否按时完成	
2	任务完成上交情况	
3	作品质量	
4	小组成员合作面貌	
5	创新点	

教师评价表

序号	评价项目	自我评价	互相评价	教师评价	综合评价
1	学生课前预习				
2	规范操作				
3	完成质量				
4	关键操作要领掌握				
5	完成速度				
6	沟通协作				

注：评价档次统一采用 A(优秀)、B(良好)、C(合格)、D(努力) 4 个等级。

任务4 进货表的图表分析

4.4.1 任务描述

小李最近发现上半年家庭的开支越来越大，为了能够直观形象地查看上半年具体的家庭花销情况，他利用 Excel 2016 图表对家庭开支的数据进行了分析，用簇状柱形图比较各类开支每个月的消费情况，如图 4-62 所示；用堆积柱形图显示某项支出每月合计消费额的比例，同时比较各月的消费情况，如图 4-63 所示。

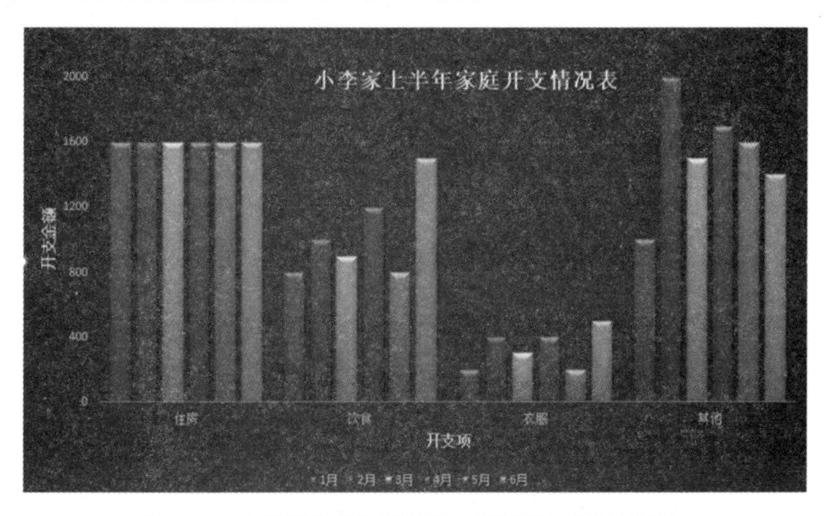

图 4-62 小李家上半年家庭开支情况表 (簇状柱形图)

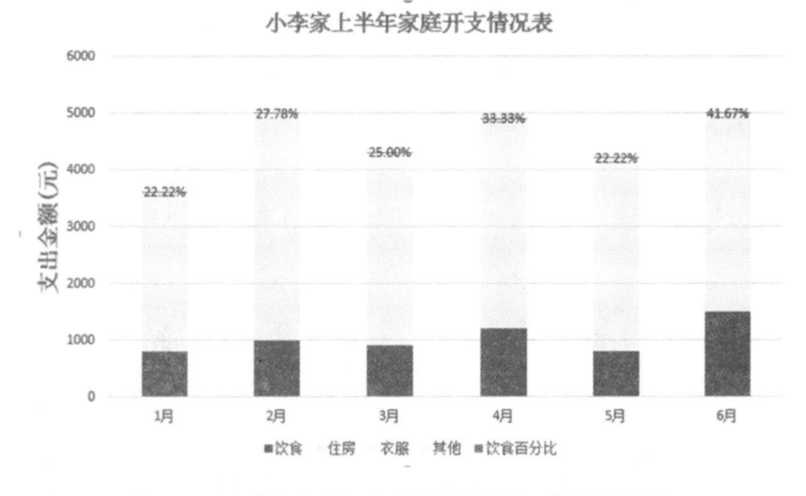

图 4-63 小李家上半年家庭开支情况表 (堆积柱形图)

4.4.2 任务分析

要完成本项工作任务，需要进行以下操作：

(1) 创建图表。因为 Excel 2016 中有大量的图表类型，故根据数据的特征，选择合适的图表类型至关重要。例如，分析变化趋势可以使用折线图；对数据进行分析，则可以选择柱形图；查看数据占总体的比例可以选择饼图。

(2) 设计和编辑图表。以上操作设计出来的图表均为标准格式，一般都需要对图表进行二次加工，使其变得更加直观、美观。图表的编辑是指对图表各元素进行格式设置，需要在各个对象的格式对话框中进行设置。

4.4.3 任务实现

1. 创建“小李家上半年家庭开支情况表”

在 Excel 2016 中新建工作簿文件“小李家上半年家庭开支情况表 .xlsx”，参考图 4-64 输入家庭开支数据。

小李家上半年家庭开支情况表					
月份	住房	饮食	衣服	其他	总支出
1月	1600	800	200	1000	3600
2月	1600	1000	400	2000	5000
3月	1600	900	300	1500	4300
4月	1600	1200	400	1700	4900
5月	1600	800	200	1600	4200
6月	1600	1500	500	1400	5000

图 4-64　开支情况表

2. 建立簇状柱形图，比较各项支出每个月的消费情况

(1) 选择数据源 A2:E8 区域。

(2) 在“插入”选项卡的“图表”组中单击“插入柱形图或条形图”下拉按钮，在其下拉列表中选择“二维柱形图”中的“簇状柱形图”选项，即可在当前工作表中生成如图 4-65 所示的簇状柱形图。

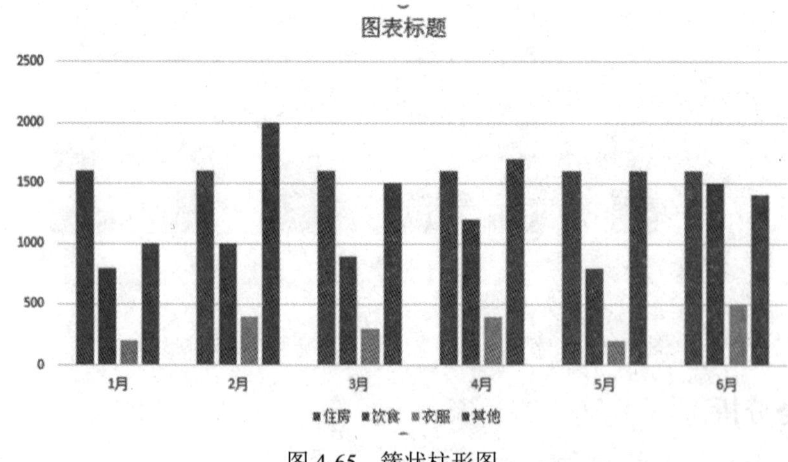

图 4-65　簇状柱形图

(3) 在图表上移动鼠标指针，可以看到指针所指向的图表各个区域的名称，如图表区、绘图区、水平(类别)轴、垂直(值)轴、图例等。

在“设计”选项卡中的“数据”组中单击“切换行/列”按钮，就可以交换坐标轴上的数据，生成如图4-66所示的图表。

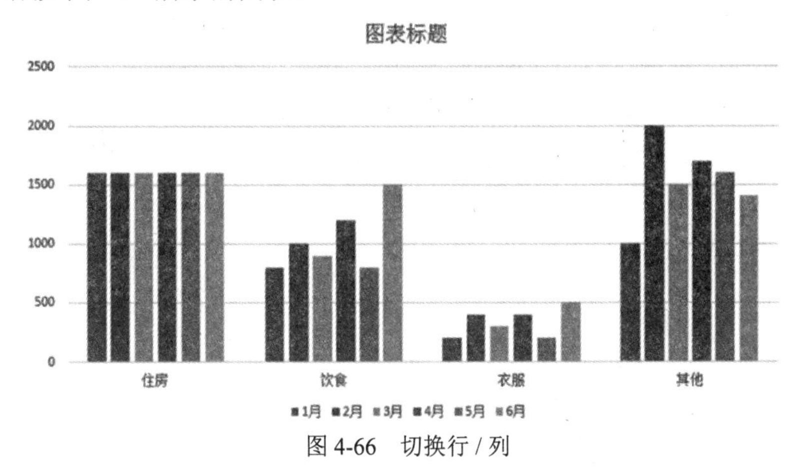

图 4-66　切换行/列

3. 设置图表标签

(1) 添加图表标题。

① 选中图4-65所示的图表，在“设计”选项卡的“图表布局”组中单击“添加图表元素”下拉按钮，在其下拉列表中选择“图表标题”→“图表上方”选项，如图4-67所示，即在图表区顶部显示标题。

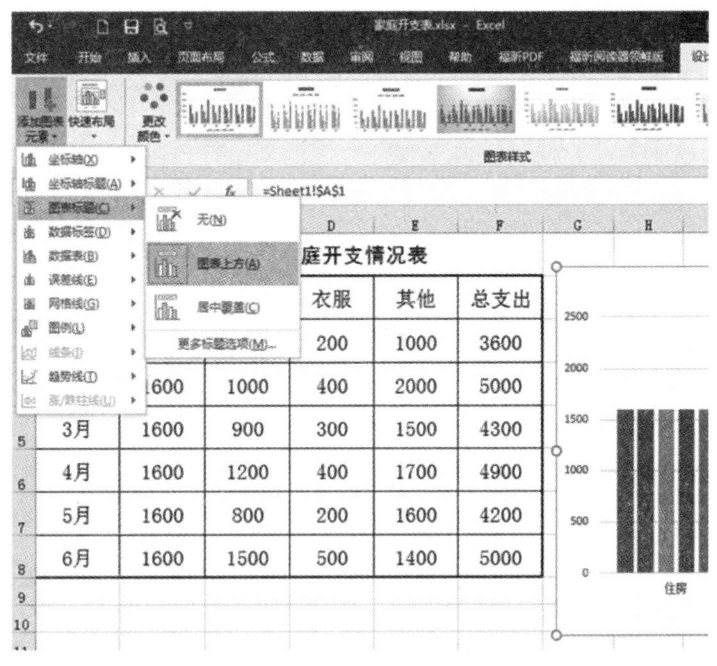

图 4-67　添加图表标题

② 删除文本框中的指示文字“图表标题”，输入需要的文字“小李家上半年家庭开支

情况表”。

(2) 添加横坐标轴标题。

① 选中图 4-65 所示的图表，在“设计”选项卡的“图表布局”组中单击“添加图表元素”下拉按钮，在其下拉列表中选择“坐标轴标题”→“主要横坐标轴”选项，即可在横坐标轴下面显示标题。

② 删除文本框中的提示文字“坐标轴标题”，输入“开支项”。

(3) 添加纵坐标轴标题。

① 选中图 4-65 所示的图表，在“设计”选项卡的“图表布局”组中单击“添加图表元素”下拉按钮，在其下拉列表中选择“坐标轴标题”→“主要纵坐标轴”选项，即可在纵坐标轴下面显示标题。

② 删除文本框中的提示文字“坐标轴标题”，输入“开支金额”。

(4) 调整图例区位置。

右击“图例”区，在弹出的快捷菜单中选择“设置图例格式”命令，打开“设置图例格式”窗格，在“图例选项”中设置“图例位置”为“靠下”，如图 4-68 所示。

在“设置图例格式”窗格中还可以设置图例区域的填充、边框样式、边框颜色等多种显示效果。

(5) 调整数值轴刻度。

右击“垂直(值)轴”，在弹出的快捷菜单中选择“设置坐标轴格式”命令，打开“设置坐标轴格式”窗格，如图 4-69 所示。在“坐标轴选项”的“边界”中设置“最小值”为“0.0”，“最大值”为“2000.0”，“单位”中“大”设置为“400.0”，对坐标轴刻度进行相应的调整。

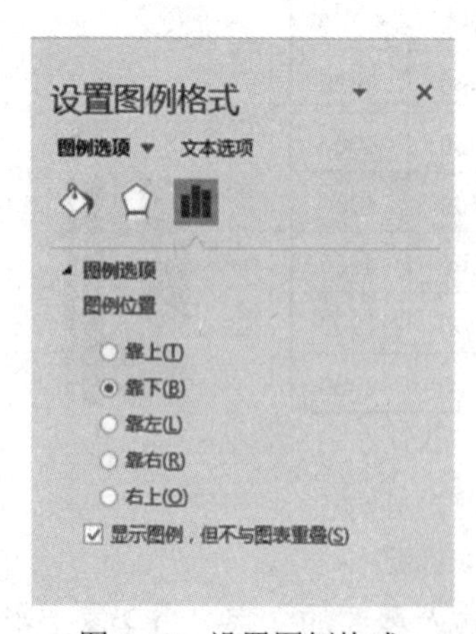

图 4-68　设置图例格式

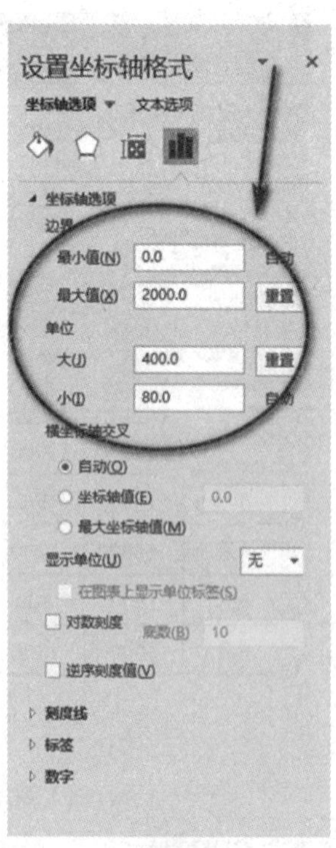

图 4-69　调整数值轴刻度

4. 设置图表区格式

选中图表区，选择上方“图表工具”的“设计”选项卡，在“图表样式”中点选“样式 8”，效果如图 4-62 所示。

5. 建立堆积柱形图

根据任务描述要求，首先要计算出各类支出的占比，然后插入柱形图，最后对格式进行调整。

(1) 计算各类支出占当月家庭总支出的百分比。打开“小李家上半年家庭开支情况表”，在 G2:J2 单元格区域中依次输入“住房百分比”“饮食百分比”“衣服百分比”“其他百分比”。

选中 G3 单元格，输入公式“==B3/$F3”后按 Enter 键，即可求得“住房百分比”。

拖动 G3 单元格右下角的填充柄到 J3 单元格，计算出各类支出占当月总支出的百分比。选择 G3:J3 单元格区域，右击，在弹出的快捷菜单中选择“设置单元格格式”命令，打开“设置单元格格式”对话框，将单元格的数字修改成“以百分比的格式显示，小数位数为 2”，同时补全表格及其边框线，表格效果如图 4-70 所示。

小李家上半年家庭开支情况表

月份	住房	饮食	衣服	其他	总支出	住房百分比	饮食百分比	衣服百分比	其他百分比
1月	1600	800	200	1000	3600	44.44%	22.22%	5.56%	27.78%
2月	1600	1000	400	2000	5000	32.00%	20.00%	8.00%	40.00%
3月	1600	900	300	1500	4300	37.21%	20.93%	6.98%	34.88%
4月	1600	1200	400	1700	4900	32.65%	24.49%	8.16%	34.69%
5月	1600	800	200	1600	4200	38.10%	19.05%	4.76%	38.10%
6月	1600	1500	500	1400	5000	32.00%	30.00%	10.00%	28.00%

图 4-70　计算比例

(2) 按月份创建堆积柱形图。按住 Ctrl 键选中两个不连续的区域 A2:E8 和 G2:J8，在“插入”选项卡的“图表”组中单击“柱形图”下拉按钮，在其下拉列表中选择“二维柱形图”选项组中的“堆积柱形图”选项，如图 4-71 所示，生成如图 4-72 所示的堆积柱形图。

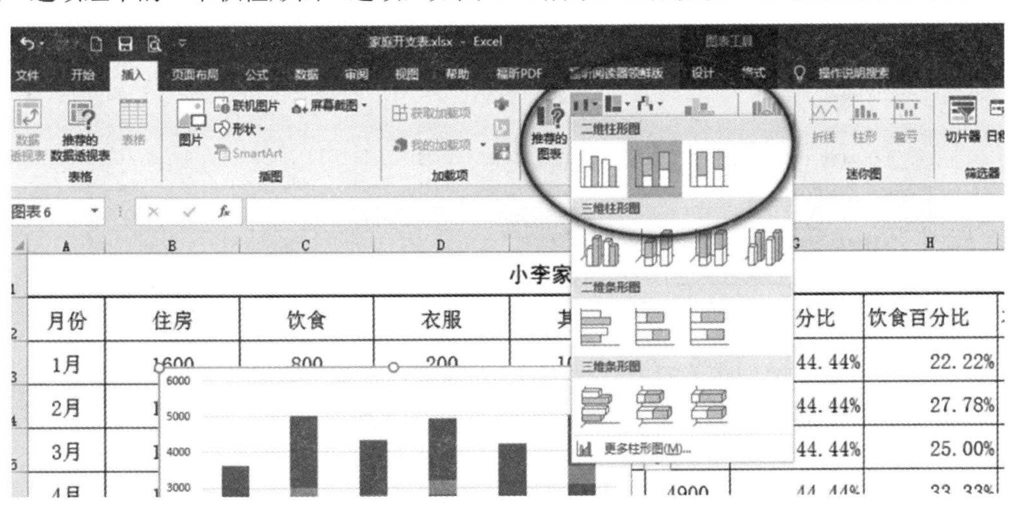

图 4-71　调整数据系列排序顺序

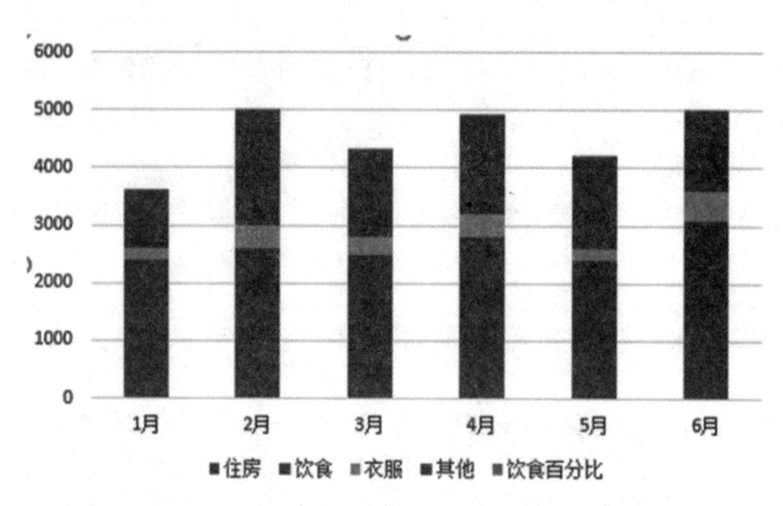

图 4-72 堆积柱形图

(3) 设置图表标签。

① 添加标题。在图表区顶部添加标题“小李家上半年家庭开支情况表”，文字的字体格式设置为“宋体、14 号、加粗”，“红色、个性色 2”。

② 添加纵坐标轴标题“支出金额(元)”，文字的字体格式设置为“宋体、14 号、加粗”，“红色、个性色 2”。

(4) 调整数据系列排列顺序。选中图 4-72 所示的图表，在“设计”选项卡的“数据”组中单击“选择数据”按钮，打开“选择数据源”对话框，如图 4-73 所示。

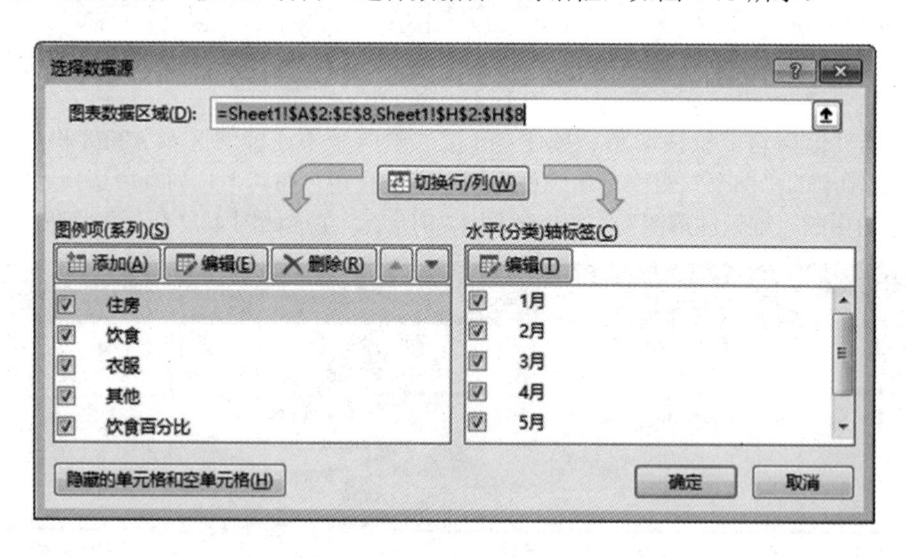

图 4-73 “选择数据源”对话框

在该对话框的“图例项(系列)”选项组中选中“饮食”系列，单击“上移”按钮，将“饮食”系列移至列表的顶部，再单击“确定”按钮返回。此时，图 4-72 中的“饮食”直方块被移动到底部。

(5) 设置各数据系列的格式。右击图表中的“住房”数据系列，在弹出的快捷菜单中选择“设置数据系列格式”命令，打开“设置数据系列格式”窗格，如图 4-74 所示。

图 4-74　设置各数据系列的格式

选择“填充与线条”选项卡，在“填充”中设置数据系列的填充方式为“纯色填充”，在“颜色”下拉列表框中选择“茶色、背景 2”，透明度为“45%”。使用同样的方法设置“衣服”“其他”系列的格式。

(6) 添加数据标签。右击图表中的“饮食百分比”数据系列，在弹出的快捷菜单中选择“添加数据标签”命令，即可添加图 4-63 所示的数据标签。

至此，堆积柱形图操作全部完成。

4.4.4　必备知识

数据图表

1. 认识图表

图表的基本组成包括以下几部分：

(1) 图表区。图表区指整个图表，包括所有的数据系列、轴、标题等。

(2) 绘图区。绘图区是指由坐标轴包围的区域。

(3) 图表标题。图表标题是对图表内容的文字说明。

(4) 坐标轴。坐标轴分 X 轴和 Y 轴。X 轴是水平轴，表示分类；Y 轴通常是垂直轴，包含数据。

(5) 横坐标轴标题。横坐标轴标题是对分类情况的文字说明。

(6) 纵坐标轴标题。纵坐标轴标题是对数值轴的文字说明。

(7) 图例。图例是一个方框，显示每个数据系列的标识名称和符号。

(8) 数据系列。数据系列是图表中的相关数据点，它们源自数据表的行和列。每个数据系列都有唯一的颜色或图案，在图例中有表示。可以在图表中绘制一个或多个数据系列。饼图只有一个数据系列。

(9) 数据标签。数据标签用来标识数据系列中数据点的详细信息，它在图表上的显示是可选的。

2. 创建并调整图表

(1) 创建图表。在工作表中选择图表数据，在“插入”选项卡的“图表”组中选择要使用的图表类型即可。默认情况下，图表放在工作表上。如果要将图表放在单独的工作表中，可以执行下列操作：

① 选中欲移动位置的图表，此时将显示“图表工具”上下文选项卡，其上增加了“设计”“页面布局”和“格式”选项卡。

② 在“设计”选项卡的“位置”组中单击“移动图表”按钮，打开“移动图表”对话框，如图 4-75 所示。

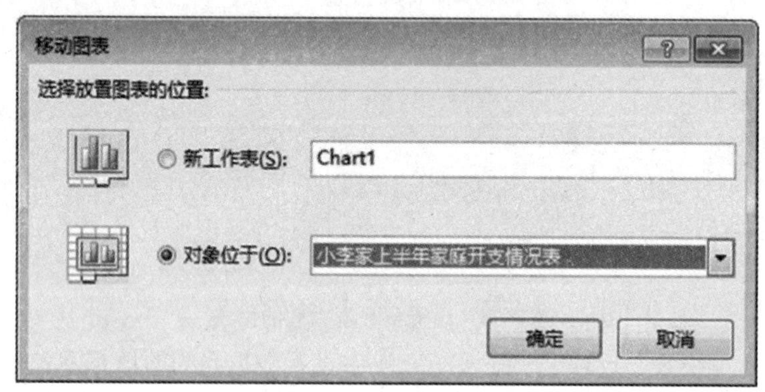

图 4-75 “移动图表”对话框

(2) 调整图表大小。调整图表大小的方法有以下两种：

① 单击图表，然后拖动尺寸控制点，将其调整为所需大小。

② 在“图表工具-格式”选项卡的“大小”组中设置高度和宽度的值即可，如图 4-76 所示。

图 4-76 设置图表大小

3. 应用预定义图表布局和图表样式

创建图表后，可以快速对图表应用预定义布局和图表样式。

快速对图表应用预定义布局的操作步骤是：选中图表，在“设计”选项卡的“图表布局”组中单击要使用的图表布局即可。快速应用图表样式的操作步骤是：选中图表，在“设计”选项卡的“图表样式”组中单击要使用的图表样式即可。

4. 手动更改图表元素的布局

(1) 选中图表元素的方法。

① 在图表上单击要选择的图表元素，被选择的图表元素上将显示被选择手柄标记，表示图表元素被选中。

② 单击图表，在“格式”选项卡的“当前所选内容”组中，单击“图表元素”下拉按钮，然后选择所需的图表元素即可。

(2) 更改图表布局。选中要更改布局的图表元素，在“设计”选项卡的“图表布局”

组中选择相应的布局选项即可。

5. 手动更改图表元素的格式

(1) 选中要更改格式的图表元素。

(2) 在“格式”选项卡的“当前所选内容”组中单击“设置所选内容格式”按钮，打开设置格式对话框，在其中设置相应的格式即可。

6. 添加数据标签

若要向所有数据系列的所有数据点添加数据标签，则应单击图表区；若要向一个数据系列的所有数据点添加数据标签，则应单击该数据系列的任意位置；若要向一个数据系列中的单个数据点添加数据标签，则应单击包含该数据点的数据系列后再单击该数据点。

7. 图表的类型

Excel 2016 内置了大量的图表类型，可以根据需要查看原始数据的特点，选用不同类型的图表。下面介绍应用频率较高的几种图表：

(1) 柱形图。柱形图用于显示一段时间内的数据变化或显示各项之间的比较情况，用柱长表示数值的大小。通常沿水平轴组织类别，沿垂直轴组织数值。

(2) 折线图。折线图是用直线将各数据点连接起来而组成的图形，用来显示随时间变化的连续数据，因此可用于显示相等时间间隔的数据的变化趋势。

(3) 饼图。饼图用于显示一个数据系列中各项的大小与各项总和的比例。

(4) 条形图。条形图一般用于显示各个相互无关数据项目之间的比较情况。水平轴表示数据值的大小，垂直轴表示类别。

(5) 面积图。面积图强调数量随时间变化的程度，与折线图相比，面积图强调变化量，用曲线下面的面积表示数据总和，可以显示部分与整体的关系。

(6) 散点图。散点图又称 XY 轴，主要用于比较成对的数据。散点图具有双重特性，既可以比较几个数据系列中的数据，也可以将两组数值显示在 XY 坐标系中的同一个系列中。

除上述几种图表外，Excel 中还有股价图、曲面图、圆环图、气泡图、雷达图等，分别适用于不同类型的数据。

4.4.5 训练任务

华杰电器 2019 年各区域的家电销售情况表如图 4-77 所示。

	A	B	C	D	E
1	华杰电器家电销售情况表				
2	销售区域	第一季度	第二季度	第三季度	第四季度
3	江西	275	170	167	218
4	广东	195	195	284	229
5	湖南	167	240	185	128
6	湖北	185	220	146	168
7	广西	178	215	175	170
8	云南	196	220	148	230
9	合计（万元）	1196	1260	1105	1143
10					

图 4-77 华杰电器家电销售情况表

具体要求如下：

(1) 创建堆积柱形图，比较华杰电器2019年各区域家电销售情况，以及每季度各区域销售额占销售总额的比例，结果如图4-78所示。

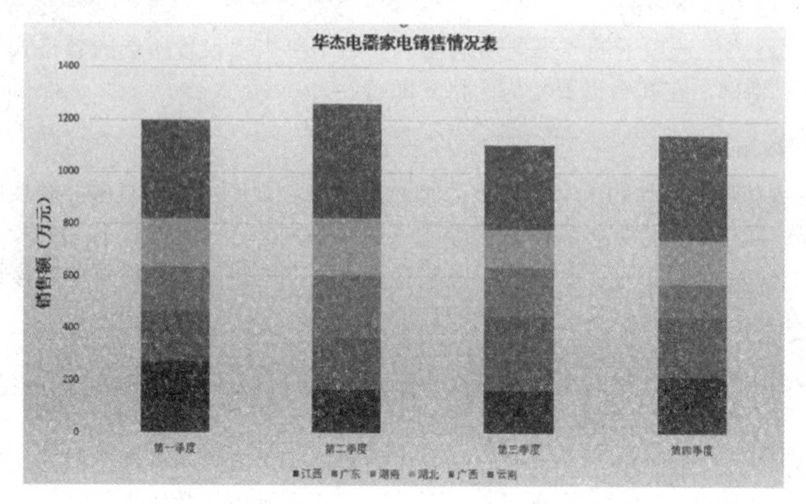

图4-78　华杰电器家电销售情况表(堆积柱形图)

格式要求如下：

① 图表标题为“黑体、14磅、加粗、黑色”；

② 数值轴标题为“宋体、14号、加粗、黑色”；

③ 图表背景为“渐变色填充，浅色渐变-个性色3”；

④ 显示江西区的销售数据。

(2) 创建饼图，对比华杰电器2019年各区域家电销售额占总销售额的比例，图表中显示占比，最终效果如图4-79所示。

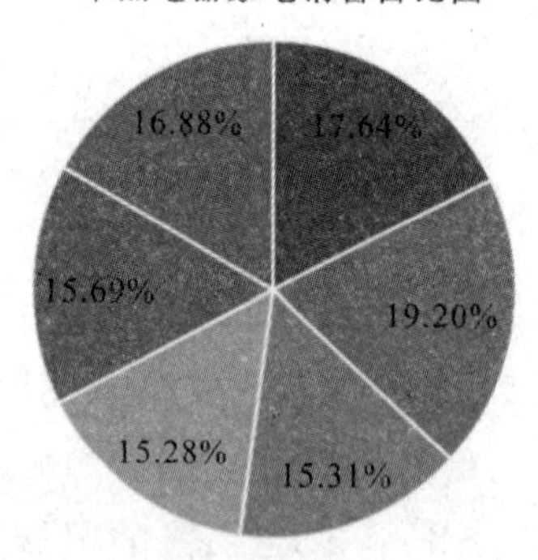

图4-79　华杰电器家电销售占比图(饼图)

评价反馈

学生自评表

任务		完成情况记录
课前	通过预习概括本节知识要点	
	预习过程中提出疑难点	
课中	对自己整堂课的状态评价是否满意？学习过程中是否能跟上老师的节奏？	
	课前预习过程中的疑难点是否弄懂解决？	
	是否能按时独立完成课堂相关任务？过程中的难点在哪里？	
课后	课后训练任务完成情况	
收获		
对自己本堂课学习效果总体评价		

学生互评表

序号	评价项目	小 组 互 评
1	任务是否按时完成	
2	任务完成上交情况	
3	作品质量	
4	小组成员合作面貌	
5	创新点	

教师评价表

序号	评价项目	自我评价	互相评价	教师评价	综合评价
1	学生课前预习				
2	规范操作				
3	完成质量				
4	关键操作要领掌握				
5	完成速度				
6	沟通协作				

注：评价档次统一采用 A(优秀)、B(良好)、C(合格)、D(努力) 4 个等级。

任务5 青龙百货进货表的数据透视表分析

4.5.1 任务描述

青龙百货公司需要对其 9 月份 3 个批发部的进货情况进行汇总、分析，查看不同进货部门的进货情况，不同经手人、不同时间的交易情况等信息，从而制订下一年度的商品进货计划。2020 年 9 月青龙百货进货表如图 4-80 所示。

2020年9月青龙百货进货表

编号	进货日期	进货地点	货物名称	单位	单价	数量	金额	经手人
1	2020-9-1	甲批发部	星期六靴子	双	560	100	¥56,000.00	吴小姐
2	2020-9-1	甲批发部	百丽靴子	双	710	150	¥106,500.00	吴小姐
3	2020-9-1	甲批发部	红蜻蜓靴子	双	680	80	¥54,400.00	吴小姐
4	2020-9-1	甲批发部	森达靴子	双	450	200	¥90,000.00	吴小姐
5	2020-9-5	乙批发部	鹿睡衣（男款）	件	80	100	¥8,000.00	李先生
6	2020-9-5	乙批发部	鹿睡衣（女款）	件	100	90	¥9,000.00	李先生
7	2020-9-5	乙批发部	鄂尔多斯羊毛衫	件	300	150	¥45,000.00	李先生
8	2020-9-5	乙批发部	达芙妮单鞋	双	150	80	¥12,000.00	李先生
9	2020-9-5	乙批发部	曼可妮单鞋	双	160	80	¥12,800.00	吴小姐
10	2020-9-5	乙批发部	361°运动鞋	双	180	50	¥9,000.00	吴小姐
11	2020-9-5	乙批发部	红蜻蜓靴子	双	680	50	¥34,000.00	吴小姐
12	2020-9-12	丙批发部	夏克露斯	件	200	50	¥10,000.00	李先生
13	2020-9-12	丙批发部	Voca外套	件	450	50	¥22,500.00	李先生
14	2020-9-12	丙批发部	木真了外套	件	350	50	¥17,500.00	李先生
15	2020-9-12	丙批发部	圣诺兰外套	件	520	50	¥26,000.00	吴小姐
16	2020-9-15	丙批发部	爱神外套	件	450	50	¥22,500.00	吴小姐
17	2020-9-15	乙批发部	秋水伊人外套	件	120	100	¥12,000.00	吴小姐
18	2020-9-15	乙批发部	红袖坊外套	件	260	80	¥20,800.00	吴小姐
19	2020-9-15	乙批发部	蒂爱纳外套	件	220	100	¥22,000.00	李先生
20	2020-9-23	甲批发部	达芙妮单鞋	双	150	100	¥15,000.00	李先生
21	2020-9-23	甲批发部	曼可妮单鞋	双	160	80	¥12,800.00	李先生
22	2020-9-23	甲批发部	361运动鞋	双	180	50	¥9,000.00	吴小姐
23	2020-9-23	乙批发部	李宁运动鞋	双	240	120	¥28,800.00	吴小姐
24	2020-9-23	乙批发部	运动外套	件	150	100	¥15,000.00	吴小姐

2020年9月青龙百货进货表 Sheet2 Sheet3

图 4-80 青龙百货进货表

根据此表统计以下几项内容：

(1) 统计 9 月各时间段的进货情况，如图 4-81 所示，并用图表的形式展示出来，如图 4-82 所示。

求和项:金额	列标签			
行标签	甲批发部	乙批发部	丙批发部	总计
2020年9月1日	306900			306900
2020年9月5日		129800		129800
2020年9月12日			76000	76000
2020年9月15日		54800	22500	77300
2020年9月23日	36800	43800		80600
总计	343700	228400	98500	670600

图 4-81 统计情况

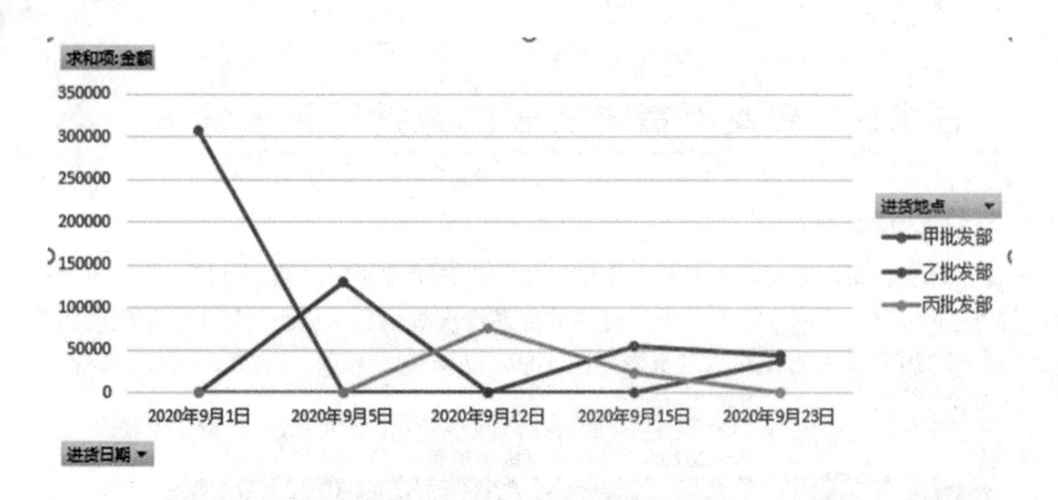

图 4-82　进货情况

(2) 统计各个经手人在各个进货地点的交易情况，如图 4-83 所示，并用合适的图表展示出来，如图 4-84 所示。

求和项:金额	列标签			
行标签	甲批发部	乙批发部	丙批发部	总计
李先生	27800	96000	50000	173800
吴小姐	315900	132400	48500	496800
总计	**343700**	**228400**	**98500**	**670600**

图 4-83　交易情况

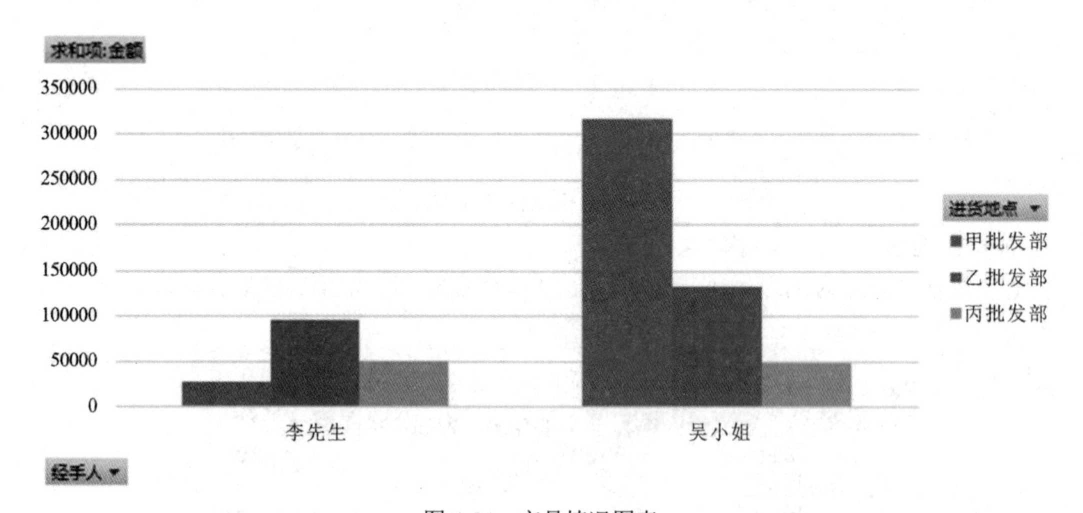

图 4-84　交易情况图表

(3) 统计各品牌产品 9 月份交易情况及各个进货点的进货金额，分别如图 4-85 和图 4-86 所示，并用图表的形式展示统计结果，如图 4-87 所示。

行标签	求和项:金额
361° 运动鞋	9000
361运动鞋	9000
Voca外套	22500
爱神外套	22500
百丽靴子	106500
达芙妮单鞋	27000
蒂爱纳外套	22000
鄂尔多斯羊毛衫	45000
红蜻蜓靴子	88400
红袖坊外套	20800
李宁运动鞋	28800
曼可妮单鞋	25600
木真了外套	17500
秋鹿睡衣（男款）	8000
秋鹿睡衣（女款）	9000
秋水伊人外套	12000
森达靴子	90000
圣诺兰外套	26000
夏克露斯	10000
星期六靴子	56000
运动外套	15000
总计	670600

图 4-85　各品牌产品交易情况

行标签	求和项:金额
甲批发部	343700
乙批发部	228400
丙批发部	98500
总计	670600

图 4-86　各进货点的进货金额

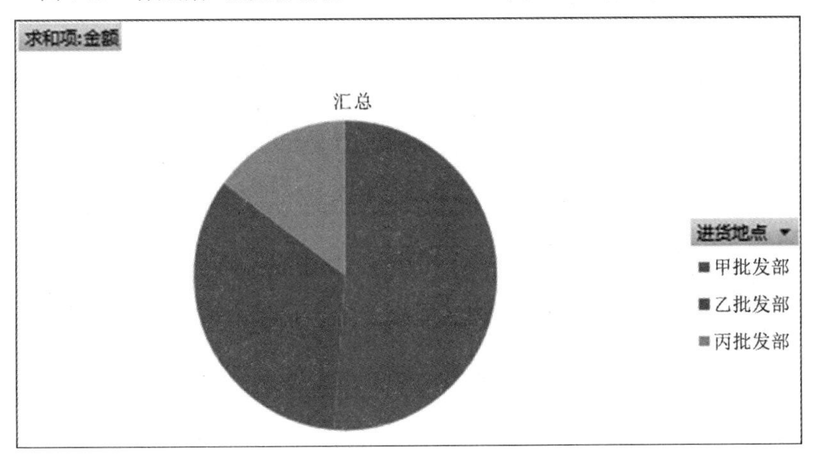

图 4-87　进货点金额汇总

4.5.2　任务分析

Excel 2016 提供的数据透视表功能，可以直观、形象地展现数据的对比结果，但其结果是通过表格的形式展示出来的。

要完成本项任务，需要进行以下操作：

(1) 创建数据透视表，构建数据透视表布局。

(2) 创建数据透视图，以更形象、更直观的方式显示数据和对比数据。

4.5.3　任务实现

1. 创建数据透视表

(1) 打开“2020 年 9 月青龙百货进货表 .xlsx”文件，并选中该数据表中的任意数据单元格。

(2) 在“插入”选项卡的“表格”组中单击“数据透视表”按钮，打开“创建数据透视表”对话框，如图 4-88 所示。

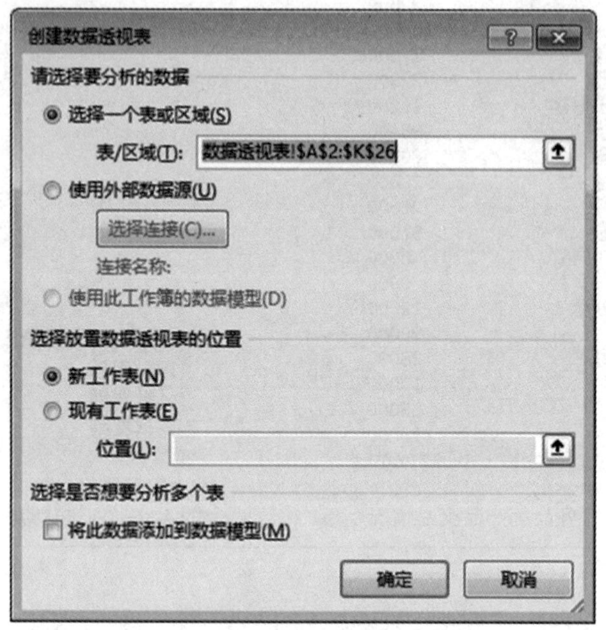

图 4-88 “创建数据透视表”对话框

(3) 单击“确定”按钮后，在 Sheet2 工作表中将显示刚刚创建的空白数据透视表和“数据透视表字段”窗格，同时在窗体的标题栏中出现了“数据透视表工具”上下文选项卡，如图 4-89 所示。

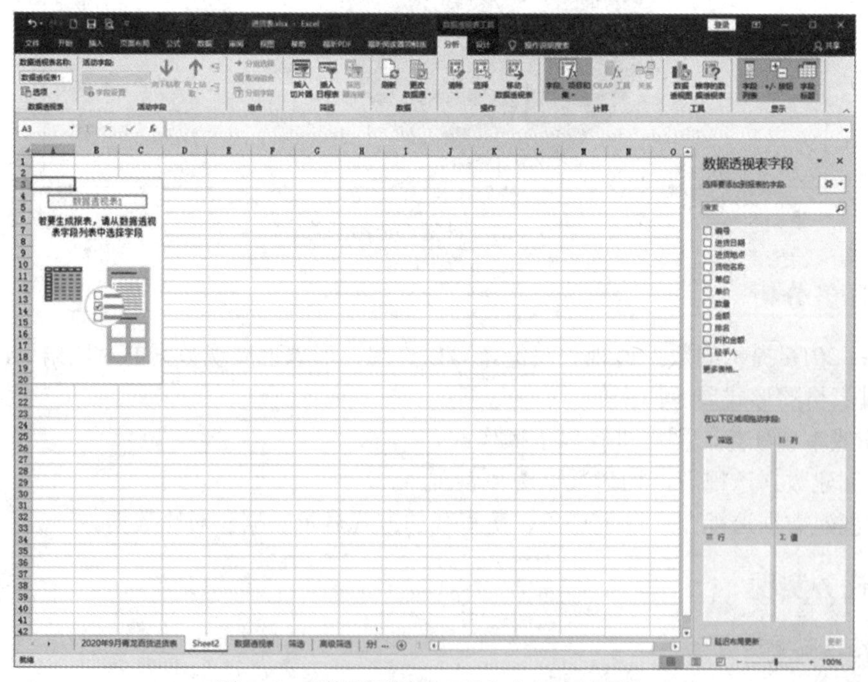

图 4-89 “数据透视表工具”上下文选项卡

2. 设置数据透视表字段、完成多角度的数据分析

(1) 要统计9月各时间段不同进货地点的交易额，可在位于“数据透视表字段”窗格上部的列表框中拖动“进货日期”字段至下部的“行”区域，将“金额”字段拖动到“值”区域，将“进货地点”字段拖动到“列”区域，如图4-90所示。

求和项:金额	列标签			
行标签	甲批发部	乙批发部	丙批发部	总计
2020年9月1日	306900			306900
2020年9月5日		129800		129800
2020年9月12日			76000	76000
2020年9月15日		54800	22500	77300
2020年9月23日	36800	43800		80600
总计	343700	228400	98500	670600

图4-90 拖拽字段

单击数据透视表的任意单元格，切换到“分析”选项卡，在“数据透视表”组中的“数据透视表名称”文本框中输入“数据透视表1”，如图4-91所示。

图4-91 输入“数据透视表1”

(2) 各个经手人在各个进货地点的交易情况，可以按照上述步骤重新建立一个空白数据透视表，拖动“经手人”字段至下部的“行”区域，将“金额”字段拖动到“值”区域，将“进货地点”字段拖动到“列”区域，如图4-92所示。

求和项:金额	列标签			
行标签	甲批发部	乙批发部	丙批发部	总计
李先生	27800	96000	50000	173800
吴小姐	315900	132400	48500	496800
总计	343700	228400	98500	670600

图4-92 各个经手人在各个进货地点的交易情况

(3) 要统计各品牌9月份不同进货地点的交易情况，也可以使用数据透视表的筛选功能来实现。重复上述操作，新建一个透视表，命名为“数据透视表3”，并将其放置在Sheet4工作表中，拖动“货物名称”字段至下部的“行”区域，将“金额”字段拖动到“值”区域，将“进货地点”字段拖动到“筛选”区域，如图4-93所示。例如，只想看到“甲批发部”的销售金额，即在“(全部)”下拉框中筛选即可，如图4-94所示。

	A	B
1	进货地点	(全部)
2		
3	行标签	求和项:金额
4	361°运动鞋	9000
5	361运动鞋	9000
6	Voca外套	22500
7	爱神外套	22500
8	百丽靴子	106500
9	达芙妮单鞋	27000
10	蒂爱纳外套	22000
11	鄂尔多斯羊毛衫	45000
12	红蜻蜓靴子	88400
13	红袖坊外套	20800
14	李宁运动鞋	28800
15	曼可妮单鞋	25600
16	木真了外套	17500
17	秋鹿睡衣（男款）	8000
18	秋鹿睡衣（女款）	9000
19	秋水伊人外套	12000
20	森达靴子	90000
21	圣诺兰外套	26000
22	夏克露斯	10000
23	星期六靴子	56000
24	运动外套	15000
25	总计	670600

图 4-93　拖拽字段

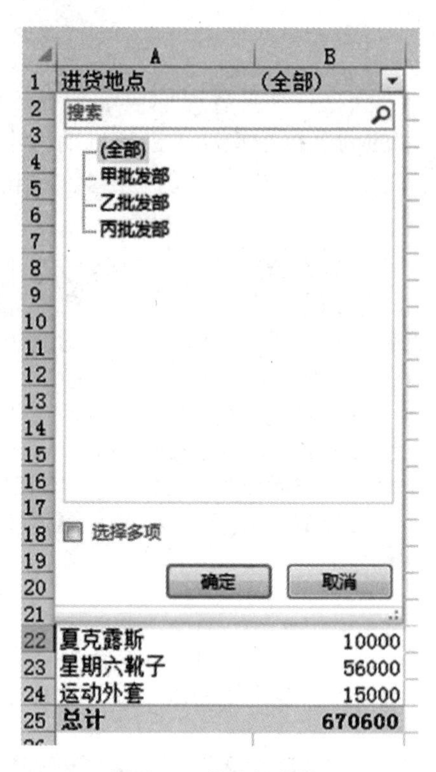

图 4-94　筛选批发部

3. 创建数据透视图

(1) 用折线图展示销售业绩。

① 打开“2020 年 9 月青龙百货进货表 .xlsx”文件，切换到 Sheet2 工作表，单击“数据透视表工具 - 分析”选项卡的“工具”组中的“数据透视图”按钮，打开“插入图表”对话框，如图 4-95 所示。

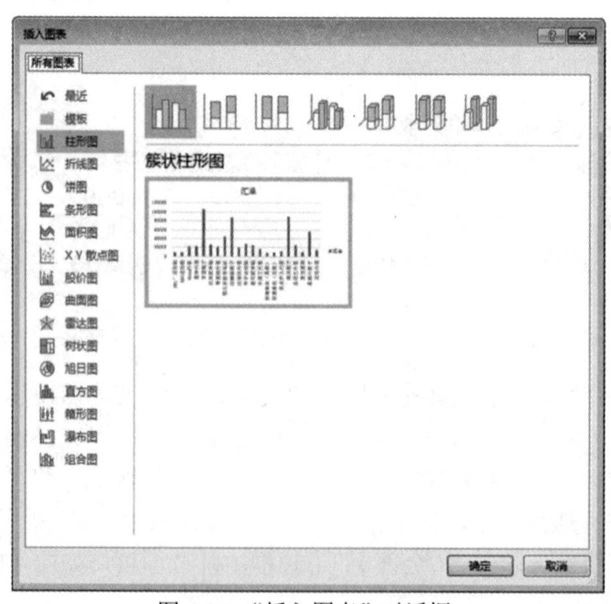

图 4-95　“插入图表”对话框

② 依次选择“折线图”→“带数据标记的折线图”选项，单击“确定”按钮，将插入相应类型的数据透视图，如图 4-96 所示。

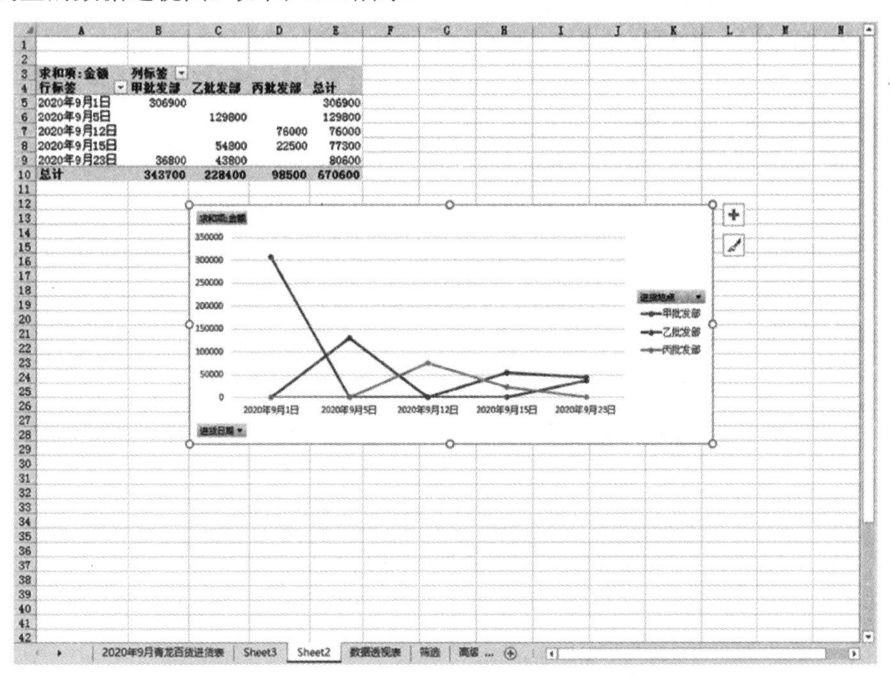

求和项:金额	列标签			
行标签	甲批发部	乙批发部	丙批发部	总计
2020年9月1日	306900			306900
2020年9月5日		129800		129800
2020年9月12日			76000	76000
2020年9月15日		54800	22500	77300
2020年9月23日	36800	43800		80600
总计	343700	228400	98500	670600

图 4-96　数据透视图

(2) 用柱形图实现交易量的比较。打开“2020 年 9 月青龙百货进货表 .xlsx”文件，切换到 Sheet3 工作表，单击“数据透视表工具—数据透视表分析”选项卡的“工具”组中的“数据透视图”按钮，打开“插入图表”对话框，依次选择“柱形图”→“簇状柱形图”选项，如图 4-97 所示。

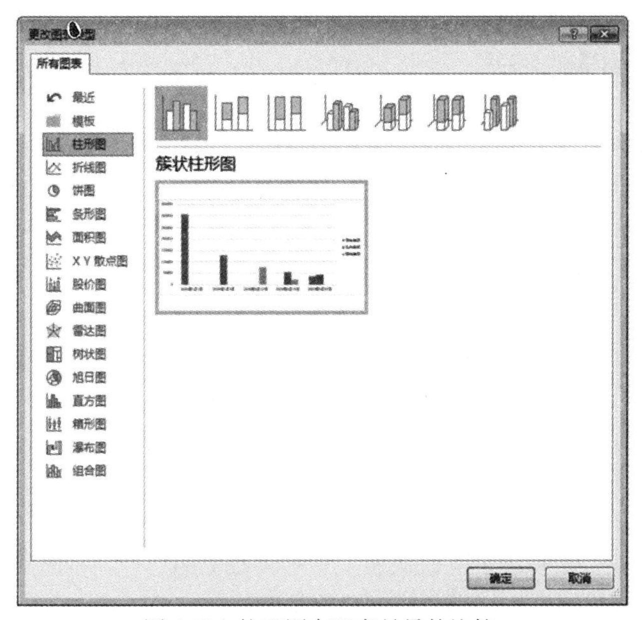

图 4-97　柱形图实现交易量的比较

(3) 用饼图表示各品牌 9 月份交易情况及各个进货点的进货金额。操作方法与上述步骤 2 一致，饼图能更直观地显示各项内容的所占的比例。

4.5.4 必备知识

1. 认识数据透视表的结构

(1) 报表的筛选区域 (页字段和页字段项)。报表的筛选区域是数据透视表顶端的一个或多个下拉列表，通过选择下拉列表中的选项，可以一次性地对整个数据透视表进行筛选。

(2) 行区域 (行字段和行字段项)。行区域位于数据透视表的左侧，其中包括具有行方向的字段。每个字段又包括多个字段项，每个字段项占一行。通过单击行标签右侧的下拉按钮，可以在弹出的下拉列表中选择这些项。行字段可以不止一个，靠近数据透视表左边界的行字段称为外部行字段，而远离数据透视表左边界的行字段称为内部行字段，如图 4-98 所示。

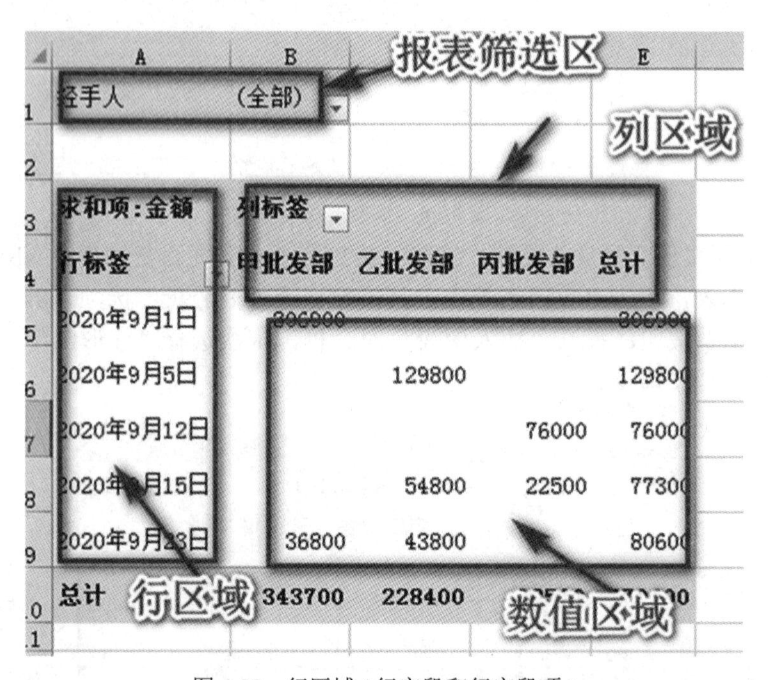

图 4-98 行区域 (行字段和行字段项)

(3) 列区域 (列字段和列字段项)。列区域由位于数据透视表各列顶端的标题组成，其中包括具有列方向的字段，每个字段又包括很多字段项，每个字段项占一列，单击列标签右侧的下拉按钮，可以在弹出的下拉列表中选择这些项。

(4) 数值区域。在数据透视表中，除去以上三大区域外的其他部分为数值区域。数值区域中的数据是对数据透视表信息进行统计的主要来源，这个区域中的数据是可以进行运算的，默认情况下，Excel 对数值区域中的数据进行求和运算。

在数值区域的最右侧和最下方默认显示对行列数据的总计，同时对行字段中的数据进行分类汇总，用户可以根据实际需要决定是否显示这些信息。

2. 为数据透视表准备数据源

(1) 要保证数据中的每列都包含标题，使用数据透视表中的字段名称含义明确。

(2) 数据中不要有空行、空列，防止 Excel 在自动获取数据区域时无法准确判断整个数据源的范围，因为 Excel 将有效区域选择到空行或空列为止。

(3) 数据源中存在空单元格时，尽量用同类型的、代表缺少意义的值来填充，如用“0”值填充空白数值数据。

3. 创建数据透视表

要创建数据透视表，必须确定一个要连接的数据源及输入报表要存放的位置。创建方法为：打开工作表，在“插入”选项卡的“表格”组中单击“数据透视表”下拉按钮，在其下拉列表中选择“数据透视表”命令，打开“创建数据透视表”对话框。

(1) 选择数据源。若在命令执行前已选定数据源区域或插入点位于数据源区域内某一单元格内，则在“请选择要分析的数据”选项组的“表 / 区域”文本框内将显示数据源区域引用，否则手工输入数据源区域的地址引用或通过单击选择单元格来选择相应的数据源区域。

(2) 确定数据透视表的存入位置。若在命令执行前已选定数据透视表的存放位置，则在“选择放置数据透视表的位置”选项组中选中“现有工作表”单选按钮，那么在“位置”文本框内将显示存放位置的地址引用，否则手工输入存入位置的地址引用或通过单击选择单元格来确定存入位置。

(3) 若选中“新工作表”单选按钮，则新建一个工作表以存放生成的数据透视表。

4. 添加和删除数据透视表字段

使用数据透视表查看数据汇总时，可以根据需要随时添加和删除数据透视表字段。添加数据时只要先将插入点定位在数据透视表内，在“数据透视表工具 - 分析”选项卡的“显示”组中单击“字段列表”按钮，打开“数据透视表字段”窗格，将相应的字段拖动至“筛选”“列”“行”和“值”区域中的任一项即可。如果需要删除某字段，只需将要删除的字段拖出“数据透视表字段”窗格即可。

添加和删除数据透视表字段还可以通过以下方法完成：

(1) 在“数据透视表字段”窗格的“选择要添加到报表的字段”列表框中，选中或取消选中相应字段名前面的复选框即可。

(2) 在“数据透视表字段”窗格的“选择要添加到报表的字段”列表框中，右击某字段，在弹出的快捷菜单中选择添加字段操作。在“筛选”“列”“行”和“值”区域单击某字段下拉按钮，在其下拉列表中选择“删除字段”命令即可实现删除字段操作。

5. 值字段汇总方式设置

默认情况下，数值区域中的字段通过以下方法对数据透视表中的基础源数据进行汇总：对于数值使用 SUM 函数 (求和)，对于文本值使用 COUNT 函数 (求个数)。

更改其数据汇总方式的方法为：在“值”区域中单击被汇总字段的下拉按钮，弹出相应的下拉列表，如图 4-99 所示，选择“值字段设置”命令，打开图 4-100 所示的“值字段设置”对话框。

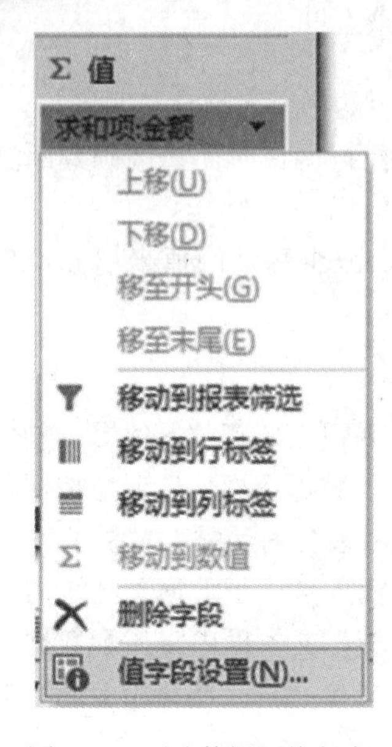

图 4-99 更改数据汇总方式

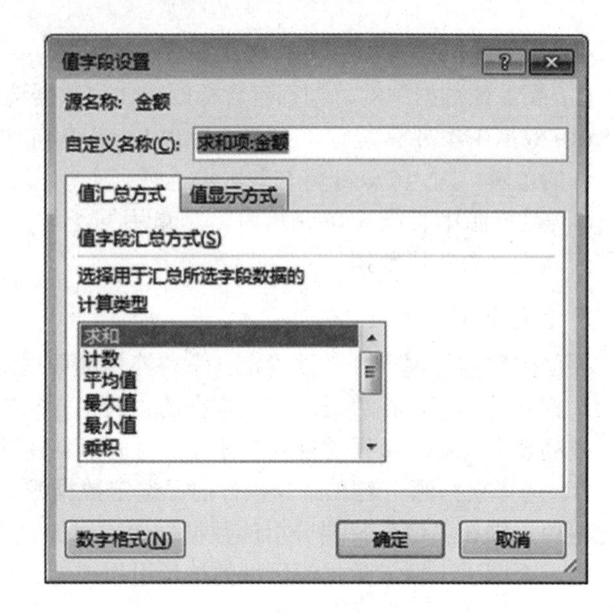

图 4-100 “值字段设置”对话框

对“值字段设置”对话框中各项的说明如下：

(1) 源名称：数据源中值字段的名称。

(2) 自定义名称：在该文本框中可以自定义值字段名称，否则显示原名称。

(3) 值汇总方式：该选项卡提供多种汇总方式供选择。

6. 创建数据透视图

数据透视表

(1) 通过数据源直接创建数据透视图。

① 打开工作表，在“插入”选项卡的“图表”组中单击“数据透视图”下拉按钮，在其下拉列表中选择“数据透视图”命令，打开“创建数据透视图”对话框，如图 4-101 所示。

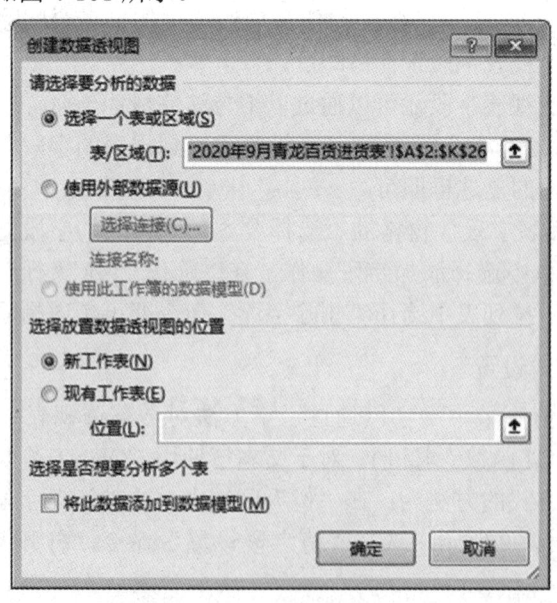

图 4-101 “创建数据透视图”对话框

② 在“表 / 区域”文本框中确定数据源的位置。可以选择将数据透视图建立在新工作表中或建立在现有工作表的某个位置，具体位置可以在“位置”文本框中确定。

③ 单击“确定”按钮，将在规定位置同时建立数据透视表和数据透视图。

(2) 通过数据透视表创建数据透视图。

① 单击已存在的数据透视表中的任一单元格，在“数据透视表工具 - 分析”选项卡的“工具”组中单击“数据透视图”按钮，打开“插入图表”对话框。

② 在“插入图表”对话框中选择图表的类型和样式，单击“确定”按钮将插入相应类型的数据透视图。

7. 更改数据源

(1) 单击数据透视表中的任一单元格，在“数据透视表工具 - 分析”选项卡的“数据”组中单击“更改数据源”按钮，打开“更改数据透视表数据源”对话框，如图 4-102 所示。

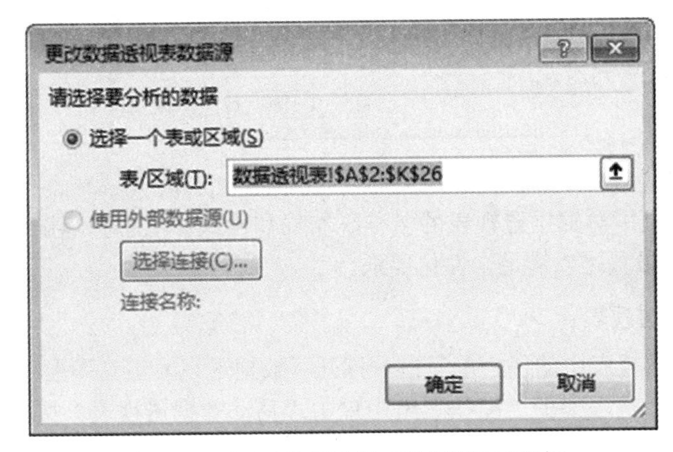

图 4-102 “更改数据透视表数据源”对话框

(2) 在“表 / 区域”文本框中输入新数据源的地址引用，也可单击其后的“选择单元格”按钮来定位数据源。

(3) 单击“确定”按钮即可完成数据源的更新。

8. 刷新数据透视表中的数据

数据源中的数据被更新后，数据透视表中的数据不会自动更新，需要用户对数据透视表进行手动刷新，操作方法如下：

(1) 单击数据透视表中的任一单元格，打开“数据透视表工具”上下文选项卡。

(2) 在“分析”选项卡的“数据”组中单击“刷新”按钮。

9. 修改数据透视表相关选项

(1) 单击数据透视表中的任一单元格，打开“数据透视表工具”上下文选项卡。

(2) 在“分析”选项卡的“数据透视表”组中单击“选项”下拉按钮，在弹出的下拉列表中选择“选项”，打开“数据透视表选项”对话框，如图 4-103 所示。

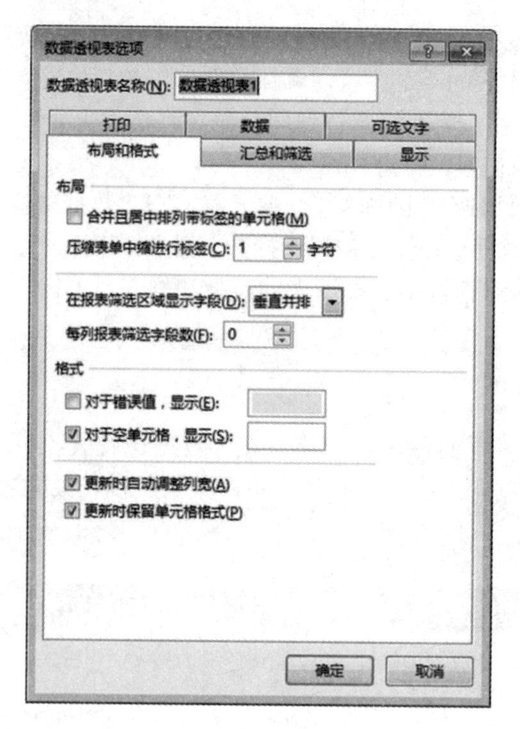

图 4-103　修改选项

(3) 在该对话框中对数据透视表的名称、布局和格式、汇总和筛选、显示、打印和数据各选项进行相应设置，以满足个性化要求。

10. 移动数据透视表

(1) 单击数据透视表中的任一单元格，打开“数据透视表工具”上下文选项卡。

(2) 在“分析”选项卡的“操作”组中单击“移动数据透视表”按钮，打开“移动数据透视表”对话框，如图 4-104 所示。

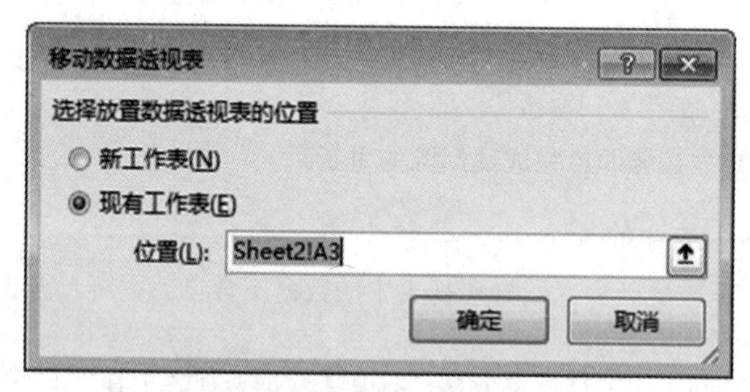

图 4-104　“移动数据透视表”对话框

(3) 在该对话框中将数据透视表移动到新工作表中或移动到现有工作表的某个位置，具体位置可在“位置”文本框中确定。

4.5.5　训练任务

春台小学 7 月教师工资表如图 4-105 所示。

春台小学7月教师工资表				
姓名	教研室	性别	学历	基本工资
杨右使	数学	男	本科	2700
陈一习	数学	男	本科	2950
何里	数学	男	本科	2850
成仁	数学	男	博士	2700
黄晨	数学	男	本科	2780
方一	语文	男	硕士	2790
议程	语文	男	硕士	2700
陈耕	语文	女	专科	2950
陈尖	语文	女	专科	2700
吴中	语文	女	本科	3000
三顺	语文	女	博士	2780
杨方	语文	女	本科	2750
张好	英语	男	本科	2700
陈孬	英语	男	本科	2950
马可	英语	男	专科	3000
昊文盲	英语	男	硕士	3100
陈佳	英语	女	本科	3400
吴用	美术	女	本科	2720
宋江	美术	女	本科	2690
林冲	美术	男	本科	2650
彭江仁	美术	男	本科	2700

图 4-105 春台小学 7 月教师工资表

现要求在此表的基础上进行如下数据分析与统计：

(1) 要求用数据透视表表示各教研室分别拥有本科、博士、硕士、专科学历的教师人数，如图 4-106 所示，并用数据透视图反映汇总结果，如图 4-107 所示。

计数项:姓名	列标签				
行标签	本科	博士	硕士	专科	总计
美术	4				4
数学	4	1			5
英语	3		1	1	5
语文	2	1	2	2	7
总计	13	2	3	3	21

图 4-106 数据透视表

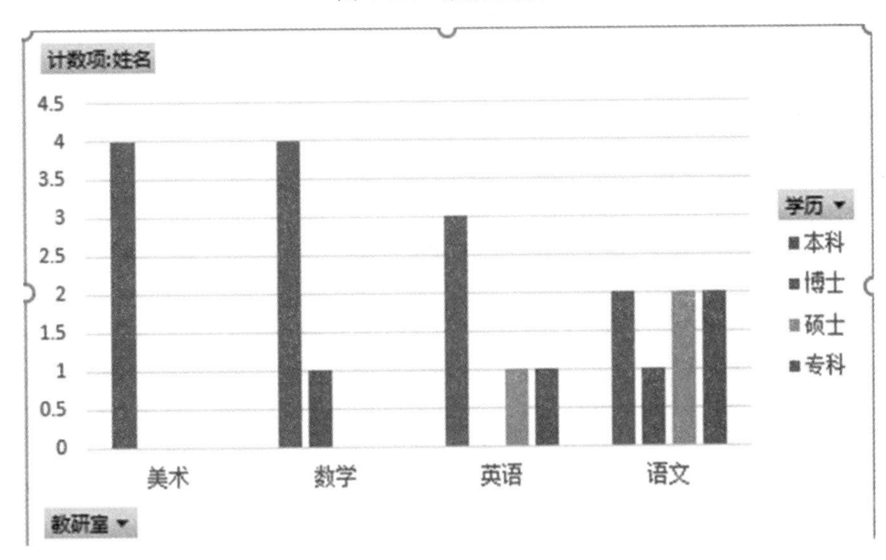

图 4-107 汇总结果

(2) 用数据透视表统计各教研室分别拥有本科、博士、硕士、专科学历的教师平均工资，如图 4-108 所示。

行标签	平均值项:基本工资
⊟美术	**2690**
本科	2690
⊟数学	**2796**
本科	2820
博士	2700
⊟英语	**3030**
本科	3016.666667
硕士	3100
专科	3000
⊟语文	**2810**
本科	2875
博士	2780
硕士	2745
专科	2825
总计	**2836.190476**

图 4-108　平均工资

边框和底纹

评价反馈

学生自评表

任务		完成情况记录
课前	通过预习概括本节知识要点	
	预习过程中提出疑难点	
课中	对自己整堂课的状态评价是否满意？学习过程中是否能跟上老师的节奏？	
	课前预习过程中的疑难点是否弄懂解决？	
	是否能按时独立完成课堂相关任务？过程中的难点在哪里？	
课后	课后训练任务完成情况	
收获		
对自己本堂课学习效果总体评价		

学生互评表

序号	评价项目	小 组 互 评
1	任务是否按时完成	
2	任务完成上交情况	
3	作品质量	
4	小组成员合作面貌	
5	创新点	

教师评价表

序号	评价项目	自我评价	互相评价	教师评价	综合评价
1	学生课前预习				
2	规范操作				
3	完成质量				
4	关键操作要领掌握				
5	完成速度				
6	沟通协作				

注：评价档次统一采用 A(优秀)、B(良好)、C(合格)、D(努力) 4 个等级。

习　　题

选择题

1. 在 Excel 中各运算符的优先级由高到低顺序为 (　　)。

A. 算术运算符、比较运算符、字符串连接符

B. 算术运算符、字符串连接符、比较运算符

C. 比较运算符、字符串连接符、算术运算符

D. 字符串连接符、算术运算符、比较运算符

2. 下列关于工作簿的说法正确的是 (　　)。

A. 工作簿是一个磁盘文件，用来处理和保存表格及图表数据

B. 新建的工作簿中自动产生的工作表数量一定是三张

C. 处于编辑状态的工作表为当前工作表，它的标签呈黑灰色

D. 打开 Excel 表格后，自动生成一个新的工作表文件

3. 不属于常用的电子表格软件的是 (　　)。

A. Cced　　B. 金山电子表格

C. Excel　　D. Word

4. 在 Excel 中，若要在常规格式下输入“0531”，应输入 (　　)。

A. '0531　　B. "0531"

C. 0531'　　D. '0531'

5. 关于数据保护，说法不正确的是 (　　)。

A. 既可以单独保护工作簿，也可以单独保护工作表

B. 保护工作簿时，不可以再对行列进行相关操作

C. 保护工作簿“结构”时，不可以再对其中的工作表进行插入、删除等相关操作

D. 保护工作簿“窗口”时，不可以再对其中的工作表进行窗口的移动、关闭等相关操作

6. 下列说法不正确的是 (　　)。

A. 当单元格中的文字变大时，Excel 会自动调整行高和列宽

B. 当单元格中的文字变大时，Excel 会自动调整行高，不会自动调整列宽

C. 双击某列标的边线时，Excel 会自动调整列宽

D. 双击某行号边线时，Excel 会自动调整行高

7. 下列公式正确的是 (　　)。

A. C3*E5+A1　　B. =A$66-$E13

C. =E7\E3　　D. =$A$1-C$3$1

8. 下列运算符中，优先级最高的是 (　　)。

A. & 文本连接符　　B. 比较运算符

C. 乘方　　D. 负号

9. 下列关于排序，说法不正确的是 (　　)。

A. 排序时以空白行或空白列作为排序的界限

B. 既可以对数字排序也可以对字母和汉字进行排序

C. 排序时，既可以按列排序，也可以按行排序

D. 工具栏上的“排序按钮”既可以对数据按“单关键字”排序，也可以按“多关键字”排序

10. 在 Excel 中，要计算单元格 A1 到 D4 的平均值，可输入公式 (　　)。

A. =AVERAGE (A1, D4)　　B. =AVERAGE (A1:D4/4)

C. =AVERAGE (A1:D4)　　D. =AVERAGE(A1-D4)

11. 在 Excel 中，设定单元格 Al 的数字格式为整数，当输入“33.51”时，显示为 (　　)。

A. 33.51　　B. 33　　C. 34　　D. ERROR

12. 在 Excel 中，使该单元格显示数值 0.3 的输入是 (　　)。

A. 6/20　　B. ="6/20"　　C. '=6/20　　D. =6/20

13. 在 Excel 中，图表和数据表放在一个工作簿不同工作表中的方法，称为 (　　)。

A. 自由式图表　　B. 独立式图表

C. 合并式图表　　D. 嵌入式图表

14. 下列函数的返回值等于 100 的是 (　　)。

A. SUM(10，10)　　B. COUNT(100，-1)

C. MAX(20，30，80，100)　　D. TRIMMEAN(B2:B11，0.2)

15. Excel 工作表区域 A2:C4 中的单元格个数是 (　　)。

A. 3　　B. 6　　C. 9　　D. 12

16. 表示“公式中使用了不能识别的名字”的是 (　　)。

A. #DIV/O!　　B. #NAME?　　C. #NUM!　　D. #######

模块 5 PowerPoint 2016 演示文稿制作软件

思政园地——健全人才

党的十九届五中全会提出了“十四五”时期经济社会发展主要目标，其中包括“创新能力显著提升，产业基础高级化、产业链现代化水平明显提高”。矢志涵养工匠精神，健全技能人才培养、使用、评价、激励制度，就一定能稳步提高劳动者素质，为实现这一发展目标奠定人才基础。

知识导读

PowerPoint 是 Office 2016 系列办公软件中的另一个重要组件，它是一款专业的演示文稿制作工具，能够制作出集文字、图形、图像、声音、动画以及视频等多媒体元素于一体的演示文稿，用户可以在投影仪或者计算机上进行演示，也可以将演示文稿打印出来，制成胶片；PPT 正成为人们工作生活的重要组成部分，在工作汇报、企业宣传、产品推介、教育培训、管理咨询、庆典仪式等领域占有举足轻重的地位，应用十分广泛。本单元将以案例为导向，并结合相关的知识点，学习演示文稿的制作方法。

学习目标

- 掌握 PowerPoint 演示文稿的基本操作和内容设置，美化演示文稿，放映演示文稿。
- 掌握幻灯片中多媒体对象的插入，设置动画等效果的操作。
- 掌握使用母版统一设置幻灯片内容和格式等，掌握创建超链接的方法。

任务1　制作自我介绍演示文稿

日常学习、工作中需要制作演示文稿、产品介绍等幻灯片，利用 PowerPoint 2016 可以在幻灯片中使用各种多媒体元素，形成内容层次清晰、元素丰富多彩的演示文稿。

5.1.1 任务描述

小王刚刚入职一家技术公司，公司要求其在新员工培训会议上制作一个自我介绍的演示文档，要求包含个人的基本信息、特长、所获荣誉等，如图 5-1 所示。

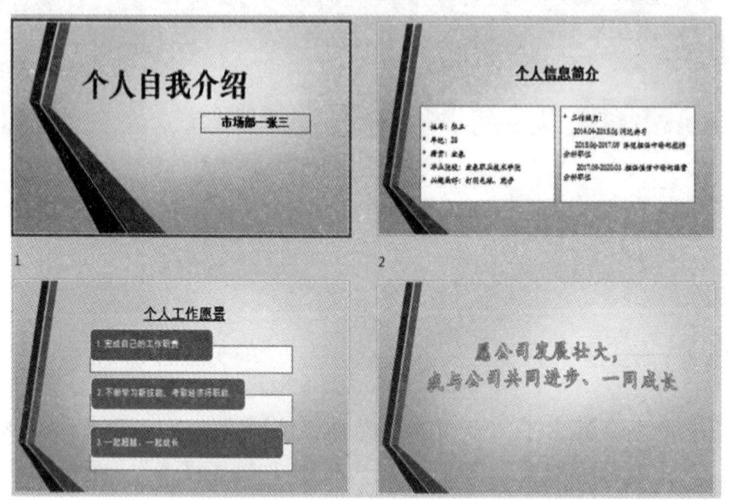

图 5-1 个人简历效果图一

5.1.2 任务分析

本工作任务要求设计一份能充分展示个人信息的演示文档。为使文档充分显示个人特色，需要做到以下几点：

(1) 根据要展示的具体内容确定每张幻灯片的版式；

(2) 适当插入文本框、图片、艺术字等对象，提高整个幻灯片的视觉效果；

(3) 演示文档要有特色，让新员工、公司管理者能记住自己。

5.1.3 任务实现

1. 制作并保存第一张幻灯片

(1) 打开 PowerPoint 2016 工作界面，默认打开一张空白幻灯片。

(2) 单击标题所在的文本框内部，输入文字“个人自我介绍”，单击副标题所在的文本框内部，输入文字“市场部—张三”。

输入并设置文本

(3) 为这张幻灯片设置背景。切换到“设计”选项卡，可以看到“主题”组中的各类背景样式，如图 5-2 所示。

图 5-2 页面的主题面板

(4) 选择“夏至”主题，添加主题后的幻灯片如图 5-3 所示。

图 5-3 个人简历效果图二

(5) 单击“个人自我介绍”文本框内部，选择文字“个人自我介绍”，切换到“开始”选项卡，在“字体”组中设置字体为“华文中宋”，字号“80”，加粗显示，在“段落”组中设置文字“居中对齐”。单击“市场部—张三”文本框内部，选择文字“市场部—张三”，在“字体”组中设置字体为“宋体”，字号“32”，加粗显示，在“段落”组中设置文字“居中对齐”。

(6) 选中“市场部—张三”文字所在的文本框边框并右击，在弹出的快捷菜单中选择“设置形状格式”选项，则在演示文稿的右侧弹出“设置形状格式”窗格。展开“线条”选项，选中“实线”单选按钮，设置颜色为“黑色，文字 1”，宽度 2.75 磅，如图 5-4 所示。

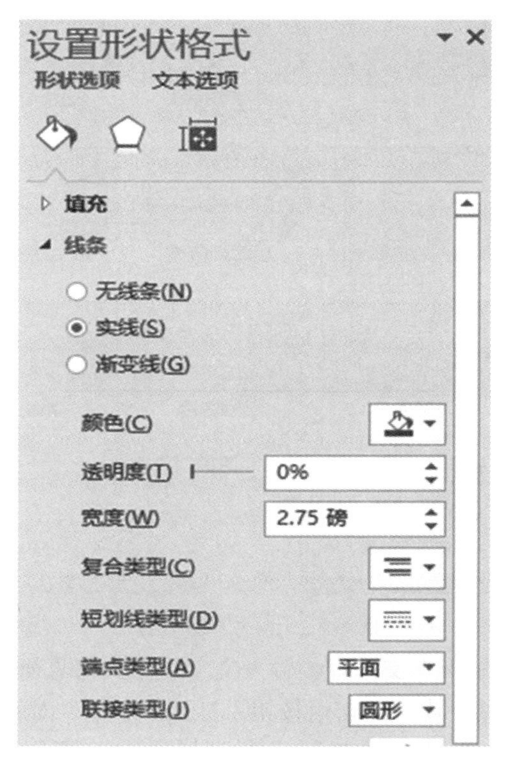

图 5-4 设置形状格式

(7) 调整两行文字的位置，至此，第一张幻灯片就制作完成了。

(8) 保存演示文稿。单击快速访问工具栏中的“保存”按钮，打开保存文件对话框，选择保存位置，并命名为“张三 .pptx”。

2. 制作第二张幻灯片

(1) 切换到“开始”选项卡，在“幻灯片”组中单击“新建幻灯片”下拉按钮，在弹出的下拉列表中选择“两栏内容”选项，如图 5-5 所示，创建第二张幻灯片。

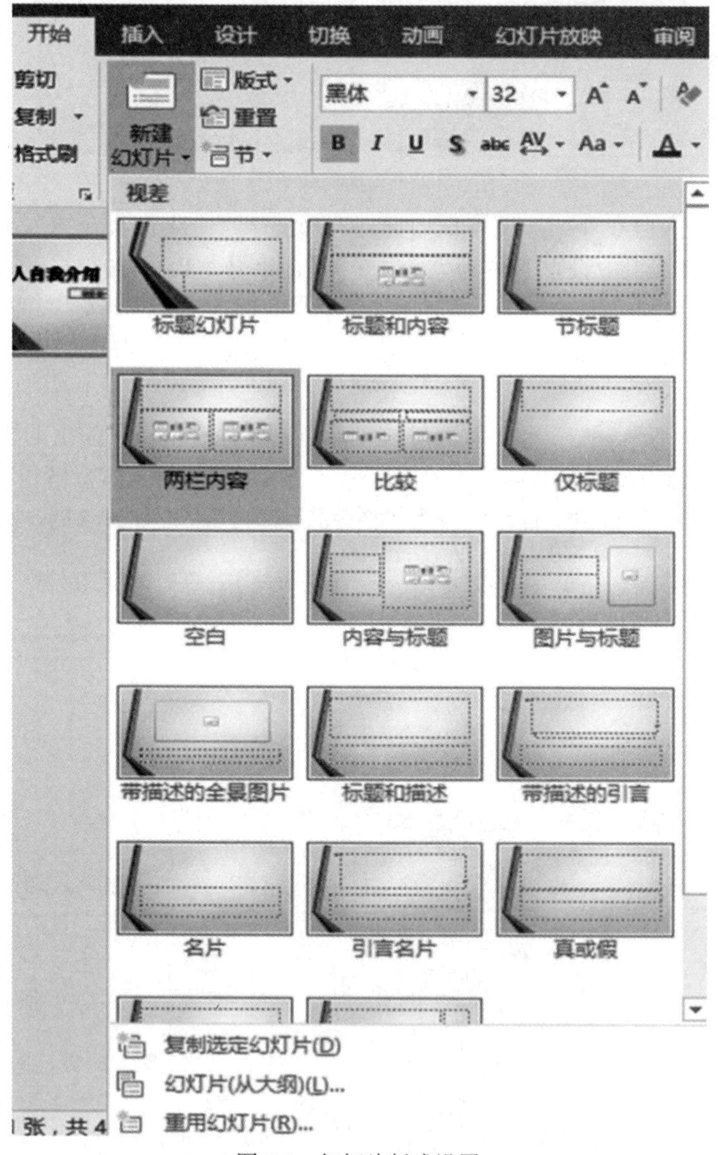

图 5-5　幻灯片版式设置

(2) 单击这张幻灯片的标题文本框，输入文字“个人信息简介”。选中该行文字，在“开始”选项卡中的“字体”组中单击组按钮，打开“字体”对话框，在该对话框中设置字体为“黑体”、字号“40”号，“加粗”，添加下划线及文字阴影，如图 5-6 所示。

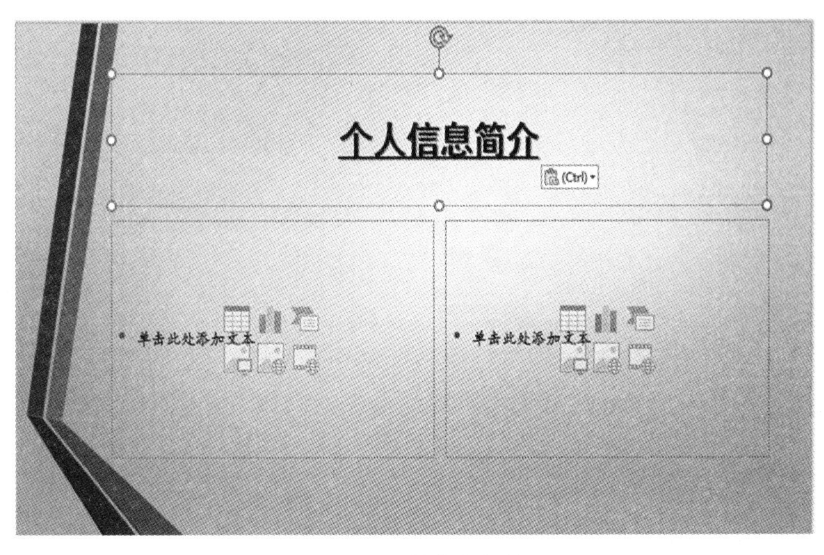

图 5-6　两栏内容版式

(3) 单击左侧文本框，录入文字。文字录入后，单击左侧文本框，切换到“格式”选项卡，在“形状样式”组中选择“彩色轮廓 - 蓝色、强调色 1”轮廓。将文本框中的文字设置为“华文楷体”，字号为“20”。

(4) 用同样的方法设置右侧文本框，设置后的效果如图 5-7 所示。

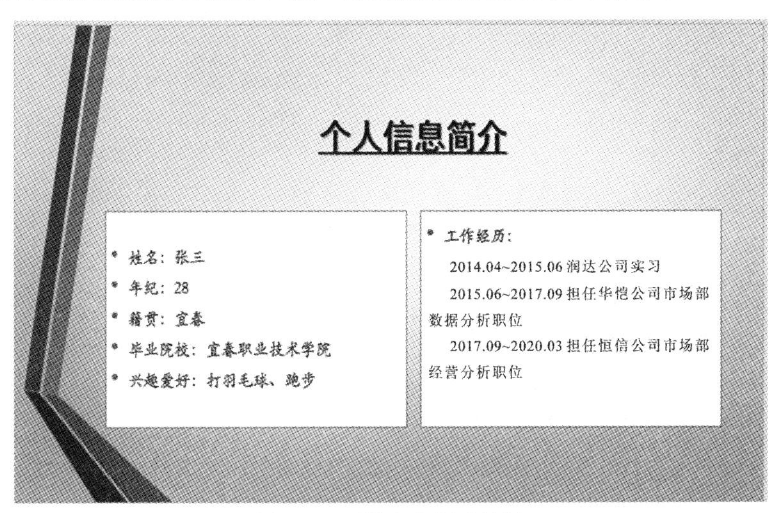

图 5-7　两栏内容版式效果

3. 制作第三张幻灯片

(1) 切换到“开始”选项卡，在“幻灯片”组中单击“新建幻灯片”下拉按钮，在弹出的下拉列表中选择“仅标题”选项，创建只有标题的第三张幻灯片。在标题文本框中输入文字“个人工作愿景”，设置文字“居中对齐”，字体为“黑体”，字号为“40”号，“加粗”，添加下划线及文字阴影。

(2) 利用 PowerPoint 2016 SmartArt 组件创建公司组织结构图。在“插入”选项卡的“插图”组中单击“SmartArt”按钮，如图 5-8 所示。

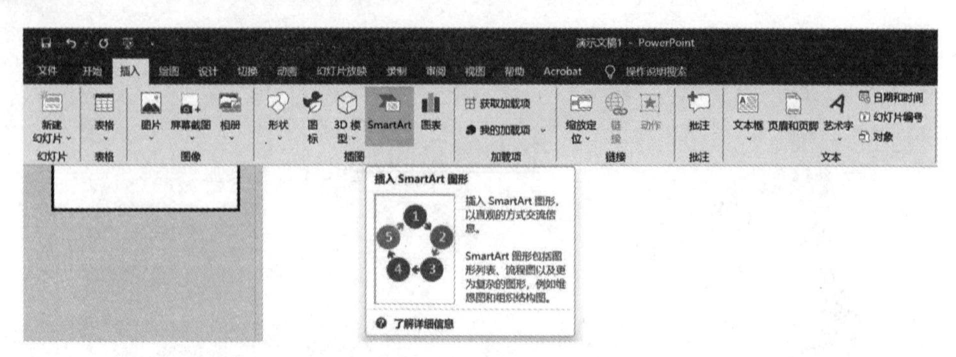

图 5-8 插入 SmartArt 图形

(3) 在打开的“选择 SmartArt 图形”对话框中，选择“垂直框列表”选项，如图 5-9 所示，单击“确定”按钮。

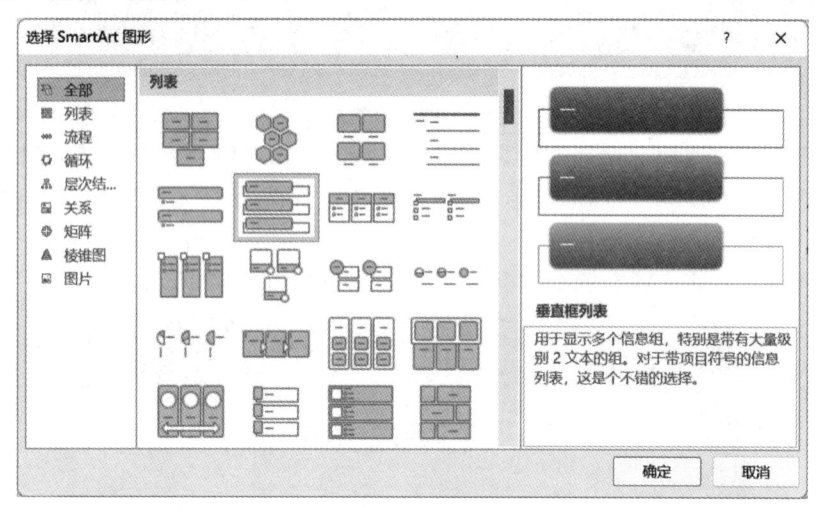

图 5-9 “选择 SmartArt 图形垂直框列表”对话框

(4) 这样就可以直接在“垂直框列表”中继续输入文字，如图 5-10 所示。

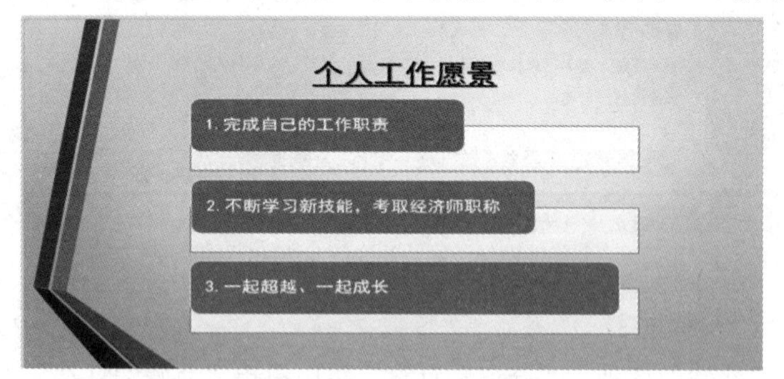

图 5-10 “垂直框列表”效果图

4. 制作第四张幻灯片

(1) 切换到“开始”选项卡，在“幻灯片”组中单击“新建幻灯片”下拉按钮，在弹出的下拉列表中选择“空白”选项创建第四张幻灯片。

(2) 切换到“插入”选项卡，在“文本”组中单击“艺术字”下拉按钮，在弹出的下拉列表中选择“填充蓝色、主题色 1、阴影”选项，如图 5-11 所示。

图 5-11 “艺术字”选项库

(3) 单击文本框内部，再切换到“格式”选项卡，在“艺术字样式”组中单击“文本效果”下拉按钮，在弹出的下拉列表中选择“转换”→“两端近”命令，如图 5-12 所示，制作完成的演示文档如图 5-13 所示。

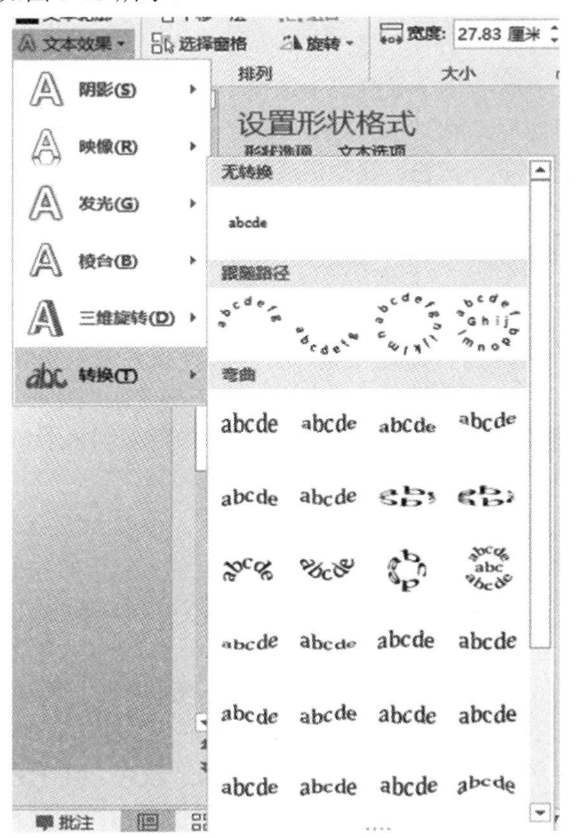

图 5-12 “文本效果”选项库

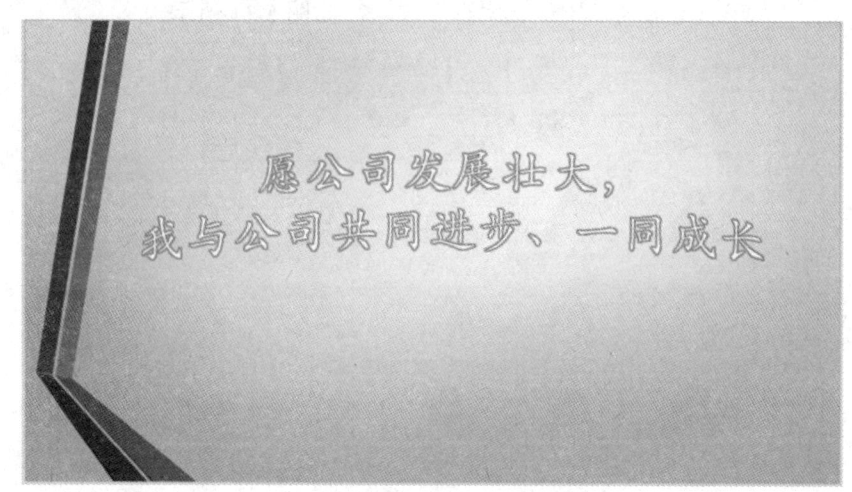

图 5-13 艺术字效果

至此，自我介绍演示文稿就全部制作完成了。

5.1.4 必备知识

1. 演示文稿的基本操作

幻灯片的基本操作

(1) 插入幻灯片。打开新建的或要编辑的演示文稿，在确定插入新幻灯片的位置单击，然后在“开始”选项卡的“幻灯片”组中单击“新建幻灯片”下拉按钮，在弹出的下拉列表中选择一种版式即可。

(2) 复制和移动幻灯片。复制和移动幻灯片在任意视图中均可完成。选中要复制或移动的幻灯片，使用对应的命令按钮、快捷键或拖动鼠标的方法进行操作。

(3) 删除幻灯片。选中要删除的幻灯片，按 Delete 键，或者右击，在弹出的快捷菜单中选择“删除幻灯片”命令即可。

2. 美化演示文稿

设置背景和主题

(1) 主题和版式。主题包含颜色设置、字体选择、对象效果设置，有时还包含背景图形，控制整个演示文稿的外观。而版式主要用于确定占位符的类型和它们的排列方式，只能控制一张幻灯片，每张幻灯片的版式可以互不相同。

(2) 占位符。占位符是创建新幻灯片时，应用了一种版式后出现的虚线方框。右击占位符，在弹出的快捷菜单中可以设置占位符的大小、位置和形状格式。

(3) 插入表格图片 SmartArt 图形剪贴画和媒体剪辑。PowerPoint 提供的版式中提供了以上几种对象，当需要插入某种对象时，选择对应的对象即可。与旧版本比较，PowerPoint 2016 新增的 SmartArt 使用了更多的图形模板，以图形、概念上有意义的方式展示文本信息，可以设计出各式各样的专业图形。

(4) 更改背景。背景是应用于整个幻灯片的颜色、纹理、图案或图片，其他内容位于背景之上。切换到“设计”选项卡，在“自定义”组中单击“设置背景格式”按钮，在弹出的“设置背景格式”窗格中，选择所需样式即可将其应用到整个演示文稿。

3. 放映演示文稿

放映幻灯片

幻灯片的切换效果

(1) 幻灯片切换。

① 手动切换与自动切换。切换是指整张幻灯片的进入和退出，分为手动切换和自动切换。默认情况下，使用手动切换，可以单击幻灯片或按方向键切换幻灯片。对于自动切换，可以为所有的幻灯片设置相同的切换时间，也可以为每张幻灯片设置不同的切换时间。为每张幻灯片单独指定时间的最有效方法是排练计时。

② 选择切换效果。演示文稿制作完成后，如果不设置幻灯片切换效果，在放映过程中就会在前一张幻灯片消失后出现下一张幻灯片。如果需要设置切换效果，那么选择要应用效果的幻灯片并切换到“切换”选项卡，在“切换到此幻灯片”组中设置切换效果，在“计时”组中设置切换声音和自动换片时间，如图 5-14 所示。

图 5-14　幻灯片“切换”选项卡

(2) 设置放映方式。放映幻灯片时应切换到“幻灯片放映”选项卡，根据需要在“开始放映幻灯片”组中单击“从头开始”或“从当前幻灯片开始”按钮。如果需要设置循环放映，可以在“设置”组中单击“设置幻灯片放映”按钮，在打开的“设置放映方式”对话框中选中“循环放映，按 ESC 键终止”复选框，如图 5-15 所示。

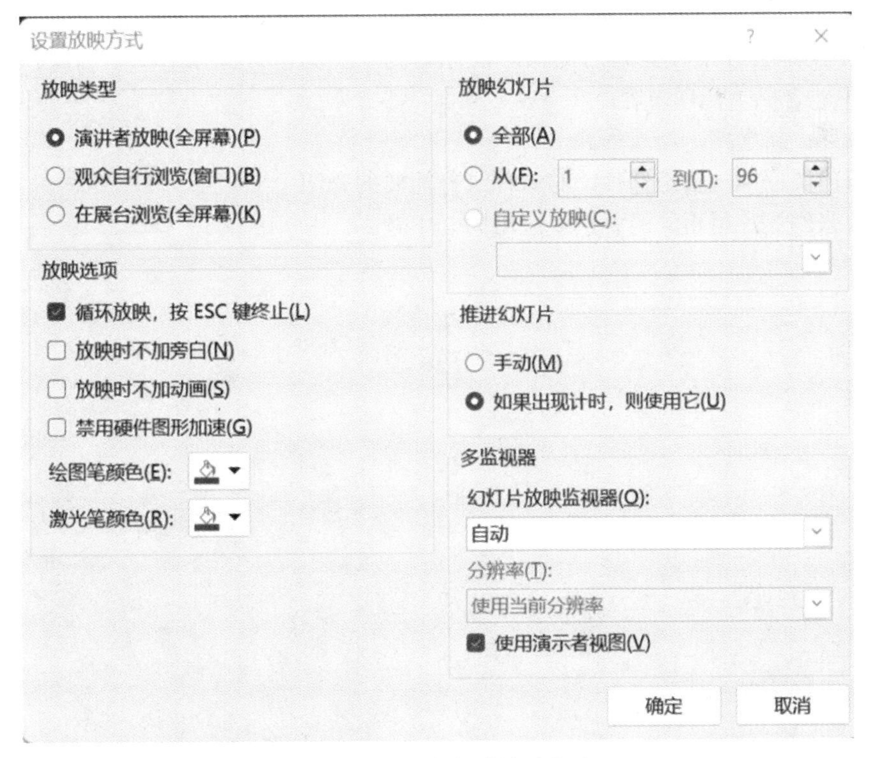

图 5-15　设置幻灯片放映方式

4. 主题使用技巧

制作演示文稿时，选定了一个主题后默认情况下所有幻灯片都会应用这个主题。如果要使选定的幻灯片应用新的主题，可以在“普通视图”或“幻灯片浏览图”中选中要应用新主题的幻灯片，切换到“设计”选项卡，右击采用的新主题名称，在弹出的快捷菜单中选择“应用于选定幻灯片”命令即可，如图 5-16 所示。

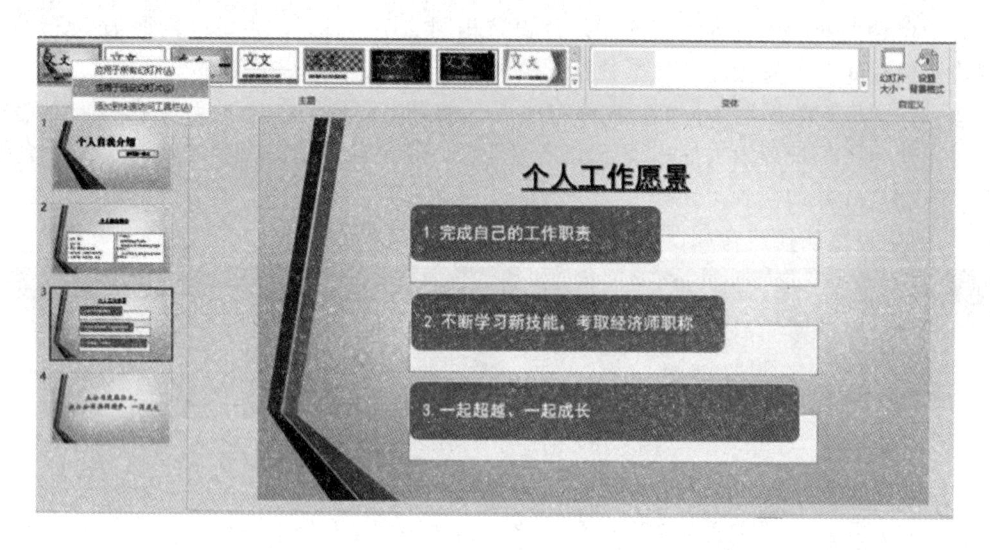

图 5-16 应用主题效果

5.1.5 训练任务

每个学期都会开设一些新的课程，请你为同学们制作一份介绍本学期课程的演示文稿。文稿中包含以下几项内容：

(1) 标题：新学期，新课程。

(2) 每门课程用一张幻灯片，对课程进行简要的介绍。

(3) 每张幻灯片用相同的背景或应用同一主题。

评价反馈

学生自评表

任务		完成情况记录
课前	通过预习概括本节知识要点	
	预习过程中提出疑难点	
课中	对自己整堂课的状态评价是否满意？学习过程中是否能跟上老师的节奏？	
	课前预习过程中的疑难点是否弄懂解决？	
	是否能按时独立完成课堂相关任务？过程中的难点在哪里？	
课后	课后训练任务完成情况	
收获		
对自己本堂课学习效果总体评价		

学生互评表

序号	评价项目	小 组 互 评
1	任务是否按时完成	
2	任务完成上交情况	
3	作品质量	
4	小组成员合作面貌	
5	创新点	

教师评价表

序号	评价项目	自我评价	互相评价	教师评价	综合评价
1	学生课前预习				
2	规范操作				
3	完成质量				
4	关键操作要领掌握				
5	完成速度				
6	沟通协作				

注：评价档次统一采用 A(优秀)、B(良好)、C(合格)、D(努力) 4 个等级。

任务2 制作教师节贺卡

中国是礼仪之邦，人们在遇到节日或喜庆的事件时，一般都会制作贺卡进行问候。随着信息技术的发展，越来越多的人选择使用电子贺卡来传递感情。PowerPoint 2016 就是一个制作电子贺卡的有效工具。

5.2.1 任务描述

教师节即将到来，小李今年因为生病，学业耽误了很多，王老师在小李恢复期间一直坚持上门为其辅导功课，小李为了感谢王老师的付出，在教师节来临之际想制作一份贺卡来表达他的感谢之情，效果如图 5-17 所示。

图 5-17 教师节贺卡效果

5.2.2 任务分析

本任务要求制作一份具有动画效果和背景音乐的电子贺卡。完成本任务的操作步骤如下：

(1) 选取感恩的图片作为幻灯片的背景图片，选取适合的音乐作为背景音乐，增添演示文稿的节日气氛。

(2) 利用自定义动画功能为幻灯片中的各个对象创建动画效果，设置动画的开始、速度及属性等。

(3) 选用适合的幻灯片切换效果，加强演示文稿的播放效果。

5.2.3 任务实现

1. 制作第一张幻灯片

(1) 添加背景。启动 PowerPoint 2016，默认打开一个空白幻灯片，在“开始”选项卡的“幻灯片”组中单击“新建幻灯片”下拉按钮，在弹出的下拉列表中选择“空白”选项，打开一张空白幻灯片。

右击幻灯片，在弹出的快捷菜单栏中选择“设置背景格式”命令，打开“设置背景格式”窗口，如图 5-18 所示。

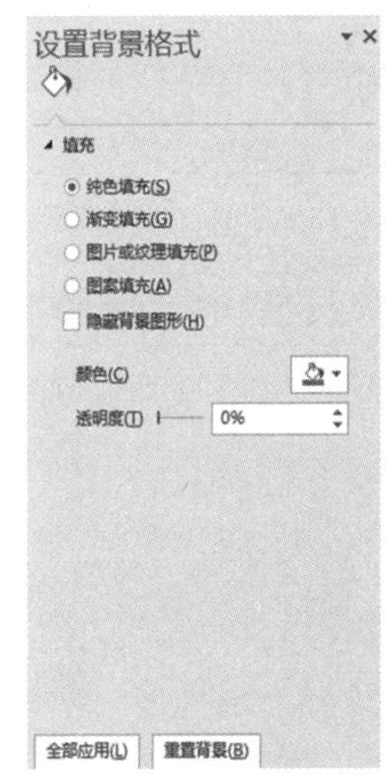

图 5-18 背景格式设置对话框

在“填充”选项卡中展示“填充”选项，选中“图片或纹理填充”单选按钮，接着在“图片源”选项区域中单击“插入”按钮。在打开的“插入图片”对话框中选择合适的素材，最后单击“插入”按钮，第一张幻灯片便添加了背景，如图 5-19 所示。

图 5-19 添加背景效果

(2) 插入图片。在“插入”选项卡的“图像”组中单击“图片”按钮，在打开的“插入图片”对话框中选择图片，即在幻灯片中插入了图片，如图 5-20 所示。

图 5-20 插入图片效果

(3) 设置图片对象的动画效果。选中“信封”图片，在“动画”选项卡的“动画”组中单击“其他”按钮，在展开的下拉列表中选择“强调”组中的“陀螺旋”选项，如

图 5-21 所示。在“动画”选项卡的“预览”组中单击“预览”按钮就可以观看动画效果了。

图 5-21　动画效果设置选项卡

(4) 插入文本框，设置文字格式。选择幻灯片，在“插入”选项卡的“文本”组中单击“文本框”下拉按钮，在其下拉列表中选择“绘制横排文本框”选项，按住鼠标左键拖动，即可绘制一个横排文本框，在文本框中输入文字“老师您辛苦了！”，设置文字格式为“微软雅黑”，字号为“54”。

(5) 设置文本框效果。选中文本框并右击，在弹出的快捷键菜单中选择“设置形状格式”命令，打开“设置形状格式”窗格，在其中设置文本框的框线为“蓝色、个性色 1、淡色 40%”，宽度为“2 磅”。最终效果如图 5-22 所示。

图 5-22　贺卡幻灯片效果一

(6) 设置文本框动画效果。选中文本框，在“动画”选项卡的“动画”组中单击“其他”按钮，在展开的下拉列表的“强调”组中选择“跷跷板”选项，如图 5-23 所示。

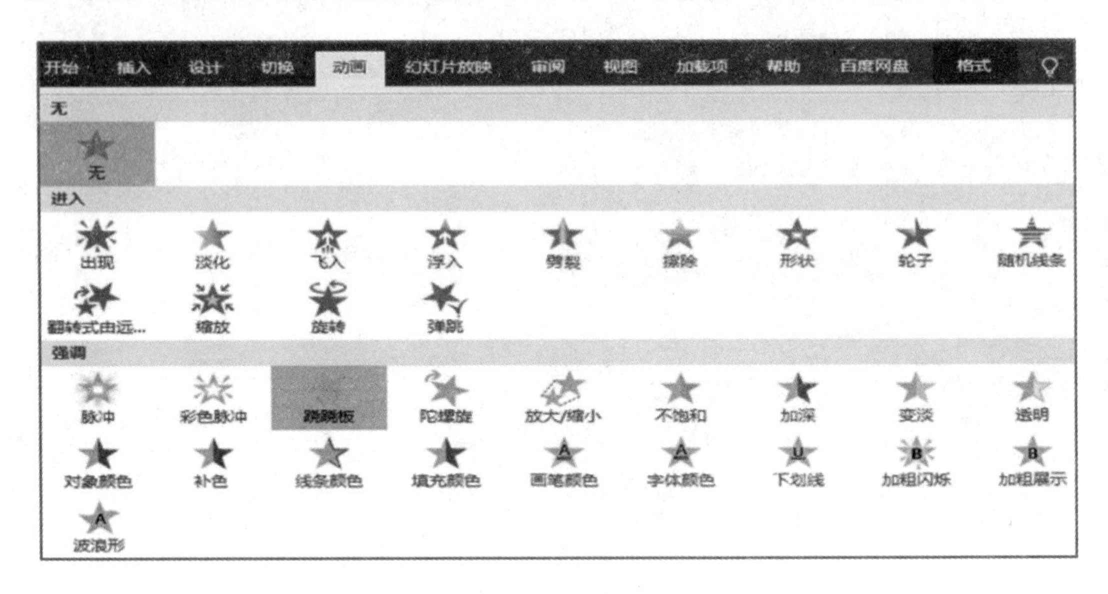

图 5-23 选择动画效果

(7) 插入背景音乐。在“插入”选项卡的“媒体”组中单击“音频”下拉按钮，在弹出的下拉菜单中选择“PC 上的音频”选项，打开“插入音频”对话框，插入“每当我走过老师窗前.mp3”文件。

(8) 设置声音播放效果。在“动画”选项卡的“高级动画”组中单击“动画窗格”按钮，在弹出的“动画窗格”中，拖动文件到列表的最上面，如图 5-24 所示。右击音频文件，在弹出的快捷菜单中选择“效果”选项。设置“开始播放”为“从头开始”，并设置“在第 3 张幻灯片后”停止播放，如图 5-25 所示。

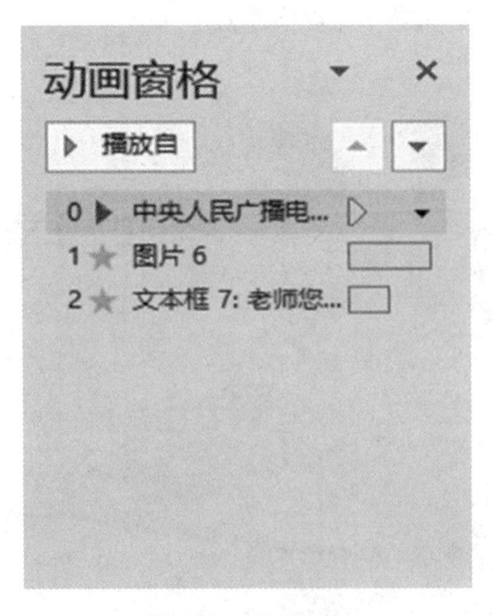

图 5-24 动画窗格

图 5-25 设置声音播放效果对话框

至此，第一张幻灯片制作完成，保存文件并命名为“教师节贺卡.pptx”。

2. 制作第二张幻灯片

(1) 插入空白幻灯片并添加背景。在“开始”选项卡的“幻灯片”组中单击“新建幻灯片”下拉按钮，在弹出的下拉列表中选择“空白”选项，创建第二张幻灯片。

参考第一张幻灯片的背景添加方法为第二张幻灯片添加背景，使用素材“背景 2”文件作为第二张幻灯片的背景。

(2) 插入图片“薰衣草”并设置动画效果。参考第一张幻灯片的图片插入方法在第二张幻灯片中插入素材，通过拖动图片移至合适的位置。选中图片，在“动画”选项卡的“动画”组中单击“其他”按钮，在展开的下拉列表中选择“进入”组中的“旋转”选项，如图 5-26 所示。

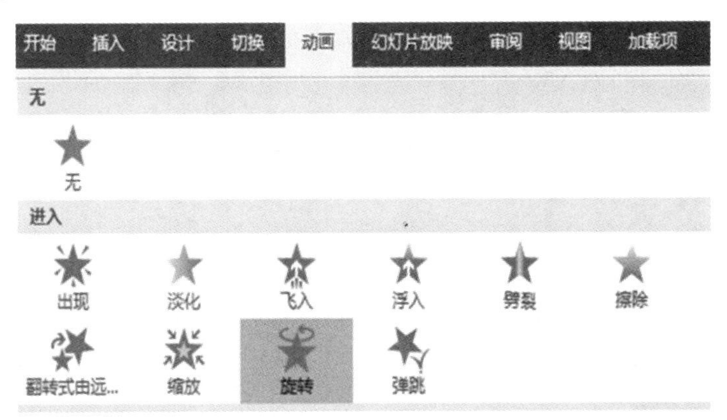

图 5-26 选择进入动画效果

(3) 插入图片并设置动画效果。在第二张幻灯片中再次插入另一张图片“薰衣草 3”，并调整图片大小。

(4) 插入艺术字并设置文字效果。选中第二张幻灯片，在“插入”选项卡的“文本”组中单击“艺术字”下拉按钮，在其下拉列表中选择“渐变填充：蓝色，主题色 5；映像”选项，将文字内容改为“师恩难忘”，同时设置文字格式为“微软雅黑”，“88”号。选中艺术字，在“绘图工具 - 格式”选项卡的“艺术字样式”组中单击“文本效果”下拉按钮，在其下拉列表中选择“转换”→“拱形：下”选项，如图 5-27 所示。

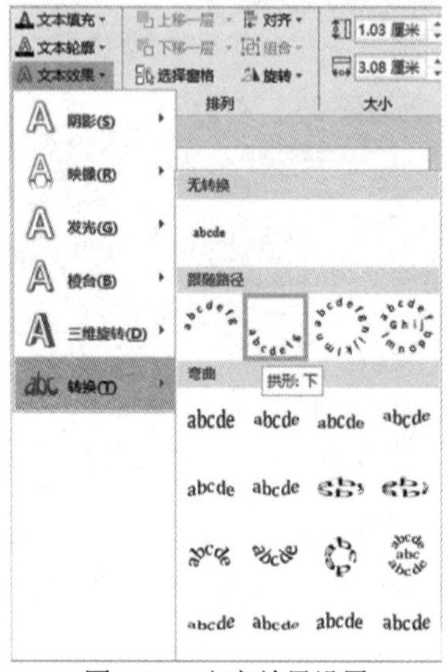

图 5-27　文字效果设置

(5) 为艺术字添加动画效果。选中艺术字，设置其动画效果为“轮子”，并设置“开始”选项为“从上一项之后开始”，添加动画的进入效果。

(6) 插入文本框。在“插入”选项卡的“文本”组中单击“文本框”下拉按钮，选择“绘制横排文本框”，在绘制的文本框中输入“老师，三年的时光已悄然过去，也许我曾经让您头疼，也许我曾经让您担忧，也许我曾经让您骄傲，无论怎样，我都不会忘记您的谆谆教诲，您始终是我敬爱的老师！”设置字体格式为“微软雅黑、20 号、黑色”，文本为首行缩进 2 字符，1.5 倍行距。选中文本框，设置其动画效果为“形状”。

至此，第二张幻灯片制作完成，效果如图 5-28 所示。

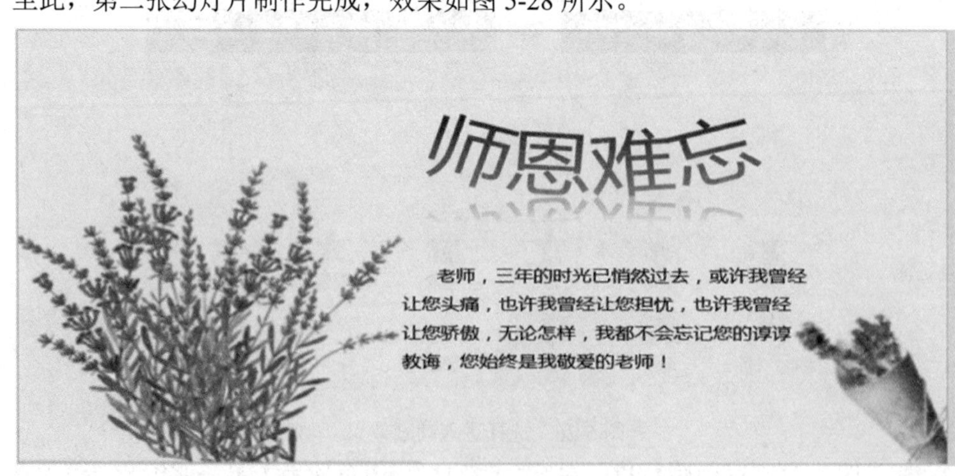

图 5-28　贺卡幻灯片效果二

3. 制作第三张幻灯片

(1) 插入第三张幻灯片并添加背景。在“开始”选项卡的“幻灯片”组中单击“新建幻灯片”下拉按钮，在弹出的下拉列表中选择“空白”选项，创建第三张幻灯片，并使用素材“背景 2”作为第三张幻灯片的背景。

(2) 插入图片并为其设置第一个动画效果。在第三张幻灯片中再次插入两张图片，并调整图片的大小，效果如图 5-29 所示，选中第一张图片，在“图片工具 - 格式”选项卡的“图片样式”组中选择“映像圆角矩形”。

图 5-29　应用图片样式效果

(3) 插入艺术字并设置文字效果。参考上述方法插入艺术字“见证成长”，并设置其动画效果为“劈裂”。

(4) 插入文本框并设置文本框效果。参考上述方法插入文本框，最终效果如图 5-30 所示。

图 5-30　贺卡幻灯片效果三

再次选中图片，在“动画”选项卡的“动画”组中单击“其他”按钮，在展开的下拉列表中选择“波浪形”选项，然后将“开始”设置为“上一动画之后”。

4. 设置幻灯片的切换方式

在“切换”选项卡的“设计”组中，选中“换片方式”选项组中的“设置自动换片时间”复选框，并在其后的微调框中设置时间为4秒，再单击“应用到全部”按钮，如图5-31所示。

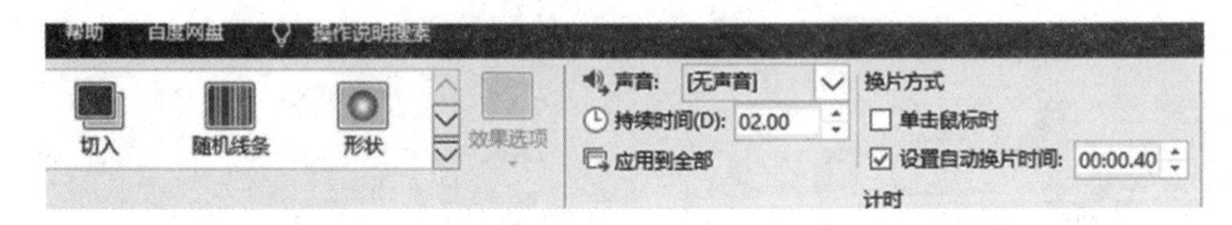

图5-31 设置幻灯片切换时间

至此，“教师节贺卡”演示文稿全部制作完成。

5.2.4 必备知识

1. 插入多媒体对象

插入和美化对象

(1) 插入图片。在“插入”选项卡的“图像”组中单击“图片”按钮，在打开的“插入图片”对话框中可以插入来自文件的图片。

(2) 插入艺术字。在“插入”选项卡的“文本”组中单击“艺术字”下拉按钮，可以在幻灯片中插入某种样式的艺术字。该艺术字的样式是填充颜色、轮廓颜色和文本效果的预设组合，内置于PowerPoint 2016中，不能自定义添加。

选中艺术字后，可以在“绘图工具-格式”选项卡的“艺术字样式”组中设置艺术字的填充颜色、轮廓颜色和文本效果。在“文本效果”下拉列表中还可以选择“阴影”“映像”“发光”“棱台”三维旋转等效果。

(3) 插入声音。在“插入”选项卡的“媒体”组中单击“音频”下拉按钮，在其下拉列表中可以根据需要选择不同类型的声音文件，如图5-32所示。然后在“音频工具-播放”选项卡的“音频选项”组中进行音量、放映方式的设置，如图5-33所示。

图5-32 插入音频

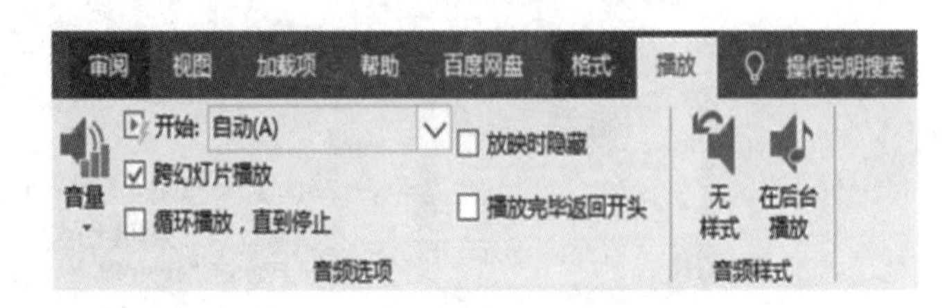

图5-33 设置音频效果

当声音文件的大小小于指定大小时将被嵌入，大于指定大小时将被链接。如果链接某个声音文件，需要把它和演示文稿存放在同一目录下。

2. 设置动画效果

设置动画效果

在幻灯片中插入影片或插入 GIF 图像，并不是 PowerPoint 真正意义上的动画。动画是指单个对象进入和退出幻灯片的方式。在 PowerPoint 中创建动画效果可以使用预设动画和自定义动画。

(1) 预设动画。PowerPoint 2016 提供的预设动画有“出现”“擦除”“飞入”等，如图 5-34 所示。应用预设动画，可以先选择要应用预设动画的对象，在“动画”选项卡的“动画”组中单击“其他”按钮，在展开的下拉列表中选择一种预设效果即可。

图 5-34 动画选项设置

(2) 自定义动画。使用自定义动画不仅可以为每个对象设定动画效果，还可以指定对象出现的顺序及相关的声音。

① 自定义动画类型。自定义动画效果共有 4 种类型：进入、强调、退出和动作路径。每种类型有不同的图标颜色和用途。

- 进入 (绿色)：设置对象在幻灯片上出现时的动画效果。
- 强调 (黄色)：以某种方式更改已出现的对象，如缩小、放大、摆动或改变颜色。
- 退出 (红色)：设置对象从幻灯片上消失时的效果，可以指定某种不寻常的方式退出。
- 动作路径 (灰色)：对象在幻灯片上根据预设路径移动。

② 应用自定义动画。若要为某一对象创建动画效果，需要先选中对象，在“动画”选项卡的“动画”组中单击组按钮，在打开的对话框中设置对象的动画效果，动画启动时间、速度等。

在“开始”下拉列表框中，可以设置“单击时”“与上一动画同时”“上一动画之后”3 种方式控制动画启动时间。

③ 删除动画效果。当对设置的动画效果不满意时，可以在“动画窗格”中的动画列表中右击某一对象的动画效果。然后在弹出的快捷菜单中选择“删除”命令删除动画效果，其他动画效果自动排序。若要删除整张幻灯片的全部效果，可以将动画效果全部选中并右击，在弹出的快捷菜单中选择“删除”命令即可。

④ 重新排序动画效果。默认情况下，动画效果按照创建顺序进行编号。若要改变动画效果出现的顺序，可以在“动画”窗格中的动画效果列表中，选中要改变位置的动画效果，单击“重新排序”按钮，向上后向下移动该动画的位置。也可以将鼠标指针移至要改变位置的对象上，拖动动画效果来改变它在动画列表中的原位置。

5.2.5 训练任务

中国传统节日是中华民族悠久历史文化的重要组成部分，形式多样、内容丰富。传统节日的形成，是一个民族或国家的历史文化长期积淀和凝聚的过程。中华民族的传统节日，涵盖了原始信仰、祭祀文化、天文历法、易理术数等人文与自然文化内容，蕴含着深邃丰厚的文化内涵。

中国的传统节日及习俗也非常多，同学们，你对这些都了解吗？请你挑选一个你最熟悉的传统节日，做一份演示文稿(内容包括：简介、起源、习俗等等)，从而让大家更深入地了解我国的传统节日文化。

(1) 首页标题幻灯片中标题自拟；

(2) 要求不少于4张页面，有图和文字及艺术字，背景音乐等多媒体对象；

(3) 设置幻灯片的切换和动画效果。

评价反馈

学生自评表

任　务		完成情况记录
课前	通过预习概括本节知识要点	
	预习过程中提出疑难点	
课中	对自己整堂课的状态评价是否满意？学习过程中是否能跟上老师的节奏？	
	课前预习过程中的疑难点是否弄懂解决？	
	是否能按时独立完成课堂相关任务？过程中的难点在哪里？	
课后	课后训练任务完成情况	
收获		
对自己本堂课学习效果总体评价		

学生互评表

序号	评价项目	小 组 互 评
1	任务是否按时完成	
2	任务完成上交情况	
3	作品质量	
4	小组成员合作面貌	
5	创新点	

教师评价表

序号	评价项目	自我评价	互相评价	教师评价	综合评价
1	学生课前预习				
2	规范操作				
3	完成质量				
4	关键操作要领掌握				
5	完成速度				
6	沟通协作				

注：评价档次统一采用 A(优秀)、B(良好)、C(合格)、D(努力)4 个等级。

任务3 制作课件演示文稿

随着科技的不断进步，教师在讲解诗歌等教学内容时一般都会借助演示文稿，同学们也可以借助演示文稿更直观地学习。通过演示文稿的交互功能，可以更好地融入诗歌的意境。

5.3.1 任务描述

朱老师本周将讲述杜甫的《春望》这首古诗，为了让学生能够体会杜甫诗歌中想表达的情感，朱老师制作了一份演示文稿，如图 5-35 所示，并通过交互功能进行演示。

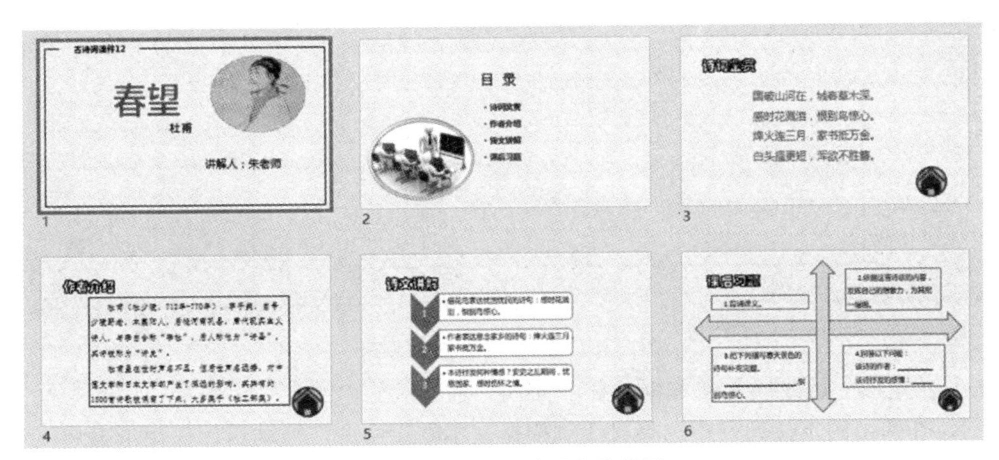

图 5-35 《春望》演示文稿效果

5.3.2 任务描述

本任务要求制作一份介绍杜甫《春望》的演示文稿，通过文字、图片等形式展示诗人忧国思家的情感，并通过超链接功能实现一定的交互。要完成本项任务，需要进行如下工作：

(1) 创建模板，使其具有生动形象的外观；

(2) 插入图片等，使其更直观地表达诗人的情感；

(3) 为文字、图片添加超链接，以实现幻灯片之间的跳转。

5.3.3 任务实现

1. 创建母版背景

(1) 设置背景。启动 PowerPoint 2016，自动创建一个空白演示文稿，删除演示文稿中标题和副标题文本框，右击幻灯片，在弹出的快捷菜单中选择“设置背景格式”命令，打开“设置背景格式”窗格，在“填充”选项卡中展开“填充”选项，选中“图片或纹理填充”单选按钮，设置“纹理”为“羊皮纸”，即可完成背景的填充。

(2) 插入矩形。在“插入”选项卡的“插图”组中单击“形状”下拉按钮，在弹出的下拉列表中选择“矩形”选项，此时鼠标指针变为十字形，拖动鼠标在幻灯片中绘制出一个距边界约 1 cm 的矩形。右击矩形，在弹出的快捷菜单中选择“设置形状格式”命令，在打开的“设置形状格式”窗格中设置“无填充”效果，设置线条宽度为“1.75 磅”，颜色为“黑色，文字 1”，效果如图 5-36 所示。

图 5-36　背景及矩形设置效果

(3) 在矩形上边线插入文本框。在“插入”选项卡的“文本”组中单击“文本框”下拉按钮，在弹出的下拉列表中选择“绘制横排文本框”命令，拖动鼠标在矩形上边线左侧绘制出文本框，输入文字“古诗词课件 12”，设置文字的字体为“微软雅黑、28 号、加粗”，段落格式为“居中”。

选中文本框并右击，在弹出的快捷菜单中选择“设置形状格式”命令，打开“设置形状格式”窗格，在“填充”选项卡中展开“填充”选项，选中“幻灯片背景填充”单选按钮，单击“关闭”按钮完成对文本框的设置，效果如图 5-37 所示。

图 5-37　文本框格式设置效果

至此，母版背景制作完成。

(4) 保存母版背景为图片。为了统一幻灯片背景，可以把设置好的母版背景保存为图片。单击“文件”按钮，在弹出的下拉菜单中选择“另存为”命令，单击“浏览”按钮，弹出“另存为”对话框，在“保存类型”下拉列表框中选择“JPEG 文件交换格式”选项，在“文件名”文本框中输入文件名称“母版背景”，单击“保存”按钮，在弹出的提示框中单击“仅当前幻灯片”按钮，如图 5-38 所示。

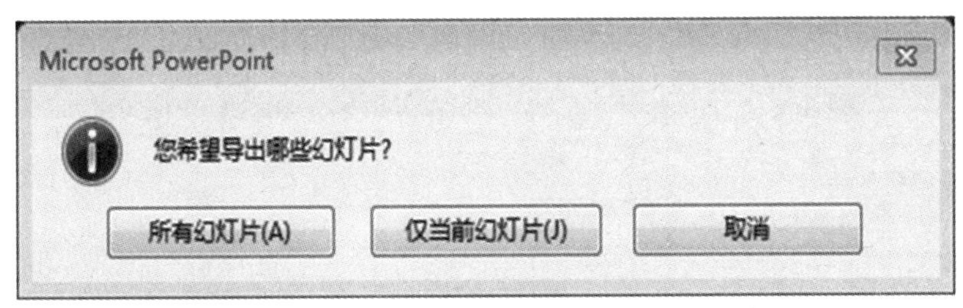

图 5-38 保存母版提示弹框

(5) 关闭文件。单击“文件”按钮，在弹出的下拉菜单中选择“退出”命令，关闭当前文件。

2. 制作第一张幻灯片

(1) 插入母版背景。新建空白演示文稿，在“视图”选项卡的“母版视图”组中单击“幻灯片母版”按钮，打开母版设置界面。右击工作区空白处，在弹出的快捷菜单中选择“设置背景格式”命令，打开“设置背景格式”窗格，在“填充”选项卡中展开“填充”选项，选中“图片或纹理填充”单选按钮，单击“插入”按钮，在弹出的对话框中将已保存的“背景.jpg”图片填充为背景，单击“全部应用”按钮后关闭对话框，效果如图 5-39 所示。

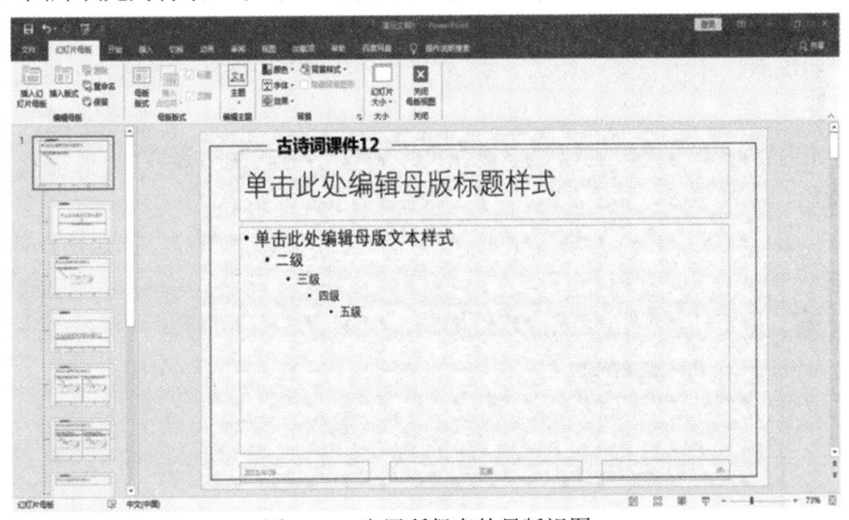

图 5-39 应用所保存的母版视图

(2) 保存演示文稿。在“幻灯片母版”选项卡的“关闭”组中单击“关闭母版视图”按钮，退出母版编辑状态，保存文件为“文学课件.pptx”。

(3) 输入艺术字。在“插入”选项卡的“文本”组中单击“艺术字”下拉按钮，在弹出的下拉列表中选择“填充 : 蓝色，主题色 5；边框：白色，背景色 1；清晰阴影：蓝色，主题色 5”，删除文本框中的“请在此放置您的文字”。输入“春望”，设置文字的字体为

“微软雅黑、115 号”，段落格式为“居中”。

(4) 插入两个文本框。插入一个横排文本框，输入文字“杜甫”，设置文字的字体为“黑体，32 号”，段落格式为“居中”。复制该文本框，设置文字内容为“讲解人：朱老师”，字体为“金桥简行楷、36 号”，段落格式为“居中”。

(5) 插入图片。在“插入”选项卡的“图像”组中单击“图片”按钮，在弹出的“插入图片”对话框中插入“杜甫.jpg”文件，将图片移动至右上角。

至此，第一张幻灯片制作完成，如图 5-40 所示。

图 5-40　应用母版完成的幻灯片效果一

3. 制作第二张幻灯片

(1) 插入第二张幻灯片。在“开始”选项卡的“幻灯片”组中单击“新建幻灯片”下拉按钮，在其下拉列表中选择“标题和内容”选项，创建第二张幻灯片。

(2) 添加标题。单击标题占位符，输入文字“目录”，设置文字格式的字体为“微软雅黑、44 号、加粗”，段落格式为“居中”。

(3) 添加内容。单击内容占位符，输入文字，文字格式为“黑体”，字号为“28”号，颜色为“蓝色、个性色 5、深色 25%”，1.5 倍行距。

(4) 插入图片。在“插入”选项卡的“图像”组中单击“图片”按钮，在弹出的“插入图片”对话框中插入“介绍.jpg”文件，将图片移动至左下角。

至此，第二张幻灯片制作完成，效果如图 5-41 所示。

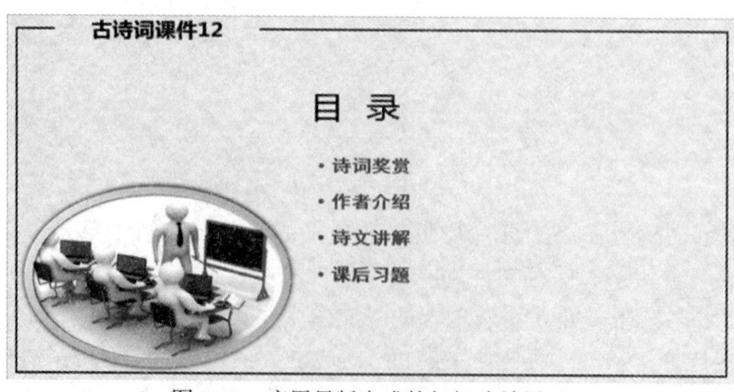

图 5-41　应用母版完成的幻灯片效果二

4. 制作第三张幻灯片

(1) 插入第三张幻灯片。在“开始”选项卡的“幻灯片”组中单击“新建幻灯片”下拉按钮，在其下拉列表中选择“标题和内容”选项创建第三张幻灯片。

(2) 添加标题。单击“标题”占位符，输入文字“诗词鉴赏”，设置字体为“华文彩云、44 号、加粗”，段落格式为“居中”。

(3) 添加内容。单击内容占位符，输入文字，字体为“微软雅黑”，字号为“36”号，颜色为“蓝色、个性色 5”，效果如图 5-42 所示。

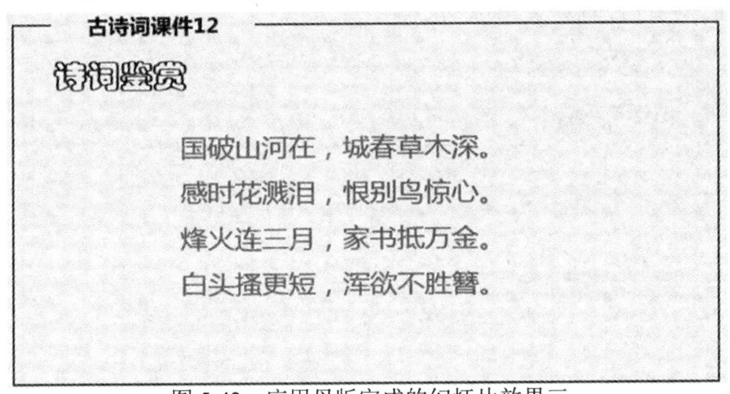

图 5-42　应用母版完成的幻灯片效果三

(4) 插入按钮图片。选中第三张幻灯片，在“插入”选项卡的“图像”组中单击“图片”按钮，打开“按钮 .jpg”文件作为图片按钮插入幻灯片的右下角并对其大小和位置进行调整。

(5) 插入超链接。右击按钮图片，在弹出的快捷菜单中选择“超链接”命令，打开“编辑超链接”对话框，如图 5-43 所示。选择链接到“本文档中的位置”，在“请选择文档中的位置”列表框中选择“目录”幻灯片，单击“确定”按钮完成超链接的插入。当放映到该张幻灯片时，只要单击按钮图片就可以返回到第一张幻灯片。

至此，第三张幻灯片制作完成。

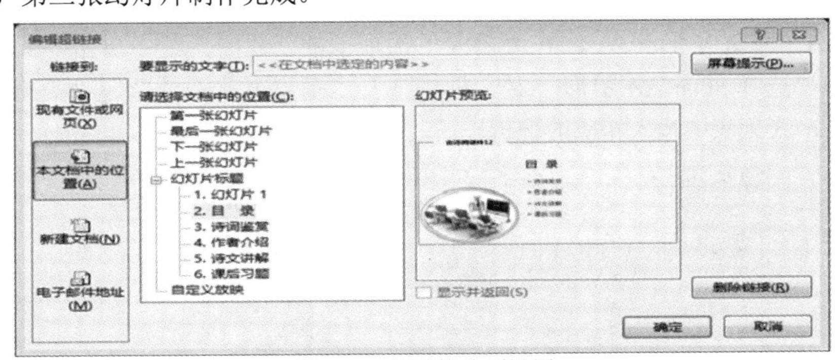

图 5-43　超链接选项设置

5. 制作第四张幻灯片

(1) 添加标题。在“开始”选项卡的“幻灯片”组中单击“新建幻灯片”下拉按钮，在其下拉列表中选择“仅标题”选项，创建第四张幻灯片。单击标题占位符，输入文字“作者介绍”，设置文字的字体格式为“华文彩云、44 号、加粗”，段落格式为“居中”。

(2) 插入横排文本框。在“插入”选项卡的“文本”组中单击“文本框”下拉按钮，在展开的下拉列表中选择“绘制横排文本框”选项。在插入的文本框中输入相应的文字，设置文字的字体格式为“仿宋、28 号”，首行缩进 2 字符，1.5 倍行距。

(3) 设置文本边框。右击文本框，在弹出的快捷菜单中选择“设置形状格式”命令，在打开的“设置形状格式”窗格中，选择“线条”为“实线”，宽度为“2 磅”，“复合类型”为“有粗到细”，颜色为“黑色、文字 1”。

(4) 插入图片并设置超链接。参考“制作第四张幻灯片”的方法插入图片，并设置超链接，使得只要单击图片就可以返回第二张幻灯片。

至此，第四张幻灯片制作完成，效果如图 5-44 所示。

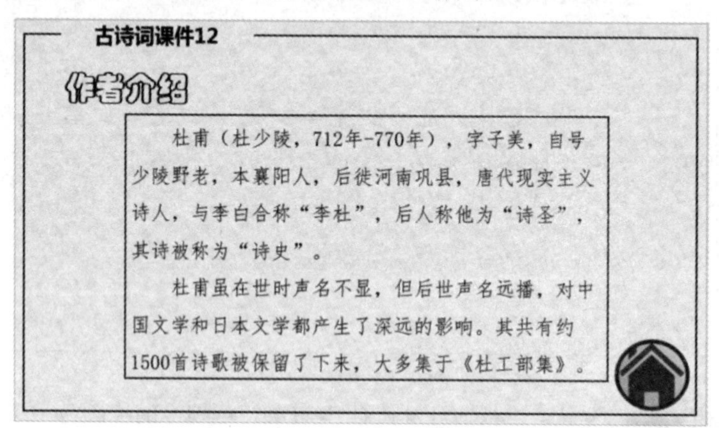

图 5-44　应用母版完成的幻灯片效果四

6. 制作第五张幻灯片

(1) 设置第五张幻灯片母版版式。在“开始”选项卡的“幻灯片”组中单击“新建幻灯片”下拉按钮，在其下拉列表中选择“仅标题”选项，创建第五张幻灯片。单击标题占位符，输入文字“诗文讲解”，设置文字的字体格式为“华文彩云、44 号、加粗”，段落格式为“居中”。

(2) 插入“垂直 V 形列表”。在“插入”选项卡的“插图”组中单击“SmartArt”按钮，在弹出“选择 SmartArt 图形”对话框中选择“垂直 V 形列表”选项，如图 5-45 所示。在垂直 V 形列表中输入相应的解析。

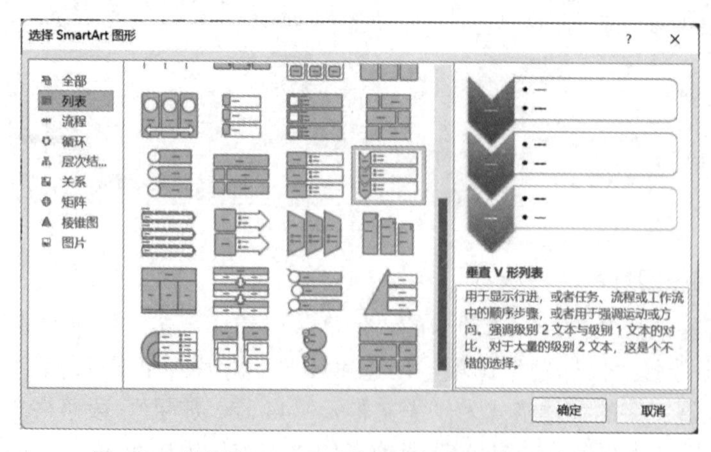

图 5-45　“选择 SmartArt 图形垂直 V 形列表”对话框

(3) 设置超链接。参考“制作第四张幻灯片”的方法插入图片，并设置超链接，使得只要单击图片就可以返回第二张幻灯片，如图 5-46 所示。

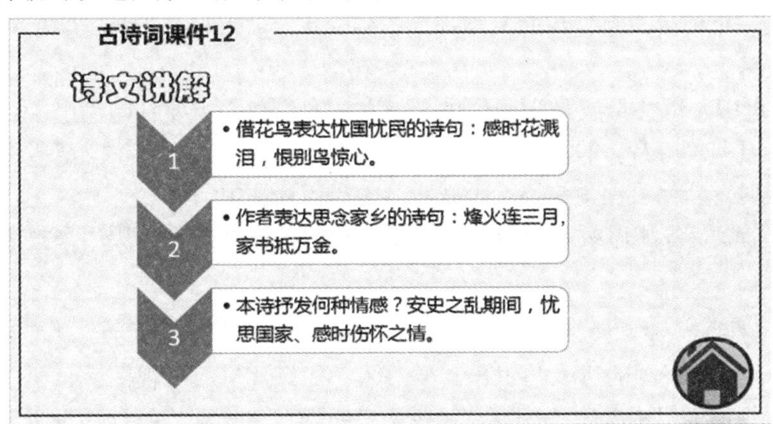

图 5-46　应用“SmartArt 图形”完成的幻灯片效果五

7. 制作第六张幻灯片

(1) 插入左右箭头和上下箭头。在“开始”选项卡的“幻灯片”组中单击“新建幻灯片”下拉按钮，在其下拉列表中选择“空白”选项，创建第六张幻灯片。

通过“插入”选项卡的“插图”组中的“形状”选项，在幻灯片中绘制出两个粗细适当、互相垂直的左右箭头和上下箭头，左右箭头的两侧顶在矩形框左右边缘中心处，上下箭头的两侧箭头顶在矩形框上下边缘中心处。

(2) 制作四道课后习题，如图 5-47 所示。

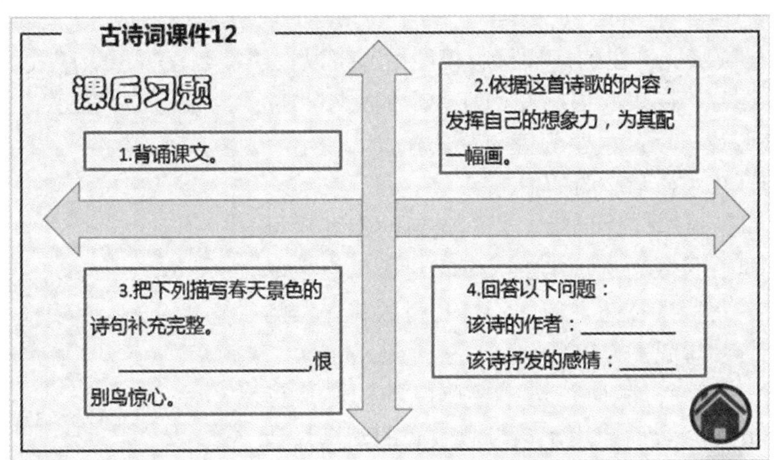

图 5-47　应用插入形状完成幻灯片效果六

至此，第六张幻灯片制作完成。

5.3.4　必备知识

幻灯片母版

1. 母版的使用

1) 母版的种类

PowerPoint 2016 包含 3 种母版，分别是幻灯片母版、讲义母版和备注母版。

(1) 幻灯片母版。幻灯片母版是幻灯片层次结构中的顶级幻灯片，它存储着有关演示文稿的主题和幻灯片版式的所有信息，决定着幻灯片的外观。它是已经设置好背景、配色方案、字体的一个模板，在使用时只要插入新幻灯片，就可以把母版上的所有内容继承到新添加的幻灯片上。

(2) 讲义母版。讲义母版是为制作讲义而准备的，通常需要打印输出。它允许设置一页讲义中包含几张幻灯片，设置页眉、页脚、页码等基本信息。在讲义母版中插入新的对象或更改版式时，新的页面效果不会反映在其他母版视图中。

(3) 备注母版。备注母版主要用来设置幻灯片的备注格式，一般用来打印输出，多与打印页面有关。

2) 管理幻灯片母版

(1) 幻灯片母版视图的进入与退出。要进入“幻灯片母版”视图，只要在“视图”选项卡的“母版视图”组中单击“幻灯片母版”按钮即可，出现“幻灯片母版”选项卡，如图5-48所示。要退出“幻灯片母版”视图，在“幻灯片母版”选项卡的“关闭”组中单击“关闭母版视图”按钮或从“视图”选项卡中选择另外一种视图即可。

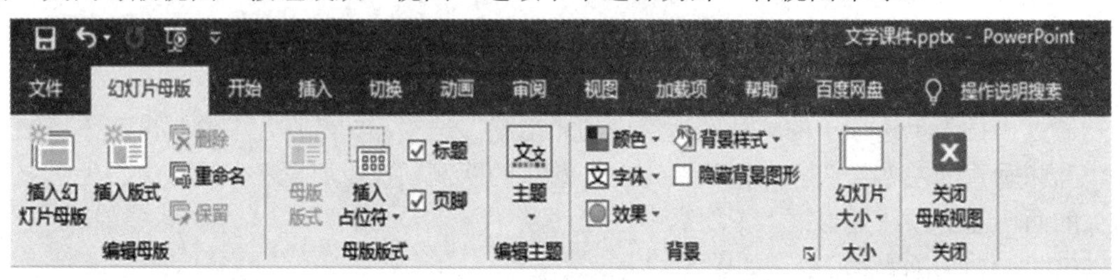

图5-48 “幻灯片母版”选项卡

(2) 设计母版版式。在幻灯片母版视图中，可以按照需要设置母版版式，如改变占位符、文本框、图片、图表等内容在幻灯片中的大小和位置，编辑背景图片，设置主题颜色和背景样式，使用页眉和页脚在幻灯片中显示必要的信息等。

(3) 创建和删除幻灯片母版。要创建新的幻灯片母版，可在“幻灯片母版”选项卡的“编辑母版”组中单击“插入幻灯片母版”按钮，新的幻灯片母版将在左侧窗格的现有幻灯片母版下方出现。

删除一个幻灯片母版时，选中要删除的幻灯片母版，按Delete键即可。而应用了该母版版式的幻灯片会自动转换为默认幻灯片母版的对应版式。

(4) 保留幻灯片母版。要保证新创建的幻灯片母版即使在没有任何幻灯片使用它的情况下仍然存在，可以在左侧窗格中右击该幻灯片母版，在弹出的快捷菜单中选择“保留母版”命令，如图5-49所示。要取消保留，可再次选择“保留母版”命令，取消选中命令前的“√”即可。

图5-49 幻灯片母版设置

小贴士：幻灯片母版一定要在构建各张幻灯片之前创建，而不要在创建了幻灯片之后再创建，否则幻灯片上的某些项目不能遵循幻灯片母版的设计风格。

3) 页眉和页脚的设置

在幻灯片母版视图中，日期、编号和页脚的占位符会显示在幻灯片母版上，在默认情况下它们不会出现在幻灯片中。

如果需要设置日期、编号和页脚，可以在“插入”选项卡的“文本”组中单击“页眉和页脚”按钮，弹出“页眉和页脚”对话框，如图 5-50 所示，在该对话框中可进行页眉与页脚的设置。

图 5-50　页眉与页脚设置对话框

在该对话框中有以下选项：

(1) 日期和时间。在“日期和时间”中有“自动更新”和“固定”两个选项。“自动更新”是指从计算机时钟自动获取当前时间，“固定”是指可以输入固定的日期和时间。

(2) 页脚。默认情况下，幻灯片母版上不显示页脚，如果需要，可以先选中该复选框，然后输入所需文本，接下来在幻灯片母版中设置格式。

(3)“标题幻灯片中不显示”复选框用来控制演示文稿中标题幻灯片显示或隐藏的日期和时间、编号和页脚，从而避免信息重复。

2. 母版的使用技巧

1) 从已有的演示文稿中提取母版再利用

(1) 打开已有的演示文稿。

(2) 在“视图”选项卡的“母版视图”组中单击“幻灯片母版”按钮，进入演示文稿的幻灯片母版视图，选中窗口左侧第一张“office”主题幻灯片母版。

(3) 单击“文件”按钮，在其下拉菜单中选择“另存为”命令，单击“浏览”按钮，弹出“另存为”对话框，在“保存类型”下拉列表框中选择“PowerPoint 模板 (*.potx)”

选项，在“文件名”文本框中输入模板名字“1.potx”，单击“保存”按钮即可。

在创建新的演示文稿时，可单击“文件”按钮，在其下拉菜单中选择“新建”命令，打开“新建”界面，如图 5-51 所示。

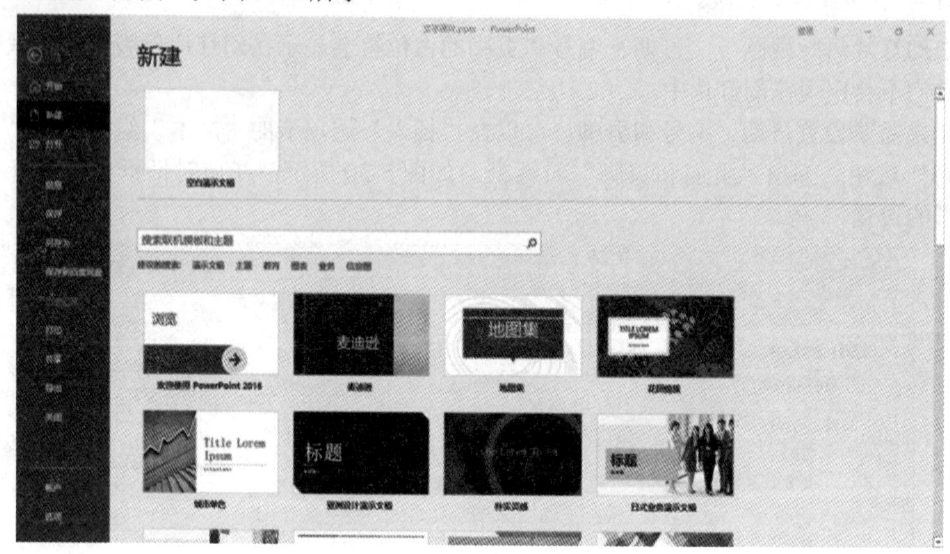

图 5-51　新建演示文稿界面

2) *忽略母版，灵活设置背景*

如果希望某些幻灯片背景和母版不同，可以右击幻灯片，在弹出的快捷菜单中选择“设置背景格式”命令，在打开的“设置背景格式”窗格中，在“填充”选项卡中展开“填充”选项，选中“隐藏背景图形”复选框，如图 5-52 所示，接下来就可以为幻灯片设置新背景了。

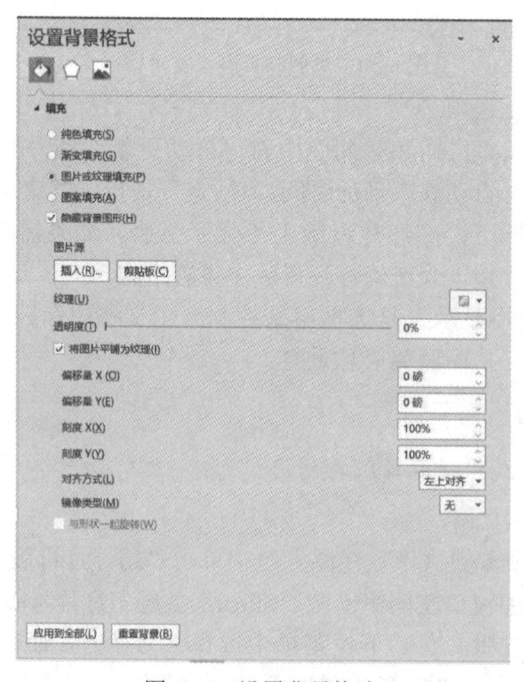

图 5-52　设置背景格式

小贴士：设置新背景后单击“关闭”按钮，不要单击“全部应用”按钮。

3. 在幻灯片中插入表格

方法一：在“插入”选项卡的“表格”组中单击“表格”下拉按钮，在其下拉列表中选择“插入表格”命令，打开“插入表格”对话框，然后指定表格的行数和列数。使用“插入表格”的方法创建的表格会自动套用表格样式。

方法二：在“插入”选项卡的“表格”组中单击“表格”下拉按钮，在其下拉列表中选择“绘制表格”命令，此时鼠标指针变成铅笔形状，可以根据需要绘制出不同行高和列宽的表格。

小贴士：利用“表格工具”上下文选项卡可以对表格进行设计和格式化。

4. 在幻灯片中插入图表

在 PowerPoint 2016 中，图表工具界面以 Excel 图表界面为基础，创建、修改和格式化图表不需要退出 PowerPoint。

在 PowerPoint 2016 中创建新图表时，没有可以提取的数据表，而必须在 Excel 窗口中输入数据创建图表。默认情况下，会包含有示例数据，可以用实际数据替换示例数据。

如果幻灯片中某占位符中有“插入图表”图标，可以单击该图标创建图表，否则在幻灯片中，可以通过单击“插入”选项卡的“插图”组中的“图表”按钮打开“插入图表”对话框，选择图表类型后创建图表，同时打开图表设计窗口，根据需要修改 Excel 窗口图表数据区域的数据。

若已关闭 Excel 窗口，选中图表后，在“图表工具设计”选项卡的“数据”组中选择“编辑数据”选项，可以再次打开 Excel 窗口。

小贴士：利用“图表工具”上下文选项卡可以对图表进行设计和格式化。

5. 创建超链接

超链接是指从当前正在放映的幻灯片跳转到当前演示文稿的其他幻灯片或其他文件、网页的操作。

在“插入超链接”对话框中，当要创建指向其他文件或网页的超链接时，可以选择链接到“现有文件或网页”选项，同时设置文件的位置或网页的地址。

超链接和动作按钮

若要创建指向本演示文稿的其他幻灯片可以选择链接到“本文档中的位置”选项，同时指定具体的幻灯片。

6. 打印演示文稿

打印演示文稿时，可以根据需要进行打印范围、打印份数、打印内容和颜色灰度等项目的设置，如图 5-53 所示。

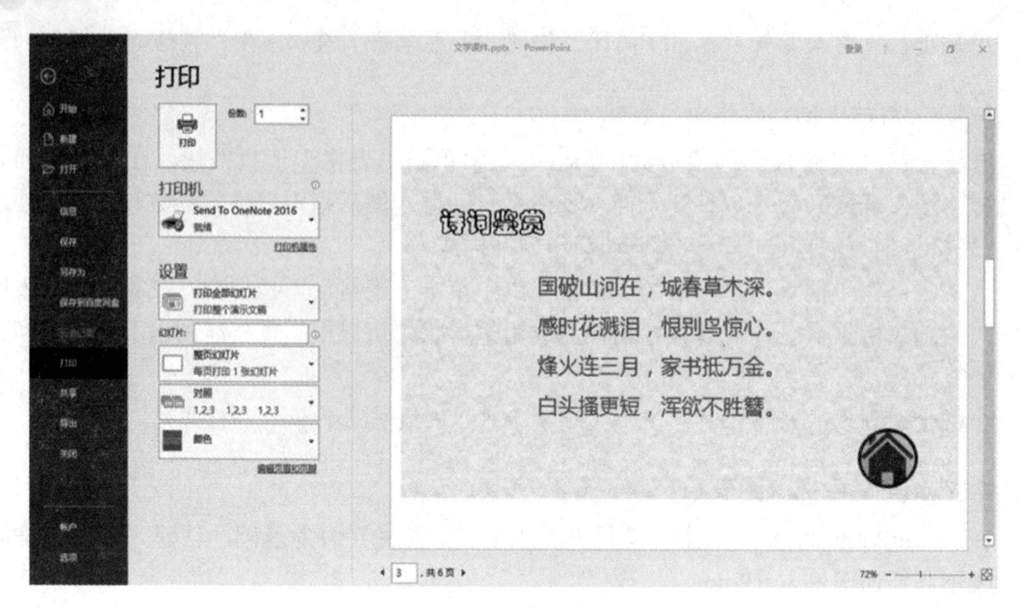

图 5-53　打印设置

5.3.5　训练任务

迈入我们的新校园，高楼林立，绿树成荫，环境十分优美，有很多人来校参观，请你为他们制作一份演示文稿，来展示我们宜春职业技术学院美丽的校园风光。

要求有首页、目录页和至少另外 10 张页面，有图和文字、多媒体对象等，整体布局合理，界面美观，幻灯片之间能够交互，给人以美的感受具体要求如下：

(1) 首页标题幻灯片中主标题为“宜春职业技术学院欢迎您！”(标题可以自拟)。副标题为“制作人：张三”。

(2) 目录页包含整篇演示文稿中的景观点，单击时能够链接到具体景观点的介绍页。具体景观点介绍的幻灯片能够通过文字或图片链接到目录页。

(3) 设置幻灯片的切换和动画效果。

评价反馈

学生自评表

任　　务		完成情况记录
课前	通过预习概括本节知识要点	
	预习过程中提出疑难点	
课中	对自己整堂课的状态评价是否满意？学习过程中是否能跟上老师的节奏？	
	课前预习过程中的疑难点是否弄懂解决？	
	是否能按时独立完成课堂相关任务？过程中的难点在哪里？	
课后	课后训练任务完成情况	
收获		
对自己本堂课学习效果总体评价		

学生互评表

序号	评价项目	小 组 互 评
1	任务是否按时完成	
2	任务完成上交情况	
3	作品质量	
4	小组成员合作面貌	
5	创新点	

教师评价表

序号	评价项目	自我评价	互相评价	教师评价	综合评价
1	学生课前预习				
2	规范操作				
3	完成质量				
4	关键操作要领掌握				
5	完成速度				
6	沟通协作				

注：评价档次统一采用 A(优秀)、B(良好)、C(合格)、D(努力) 4 个等级。

习　题

选择题

1. 幻灯片上可以插入 (　　) 多媒体信息。

A. 声音、音乐和图片　　B. 声音和影片

C. 声音和动画　　D. 剪贴画、图片、声音和影片

2. PowerPoint 的“超级链接”命令可实现 (　　)。

A. 幻灯片之间的跳转　　B. 演示文稿幻灯片的移动

C. 中断幻灯片的放映　　D. 在演示文稿中插入幻灯片

3. 如果将演示文稿置于另一台不带 PowerPoint 系统的计算机上放映，那么应该对演示文稿进行 (　　)。

A. 复制　　B. 打包　　C. 移动　　D. 打印

4. 在 (　　) 模式下可对幻灯片进行插入，编辑对象的操作。

A. 幻灯片视图　　B. 大纲视图　　C. 幻灯片浏览视图　　D. 备注页视图

5. 在哪种视图方式下能实现在一屏显示多张幻灯片 ?(　　)

A. 幻灯片视图　　B. 大纲视图　　C. 幻灯片浏览视图　　D. 备注页视图

6. 在当前演示文稿中要新增一张幻灯片，应采用 (　　) 方式。

A. 选择“文件”菜单中的“新建”命令

B. 选择“编辑”菜单中的“复制”和“粘贴”命令

C. 选择“插入”菜单中的“新幻灯片”命令

D. 选择“插入”菜单中的“幻灯片 (从文件)”命令

7. 要在选定的幻灯片版式中输入文字，可以 (　　)。

A. 直接输入文字

B. 先单击占位符，然后输入文字

C. 先删除占位符中的系统显示的文字，然后输入文字

D. 先删除占位符，然后输入文字

8. 要在幻灯片上显示幻灯片编号，必须 (　　)。

A. 选择“插入”菜单中的“页码”命令

B. 选择“文件”菜单中的“页面设置”命令

C. 选择“插入”菜单中的“页眉和页脚”命令

D. 以上都不行

9. 设置幻灯片放映时间的命令是 (　　)。

A.“幻灯片放映”菜单中的“预设动画”命令

B.“幻灯片放映”菜单中的“动作设置”命令

C.“幻灯片放映”菜单中的“排练计时”命令

D.“插入”菜单中的“日期和时间”命令

模块 6 计算机网络与 Internet 应用

思政园地——增强数据安全意识

当代社会信息化和网络化不断深入，数据已逐渐成为与物质资产和人力资本同样重要的基础生产要素，被广泛认为是推动经济社会创新发展的关键因素。拥有数据的规模和运用能力，不仅是企业或组织业务发展的核心驱动力，与个人消费、个人属性特征隐私等问题息息相关，而且也已成为国家经济发展的新引擎，是综合国力的重要组成部分。

知识导读

计算机网络是计算机科学技术和通信技术相互结合的产物，是计算机应用中的一个重要领域，它给人类带来了巨大便利。如今，人们可以坐在家里一边悠闲地喝着咖啡，一边在《魔兽世界》里闯关练级；一边看着网上的股票行情，进行买卖交易，一边在网上商店挑选化妆品，以非常低的折扣价兴高采烈地下订单……这些现代人习以为常的生活方式，全都离不开计算机网络的支持。

学习目标

- ◆ 掌握将计算机接入 Internet 的方法。
- ◆ 掌握组建与使用家庭 (办公) 网络的方法。
- ◆ 掌握浏览网页的常用操作以及下载网络资源的方法。
- ◆ 掌握收发电子邮件的方法。

任务1 搜索乘车方案

6.1.1 任务描述

宜春某文化公司职员小张计划在 4 月 20 日去南昌，到南昌大学与读研究生的大学同学聚会。小张计划选择速度比较快的高铁或动车，到达南昌后计划乘坐地铁去南昌大学。

6.1.2 任务分析

为了获得最准确的信息，这里选择中国铁路 12306 网站和 8684 公交网查询信息。

小张使用计算机浏览器查看从宜春到南昌的高铁列车时刻表，如图 6-1 所示；接着查询如何乘坐公共交通到达南昌大学，如图 6-2 所示。

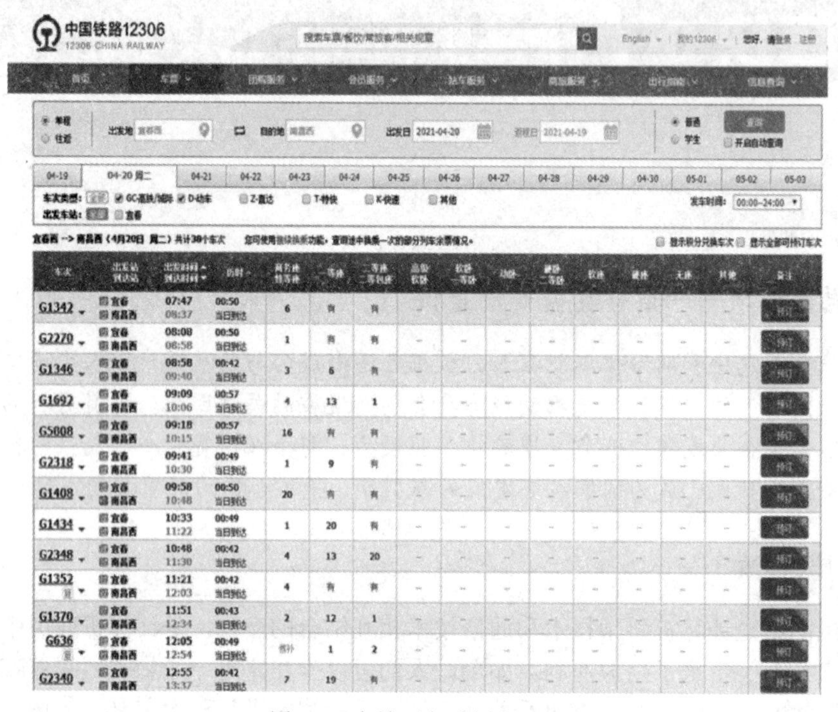

图 6-1　高铁列车时刻表界面

图 6-2　公共交通查询界面

6.1.3 任务实现

1. 查询列车时刻表并购买车票

(1) 打开 Microsoft Edge 浏览器，在地址栏中输入“https://www.12306.cn”，并按 Enter 键，打开中国铁路 12306 网站，如图 6-3 所示。

图 6-3 中国铁路 12306 网站界面

(2) 输入出发地“宜春”，到达地“南昌”，出发日期设为“2021-04-20”，选中“GC-高铁 / 城际”和“D- 动车”复选框，然后单击“查询”按钮，即可查询到符合条件的所有车次，如图 6-1 所示。

(3) 小张选择 G1982 次列车，单击该车次对应的“预定”按钮，弹出登录页面。可以使用 12306 手机 App 扫描二维码登录，也可以选择使用账号登录。成功登录后自动跳转到如图 6-4 所示的预定 G1982 次列车车票的界面。

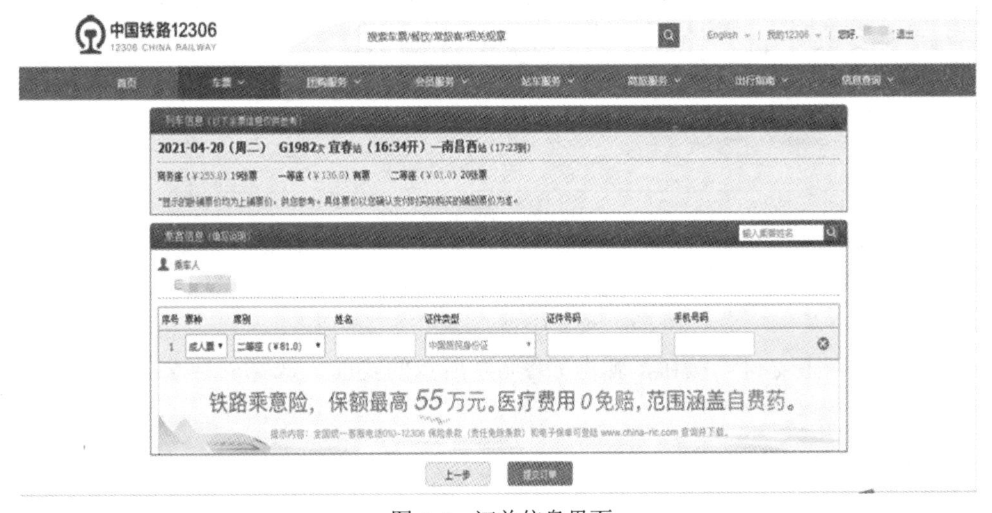

图 6-4 订单信息界面

(4) 选择乘客信息、票种、席别后单击“提交订单”按钮，弹出如图 6-5 所示的对话框，提示核对信息。

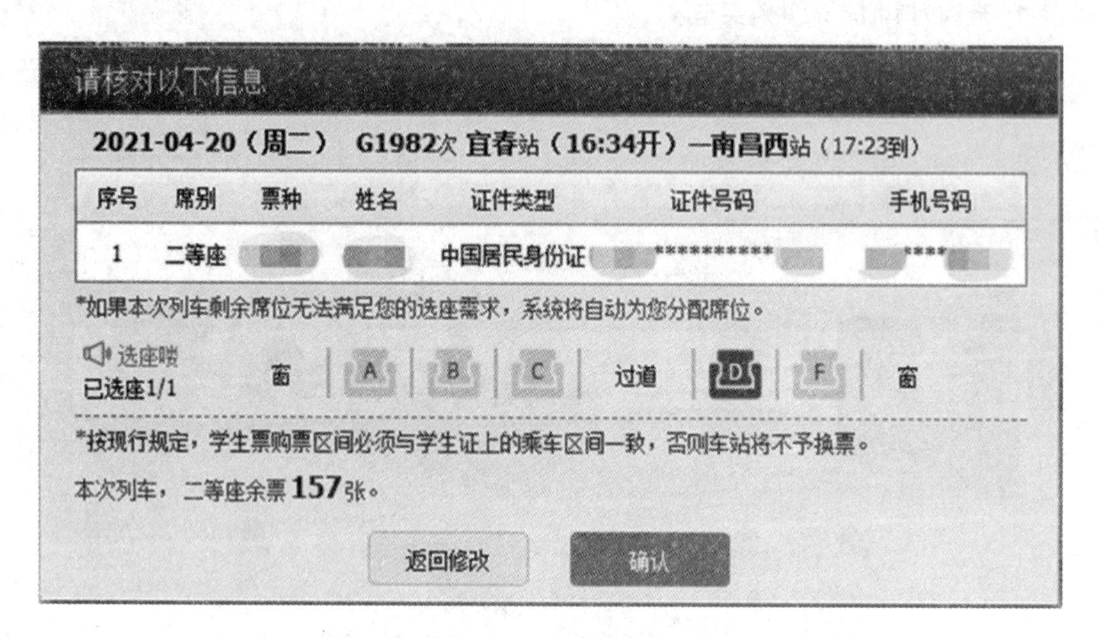

图 6-5　订单确认界面

(5) 核对无误后单击“确认”按钮，弹出如图 6-6 所示的对话框，提示“席位已锁定，请在 30 分钟内进行支付，完成网上购票”。

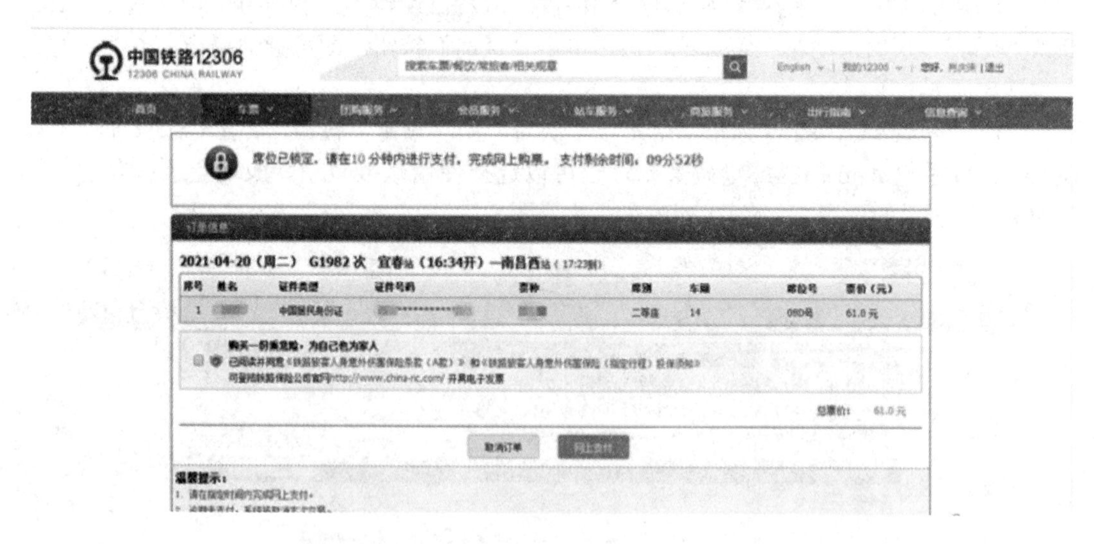

图 6-6　预定 G1982 次列车车票界面

(6) 单击“网上支付”按钮，弹出如图 6-7 所示的页面，选择一种支付方式进行支付即可。

图 6-7　网上支付界面

2. 查询地铁乘车方案

(1) 在浏览器地址栏中输入“https://www.8684.cn/”并按 Enter 键，打开 8684 公交查询网首页，如图 6-8 所示。

图 6-8　公交查询网首页界面

(2) 选择城市为“南昌”，输入出发地“南昌西站”和目的地“南昌大学”，单击“查询”按钮，结果如图 6-2 所示。

3. 收藏网址

以收藏 8684 公交查询网为例，方法如下：

(1) 在浏览器地址栏中网址的右侧，单击“添加到收藏夹”按钮，如图 6-9 所示。

图 6-9 添加到收藏夹显示界面

(2) 弹出如图 6-10 所示的界面，修改名称和保存位置后单击“完成”按钮即可。以后使用时在收藏夹中找到该名称，单击即可打开。

图 6-10 添加收藏夹所示的界面

6.1.4 必备知识

1. 计算机网络基础知识

1) 计算机网络的功能与应用

计算机网络概述

计算机网络的功能主要体现在资源共享、数据通信、集中管理、分布式处理、均衡负载等方面。计算机网络主要用于办公自动化系

统 (OA)、管理信息系统 (MIS)、电子数据交换 (EDI)、电子商务 (EC) 和分布式控制系统 (DCS) 等重要方面。

2) 计算机网络的分类

按照网络覆盖范围和计算机之间互连距离的不同，计算机网络可分为 3 类，分别是局域网、城域网和广域网。其中，局域网是指网络覆盖范围有限 (一般为 10 km 以内) 的网络系统，通常用于一个企业、一所学校或一座大楼内。局域网组网方便，使用灵活，传输速率较高，是目前计算机网络发展中最活跃的分支。广域网一般是指将分布在不同地区、国家甚至全球范围内的各种局域网、计算机、终端等互连而成的大型计算机通信网络，其特点是采用的协议和网络结构复杂多样，传输速率较低。城域网是指介于局域网与广域网之间的一种大型网络。然而，随着计算机网络技术的发展，目前的局域网、广域网和城域网的界限已经变得模糊了。

按照网络传输介质，计算机网络分为两类：有线网络和无线网络。其中，有线网络采用的传输介质主要有双绞线、同轴电缆及光纤；无线网络主要采用 3 种技术，即微波通信、红外线通信和激光通信。

3) 计算机网络的组成

从资源构成的角度来讲，与计算机系统相似，计算机网络系统也是由硬件系统和软件系统两部分组成的。其中，硬件系统主要包括主机、终端等用户端设备，以及调制解调器、交换机、路由器等通信控制处理设备和通信线路；而软件系统则由网络操作系统、网络协议、网络管理和应用软件以及大量的数据资源组成。在硬件系统中，调制解调器主要用于计算机网络与公共电话网之间的连接，交换机主要用于局域网内部的主机与设备之间的互联，路由器则主要用于不同网络之间的互连。

2. 有线网络传输介质

1) 双绞线

双绞线是目前使用最广泛、价格最低廉的一种有线传输介质，它由 4 对两两按一定比率相互缠绕的包着绝缘材料的细铜线组成，是一种 8 芯线，每对互相缠绕的芯线由一条带有某种颜色的芯线加上一条相应颜色和白色相间的芯线组成。4 条全色芯线的颜色分别为橙色、绿色、蓝色、棕色，对应的 4 条花色芯线的颜色分别为橙白、绿白、蓝白、棕白。

双绞线是使用压线钳将双绞线两端与 RJ-45 接头 (俗称水晶头) 压接到一起形成的线缆。线缆的制作采用 ANSI/EIA/TIA-568 国际标准，该标准有 A、B 两种线序，一般采用 568B 标准，标准 568B 表示为：橙白—1，橙—2，绿白—3，蓝—4，蓝白—5，绿—6，棕白—7，棕—8。

使用最广泛的直通双绞线就是线缆两端采用相同的线序，即都采用 568B 标准制作而成，其最大传输距离为 100 m。

到目前为止，EIA/TIA 已颁布了 7 类 (Cat) 线缆标准。其中，常用的标准有以下几种：

(1) Cat5：适用于 100 Mb/s 的数据传输。

(2) Cat5e: 既适用于 100 Mb/s 的数据传输，又适用于 1000 Mb/s 的数据传输。

(3) Cat6：适用于 1000 Mb/s 的数据传输。

(4) Cat7a(扩展 6 类)：既适用于 1000 Mb/s 的数据传输，又适用于 10 Gb/s 的数据传输。

2) 光纤

光纤全称为光导纤维。光纤通信是以光波为载频，以光导纤维为传输介质的一种通信方式。光纤是数据传输中最有效的一种传输介质，它有频带较宽、电磁绝缘性能好、传输距离长等优点。光纤主要分两大类，即单模光纤和多模光纤。其中，单模光纤传输频带宽，传输容量大，传输距离较远，传输距离可达几千米甚至几万米。多模光纤的传输性能相对较差，传输距离一般为 300～2000 m。

3. 网络协议

网络中的计算机之间进行通信时，必须使用一种双方都能理解的语言，这种语言就是网络协议。网络协议是网络中的计算机和设备之间通信时必须遵循的事先制订好的规则标准。正是因为有了网络协议，网络上的各种大小不同、结构不同、操作系统不同的计算机与设备之间才能相互通信，实现资源共享。

在现有的网络协议中，TCP/IP 是应用最广泛的协议，几乎所有的厂商和操作系统都支持它。TCP/IP 也是 Internet 的基础协议，通过它，各种结构完全不同、类型不同以及操作系统不同的计算机网络可以方便地构成单一协议的互联网络系统。TCP/IP 是一个协议集，其中最主要的两个协议是 TCP(传输控制协议)和 IP(网际协议)。

4. IP 地址

1) IP 地址的作用

IP 地址及其分类

TCP/IP 要求连入网络的计算机都必须有一个唯一的逻辑地址才能相互通信，这个逻辑地址就是 IP 地址。另外，一台计算机可以有多个 IP 地址，但是不能与其他计算机的 IP 地址重复，否则将发生地址冲突，不能进行网络通信。

2) IP 地址的组成

IP 地址从功能上讲由两部分组成，即网络号(网络 ID)和主机号(主机 ID)，如图 6-11 所示。其中，网络 ID 用来标识互联网中的一个特定网络，而主机 ID 用来标识该网络中某个主机的一个特定连接。同一物理网络中的主机一般都使用同一网络 ID。一个网络 ID 代表一个网段，一个网段内所有主机 ID 必须是唯一的，不得重复。因此，IP 地址包含了主机本身和主机所在网络的地址信息。

网络 ID	主机 ID

图 6-11　网络号和主机号

3) IP 地址的表示方法

在 IPv4(互联网通信协议第 4 版)中，IP 地址是一个 32 位的二进制数。为了表示方便，它采用点分十进制表示法，即将 32 位二进制数按字节分成 4 段，每个字节用十进制表示，中间用“.”隔开，每部分的取值范围是 0～255，如 192.168.1.1。

小贴士： IPv4 使用 32 位地址，地址空间中有 2^{32} 个地址。在 IPv6 中使用了 128 位地址，因此新增的地址空间支持 2^{128} 个地址。

4) 子网掩码

子网掩码是 TCP/IP 用来区分 IP 地址的 4 个部分是如何划分网络 ID 和主机 ID 的。在简单的 IP 地址分配中，子网掩码主要由两个数 (0 和 255) 构成，也分为 4 部分，如 255.255.0.0，其中，255 对应的部分为网络号，0 对应的部分为主机号。假设一个 IP 地址为 172.16.1.2，子网掩码为 255.255.255.0，表示 IP 地址的前 3 部分为网络号，最后一部分为主机号，则该主机的网络 ID 为 172.16.1.0，其主机 ID 为 2。

网络 ID 相同的主机，即在同一个网段内的主机可以直接通信，不同网段中的计算机通信时，则需要通过网关或路由器。

5) 私有地址

Internet 管理委员会在 IP 地址中规划出一组地址，专为组织机构内部使用，这组地址称为私有地址。私有地址共有 3 块 IP 地址空间，分别是 10.0.0.0～10.255.255.255，172.16.0.0～172.31.255.255 和 192.168.0.0～192.168.255.255。

6) IP 地址的分配

IP 地址的分配有静态 IP 地址分配和动态 IP 地址分配两种方式。静态 IP 地址分配是由网络管理员或用户手动设置 IP 地址。在使用静态地址分配时，网络管理员需要首先设计一张 IP 地址资源使用表，将所有主机和特定 IP 地址一一对应，然后手动设置。这种方法适用于小型网络系统。

动态 IP 地址分配是在网络中必须提供动态主机配置协议 (DHCP) 服务，即事先配置一台 DHCP 服务器并时刻运行，自动获取 IP 地址的主机在启动时，就能从 DHCP 服务器获得一个临时的 IP 地址。

5. 网关

网关又称 IP 路由器，它可以将数据发送到不同网络地址的目的主机。在局域网中，有内部网关和外部网关。内部网关用来实现内部不同子网之间的数据通信；外部网关是局域网负责连接外部互联网的路由器或代理服务器，是局域网内部与外部互联网之间的一道通信闸门，所有内网与外网的数据通信都经过它转发，是内网主机通向外网的网络接口。网关地址就是网关在其局域网内部的 IP 地址。在配置某台主机的 TCP/TP 参数时，若没有指定默认网关，则表示该主机只能在内网通信。

6. 域名系统

互联网上的主机资源非常丰富，每台主机都有一个唯一的 IP 地址。网络用户在访问主机时，需要提供主机的 IP 地址，但要记住大量的 IP 地址非常困难。因此，为了方便人们记忆使用 IP 地址，互联网采用一种分层次结构的名字来表示主机，这个名字称为域名。例如，搜狐网站主机的域名为 www.sohu.com。主机域名在互联网中是需要向指定管理部门申请注册才能得到的。但是，在网络的数据传输过程中，还是需要知道主机的 IP 地址，为此互联网提供了 DNS 服务器。DNS 服务器中记录了互联网上的主机域名与其 IP 地址的对应关系，当用户需要时，它负责实现域名与 IP 地址之间的相互转换，并提供给网络用户。这样网络用户在访问互联网主机时，就可以使用域名进行访问了。

7. Internet 简介

Internet 简单应用

1) Internet 的产生与发展

20 世纪 60 年代，美国国防高级研究计划局 (ARPA) 计划投资建立阿帕网 (ARPAnet)。直到 1969 年 12 月，ARPAnet 才正式投入运行，在美国 4 所大学之间建成了一个实验性的计算机网络。1983 年，ARPAnet 已连接 300 多台计算机，供美国各研究机构和政府部门使用，可以进行数据通信和资源共享。由于这个网络是由许多不同网络互连而成的，所以被称为 Internet，ARPAnet 就是 Internet 的前身。

1986 年，美国国家科学基金会 (NSF) 建立了自己的计算机通信网络 NSFnet，它允许美国各地的科研人员访问分布在美国不同地区的超级计算机中心，并将按地区划分的计算机广域网与超级计算机中心相连 (实际上它是一个三级计算机网络，分为主干网、地区网和校园网，覆盖了全美国主要的大学和研究所)。1989—1990 年，NSFnet 逐渐取代了 ARPAnet 在网络中的地位，并且成为 Internet 的主要部分。同时，鉴于 ARPAnet 的实验任务已经完成，在历史上起过重要作用的 ARPAnet 正式宣布关闭。

随着 NSFnet 的建设和开放，网络节点数和用户数量迅速增加。以美国为中心的 Internet 网络互连也迅速向全球发展，世界上的许多国家纷纷接入 Internet，使网络的通信量急剧增大。Internet 的迅猛发展始于 20 世纪 90 年代，由欧洲核子研究组织 (CERN) 开发的万维网 (WWW) 被广泛应用在 Internet 上，大大方便了广大非网络专业人员对网络的使用，成为 Internet 发展的指数级增长的主要驱动力，WWW 的站点数目与上网用户数都急剧增长。

近年来，随着计算机网络技术和通信技术的飞速发展，人类社会从工业社会向信息社会过渡的趋势越来越明显，人们对开发和使用信息资源的重视程度逐渐增强，从而促使 Internet 得到迅猛发展，使连入这个网络的主机和用户数目急剧增加。如今，Internet 已不仅仅是计算机人员和军事部门进行科研的领域，而是一个开发和使用信息资源的覆盖全球的信息海洋。

2) 中国的 Internet 发展

Internet 在中国的发展起步于 1986 年，北京市计算机应用技术研究所实施的国际联网项目 —— 中国学术网 (Chinese Academic Network，CAnet) 开始启动。1987 年 9 月，CANET 正式建成中国第一个国际 Internet 电子邮件节点，并于 1987 年 9 月 14 日发出中国第一封电子邮件 " Across the Great Wall we can reach every corner in the world." (越过长城，走向世界)，揭开了中国人使用 Internet 的序幕。1988 年初，中国第一个 X.25 分组交换网 CNPAC 建成，实现了计算机国际远程联网以及与欧洲和北美地区的电子邮件通信。1989 年 10 月，中国国家计算机与网络设施 (NCFC) 工程正式立项启动，到 1992 年年底，

NCFC 工程的院校网，即中国科学院院网 (CASnet，连接了中关村地区 30 多个研究所及三里河中国科学院院部)、清华大学校园网 (TUnet) 和北京大学校园网 (PUnet) 全部建设完成。1994 年 4 月 20 日，NCFC 工程通过美国 Sprint 公司连入 Internet 的 64 K 国际专线开通，实现了与 Internet 的全功能连接，开启了中国 Internet 发展的新篇章。此后，我国又建成了中国教育和科研网 (CERNET)、中国公用计算机互联网 (CHINAnet)、中国金桥信息网 (CHINAGBN)，为公众提供 Internet 服务。

随着中国 Internet 发展进入商业应用阶段，各地 ISP(Internet Service Provider，互联网服务提供商) 亦如雨后春笋般地蓬勃兴起。目前，国内主要有 3 大基础运营商：中国电信、中国移动和中国联通。

2019 年 6 月 6 日，中华人民共和国工业和信息化部正式向中国电信、中国移动、中国联通、中国广电发放 5G 商用牌照。

8. WWW 服务简介

1) 工作模式

WWW 服务采用客户端 / 服务器工作模式，它以超文本标记语言 (HTML) 与超文本传输协议 (HTTP) 为基础，为用户提供界面一致的信息浏览系统。

在 WWW 服务系统中，信息资源以页面 (也称网页或 Web 页) 的形式存储在 WWW 服务器 (通常称为 Web 站点) 中，这些页面采用超文本方式组织信息，并通过超链接将这些网页链接成一个有机的整体供用户访问浏览，页面到页面的链接信息由 URL 维持。WWW 服务器不但要保存大量的 Web 页面，还要随时接收和处理客户端的访问请求。

WWW 的客户端程序称为 WWW 浏览器，它是通过 HTTP 来浏览 WWW 服务器中 Web 页面的软件。在 WWW 服务系统中，WWW 浏览器负责接收用户的访问请求 (用户输入的网址)，并将用户的 URL 请求传送给 WWW 服务器，服务器根据客户端发来的 URL 找到某个页面并将它返回客户端，然后客户端的浏览器把它显示给用户，如图 6-12 所示。

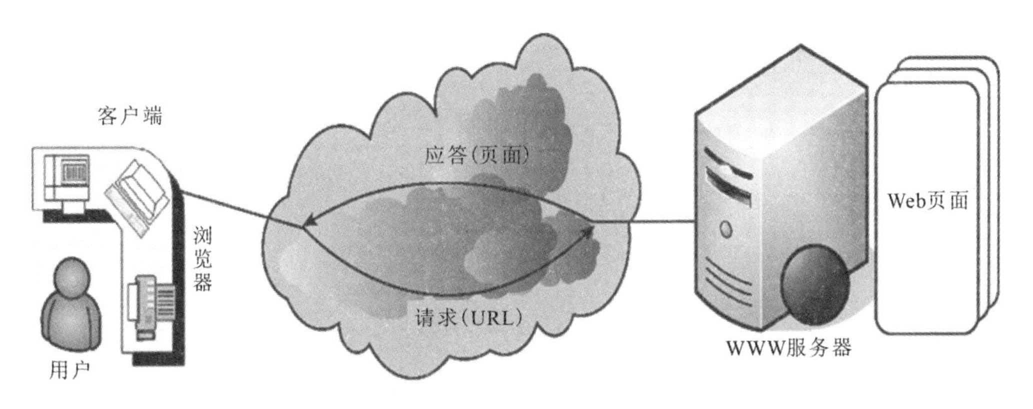

图 6-12　用户与 WWW 浏览器传送图

2) 页面地址

Internet 中有众多 WWW 服务器，而且每台 WWW 服务器中都保存着大量的 Web 页面，那么用户如何指明要访问的页面呢？这就需要使用URL了。利用URL，用户可以指定要访问什么协议类型的服务器、Internet上的哪台服务器以及服务器中的哪个文件。URL一般由3部分组成：协议类型、主机域名、路径及文件名。例如，搜狐新闻的一个网页的URL如下：

http：//news.sohu.com/2******3/n2*******3.shtml

协议类型 | 主机域名 | 路径及文件名

9. 浏览器软件

个人计算机上常见的网页浏览器包括微软的Microsoft Edge、Mozilla的Firefox、Apple的Safari、Google Chrome以及360安全浏览器等。

6.1.5 训练任务

(1) 登录中国知网，检索软件技术专业“JAVA程序开发”课程相关资料。

(2) 下载并安装百度网盘，并将本地计算机中常用的工具软件上传到网盘中。

评价反馈

学生自评表

任务		完成情况记录
课前	通过预习概括本节知识要点	
	预习过程中提出疑难点	
课中	对自己整堂课的状态评价是否满意？学习过程中是否能跟上老师的节奏？	
	课前预习过程中的疑难点是否弄懂解决？	
	是否能按时独立完成课堂相关任务？过程中的难点在哪里？	
课后	课后训练任务完成情况	
收获		
对自己本堂课学习效果总体评价		

学生互评表

序号	评价项目	小 组 互 评
1	任务是否按时完成	
2	任务完成上交情况	
3	作品质量	
4	小组成员合作面貌	
5	创新点	

教师评价表

序号	评价项目	自我评价	互相评价	教师评价	综合评价
1	学生课前预习				
2	规范操作				
3	完成质量				
4	关键操作要领掌握				
5	完成速度				
6	沟通协作				

注：评价档次统一采用 A(优秀)、B(良好)、C(合格)、D(努力) 4 个等级。

任务2 给客户发送电子合同

电子邮件是一种用电子手段提供信息交换的通信方式。通过网络的电子邮件系统，用户可以用非常低廉的价格以快速方式(几秒钟之内可以发送到世界上任何指定的目的地)，与世界上任何一个角落的网络用户联系，可以传送文字、图片、图像、声音、文档等各种多媒体信息。

6.2.1 任务描述

小张在一次业务洽谈中，与一位客户经过网上交流后，确定了交易合作的意向。客户提出需要两天的时间对交易进一步确认，并要求小张将交易的合同文本通过电子邮件发给他。于是，小张在征得部门主管的同意后，将公司拟定的交易合同电子稿发给了客户。

6.2.2 任务分析

要完成本项工作任务，需要进行以下操作：

(1) 启动 Windows 10 自带的邮件客户端软件；

(2) 完成首次运行的配置；

(3) 创建并发送邮件。

6.2.3 任务实现

(1) 执行“开始”→“邮件”命令，启动邮件程序，如图 6-13 所示。

图 6-13 启动邮件程序界面

小贴士：如果要添加 Microsoft 账户，则选择其中的 Outlook.com; 如果是 QQ、网易 163 等国内邮箱，一般选择“其他账户”。本书以 QQ 邮箱为例进行介绍。

(2) 选择“其他账户”，打开“添加账户”对话框，输入电子邮件地址、名称和密码，如图 6-14 所示。

添加帐户

其他帐户

部分账户需要额外的登录步骤。

了解详细信息

电子邮件地址

@qq.com

使用此名称发送你的邮件

小张

密码

我们将保存此信息，以便你无须每次都进行登录。

✓ 登录 ✕ 取消

图 6-14 添加账户界面

小贴士：这里的密码不是电子邮件密码，而是 QQ 邮箱指定的开启 IMAP/SMTP 服务的密码。

密码获取方式为：登录 QQ 邮箱，在“设置”→“账户”→“POP3/IMAP/SMTP/Exchange/CardDAV/CalDAV 服务”中，选择开启 IMAP/SMIP 服务，经过账户验证后可以到图 6-15 所示的密码。

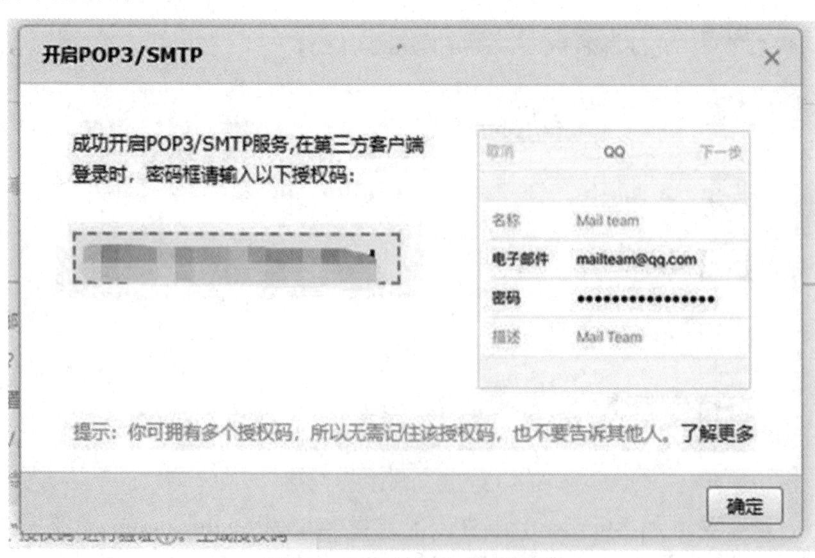

图 6-15 密码获取方式界面

(3) 单击“登录”按钮，成功添加账户，如图 6-16 所示。

图 6-16　账户添加成功界面

(4) 单击“完成”按钮，打开邮件客户端界面，如图 6-17 所示。在左侧呈现收件箱，单击邮件标题即可查看邮件。

图 6-17　邮件客户端界面

(5) 单击收件箱左侧导航栏中的“新邮件”按钮“+”，打开邮件编写界面，输入收件人邮箱地址、标题和正文，选择“插入”→“文件”，弹出“打开”对话框，选择要插入的合同文件作为附件，结果如图 6-18 所示。

图 6-18　邮件编写界面

(6) 单击右上角的“发送”按钮，则邮件发送成功。

6.2.4　必备知识

电子邮件服务系统是基于客户端 / 服务器工作模式的。电子邮件服务器是电子邮件服务系统的核心，它的作用与人工邮递系统中邮局的作用非常相似。电子邮件服务器一方面负责接收用户发送的邮件，并根据邮件的收件人地址，将其传送到对方的邮件服务器中；另一方面负责接收从其他邮件服务器发来的邮件，并根据收件人的地址将邮件分发到各自的电子邮箱中。

在电子邮件系统中，用户发送和接收邮件需要在客户机上使用电子邮件客户程序来完成。Outlook Express 就是电子邮件客户程序的一种。电子邮件客户程序一方面负责为用户创建邮件，并将用户发送的邮件传送到邮件服务器 ; 另一方面负责检查用户在邮件服务器中的邮箱，并读取及管理邮件。

1. 电子邮件地址

电子邮件地址就是电子邮箱地址。电子邮箱实际上是邮件服务器为每个用户开辟的一个存储用户邮件的存储空间，它需要用户在邮件服务器上注册申请得到。用户注册后即可得到一个账号，并可设置密码，只有合法的用户才能打开电子邮箱中的邮件。

电子邮件地址的一般形式为 : 用户邮箱名 @ 邮件服务器域名。其中，“用户邮箱名”是用户在邮件服务器上注册的账号。例如，电子邮件地址 test@163.com 表示用户在域名为 163.com 的邮件服务器中注册的邮箱为 test。

2. 电子邮件传输协议

在 TCP/IP 互联网中，邮件服务器之间使用简单邮件传输协议 (SMTP) 相互传递电子邮件。而电子邮件客户程序使用 SMTP 向邮件服务器发送邮件，使用第 3 代邮局协议 (POP3) 或交互式电子邮件存取协议 (IMAP) 从邮件服务器的邮箱中读取邮件。

3. 企业邮箱

(1) 企业邮箱的定义。企业邮箱是指企业自己开设电子邮局，为企业员工提供以企业域名作为电子邮件地址后缀的电子邮箱，即一个企事业单位的所有员工的邮箱地址均为“用户名 @ 企业域名”。

(2) 企业邮箱的优点。

① 建立及推广企业形象。以企业域名为后缀的企业邮箱，其重要性不亚于一个企业网站，有助于宣传企业形象，通过企业邮箱得知企业网站，并可登录网站了解更多的企业资讯，可给人以规模化和专业化的感觉，从而增加客户的信任度。

② 便于管理。企业可以自行设定管理员来分配和管理内部员工的邮箱账号，根据员工部门、职能的不同来设定邮箱的空间、类别和所属群体，并可以根据企业的发展状况随时添加、删除用户。当员工离职时，企业可回收邮箱并保存邮箱内的业务通信信息，从而保证业务活动的连贯性。

③ 安全性高。企业邮箱服务商具有专业的设备和专业的技术队伍，能为企业邮箱设立非常安全的防护体系，可以使通信过程中涉及的企业资料和商务信息得到最大程度的保护。例如，提供专业的杀毒和反垃圾系统软件，从而保证企业获得绿色邮件通信的服务。

(3) 企业邮箱的建立与管理。目前，国内的企业邮箱服务商很多，比较知名的有 263、腾讯企业邮箱等。到企业邮箱服务商相应的网站注册申请即可得到企业邮箱，企业邮箱服务一般都是收费的。然后，企业自行设立企业邮箱管理员，在企业邮箱下为所属的员工建立相应的邮箱账号即可。

6.2.5 训练任务

向课题组成员小赵和小李分别发送主题为“紧急通知”的电子邮件，具体内容为“本周二下午两点，在学院小会议室进行课题讨论，请勿迟到或缺席！”。小赵和小李的电子邮件地址分别是 zhaoguoli@cucy.edu.cn 和 lijianguo@cucy.edu.cn。

评价反馈

学生自评表

任务		完成情况记录
课前	通过预习概括本节知识要点	
	预习过程中提出疑难点	
课中	对自己整堂课的状态评价是否满意？学习过程中是否能跟上老师的节奏？	
	课前预习过程中的疑难点是否弄懂解决？	
	是否能按时独立完成课堂相关任务？过程中的难点在哪里？	
课后	课后训练任务完成情况	
收获		
对自己本堂课学习效果总体评价		

学生互评表

序号	评价项目	小 组 互 评
1	任务是否按时完成	
2	任务完成上交情况	
3	作品质量	
4	小组成员合作面貌	
5	创新点	

教师评价表

序号	评价项目	自我评价	互相评价	教师评价	综合评价
1	学生课前预习				
2	规范操作				
3	完成质量				
4	关键操作要领掌握				
5	完成速度				
6	沟通协作				

注：评价档次统一采用A(优秀)、B(良好)、C(合格)、D(努力)4个等级。

习　　题

选择题

1. 下列属于 C 类 IP 地址的是（　　）。

A. 126.168.6.12　　B. 127.168.6.121

C. 192.168.6.120　　D. 110.168.6.32

2. （　　）层的协议数据单元是数据报。

A. 物理　　B. 网络　　C. 运输　　D. 应用

3. （　　）拓扑结构采用广播方式进行通信，所有的节点都处在一条总线上，可以接受和共享同一信息。

A. 网状　　B. 星型　　C. 总线型　　D. 环形

4. TCP/IP 体系结构中处于最顶层的是（　　）。

A. 运输层　　B. 网络层　　C. 数据链路层　　D. 应用层

5. 子网掩码在计算机内占用（　　）位。

A. 16　　B. 32　　C. 24　　D. 48

6.B 类 IP 地址的网络号是（　　）位。

A. 8　　B. 16　　C. 24　　D. 32

附录　习题参考答案

模块 1

一、选择题

1 ～ 5：D、D、B、A、A

6 ～ 10：B、A、B、B、C

11 ～ 15：A、A、D、D、B

16 ～ 20：B、D、A、B、D

二、简答题

1. 答：主机是对机箱和机箱内所有计算机配件的总称，这些配件包括主板、CPU、存储器 (内存和硬盘)、光驱和显卡等。

除了主机内的配件外，一台完整的计算机还应包括 3 个基本外设——显示器、鼠标和键盘。此外，为了扩充计算机的功能，用户还可以为计算机配置打印机、音箱、麦克风、摄像头、优盘等辅助设备。

2. 答：常见的操作系统有 Windows、Linux(主要用于服务器) 和 Unix(用于服务器) 等。其中，Windows 是最常用的操作系统。

3. 答：硬盘是计算机最主要的外存储器，计算机中的大多数文件都存储在硬盘中，容量大；内存是内存储器，主要用于临时存储程序和数据，关机后在其中存储的信息会自动消失。内存容量越大，频率越高，CPU 在同一时间处理的信息量就越多，计算机的性能越好。

4. 答：CPU 的中文名称是中央处理器，它由控制器和运算器组成，是计算机的指挥和运算中心，其重要性好比大脑对于人一样，负责整个系统的协调、控制及运算。CPU 的规格决定了计算机的档次，CPU 的速度主要取决于主频、核心数和高速缓存容量。

5. 答：100000000。

6. 答：26。

7. 答：计算机病毒是一种人为编制的特殊程序，或普通程序中的一段特殊代码，它的功能是影响计算机的正常运行、毁坏计算机中的数据或窃取用户的账号、密码等。在大多数情况下，计算机病毒不是独立存在的，而是依附 (寄生) 在其他计算机文件中。由于它像生物病毒一样，具有传染性、破坏性并能够进行自我复制，因此被称为病毒。它具有传染性、隐藏性、潜伏性、破坏性、非授权性、可触发性、衍生性、不可预见性。

8. 答：50 MB = 50 × 1024 KB = 51 200 KB。

9. 答：云计算具有以下几个主要特征：资源配置动态化、需求服务自助化、以网络为中心、资源的池化和透明化。

10. 答：根据大数据的处理流程，可将其关键技术分为数据采集、数据预处理、数据存储与管理、数据分析与挖掘、数据可视化展现等技术。

模块 2

一、选择题

1 ～ 5：D、C、A、A、A

二、简答题

1. 当在桌面上打开多个窗口时，要在不同的窗口之间切换，可以单击任务栏中相应的任务图标。

2. 要选择某个文件夹中连续的多个文件时，可单击选中第一个文件或文件夹后，按住【Shift】键后再单击其他文件或文件夹，那么这两个文件或文件夹之间的对象都被选中了。

要选择全部文件，可在文件夹窗口单击工具栏中的“组织”按钮，再弹出的下拉列表中选择“全选”选项，或者直接按住 Ctrl + A 组合键。

3. 在 E 盘根目录下新建文件夹，有几种方法。

方法一：在 E 盘根目录的空白位置右击，在弹出的快捷菜单中选择“新建”命令，在弹出的子菜单中选择“文件夹”命令，此时将新建一个文件夹，在文件名中输入“计算机操作系统”即可。

方法二：单击 E 盘下“主页”选项卡，在“新建”组中单击“新建文件夹”按钮即可新建一个文件夹，然后在文件名中输入“计算机操作系统”即可。

方法三：通过快捷键新建文件夹：直接按 Ctrl+Shift+N 组合键，即新建一个文件夹，然后在文件名中输入“计算机操作系统”即可。

方法四：通过快速访问工具栏新建：在文件资源管理器窗口左上角单击“新建文件夹”按钮，即新建一个文件夹，然后在文件名中输入“计算机操作系统”即可。

4. 选中 E 盘根目录下的“XXGC1”和“XXGC2”的文件，按 Ctrl + X 组合键剪切，打开桌面上“宜春职业技术学院”文件夹，然后按 Ctrl + V 组合键粘贴文件，分别右击“XXGC1”和“XXGC2”文件，在弹出的快捷菜单中选择“重命名”选项，分别将文件重命名为“信息工程学院 1”和“信息工程学院 2”。

5. 如果要将 E 盘根目录下“照片”文件夹中的“鲜花”照片设置为桌面背景，操作如下：

方法一：右击“照片”文件夹中的“鲜花”照片，在弹出的快捷菜单中选择“设置为桌面背景”选项。

方法二：在桌面单击鼠标右键，在弹出的快捷菜单中选择“个性化”选项，然后在打开的“设置”窗口中点击背景选项，在背景环境下，单击“选择图片”的“浏览”按钮，然后点击 E 盘根目录下“照片”文件夹中的“鲜花”照片即可。

模块 3

选择题

1 ～ 8：D、B、B、B、C、B、A、A

模块 4

选择题

1 ～ 5：B、A、D、A、B

6 ～ 10：A、B、D、D、C

11 ～ 16：C、D、B、C、C、B

模块 5

选择题

1 ～ 5：D、A、B、B、C

6 ～ 9：C、B、C、C

模块 6

选择题

1 ～ 6：C、B、C、D、B、B

参 考 文 献

[1] 梁娟. 计算机应用基础项目化教程[M]. 上海：同济大学出版社，2020.
[2] 王东霞，郝小会. 计算机应用基础项目化教程(Windows 10 + Office 2016)[M]. 3版. 北京：人民邮电出版社，2021.
[3] 杨东慧，高璐. 大学计算机应用基础[M]. 上海：上海交通大学出版社，2018.
[4] 高万萍，王德俊. 计算机应用基础教程(Windows 10，Office 2016)[M]. 北京：清华大学出版社，2019.
[5] 樊月辉. 计算机应用基础项目化教程(Windows 10，Office 2016)[M]. 西安：西安电子科技大学出版社，2021.
[6] 丛国凤. 计算机应用基础项目化教程(Windows 10，Office 2016)[M]. 北京：清华大学出版社，2019.
[7] 张娓娓，李彩红，赵金龙. 大学生计算机应用基础[M]. 北京：北京理工大学出版社，2020.
[8] 梁钦水，许维进. 计算机应用基础项目化教程[M]. 北京：中国铁道出版社，2016.
[9] 黄林国. 计算机应用基础项目化教程(微课版)[M]. 北京：清华大学出版社，2018.